HISTOIRE

NATURELLE

DES POISSONS.

STRASBOURG, imprimerie de V.ᵉ BERGER-LEVRAULT.

HISTOIRE
NATURELLE
DES POISSONS,

PAR

M. LE B.^{ON} CUVIER,

Pair de France, Grand-Officier de la Légion d'honneur, Conseiller d'État et au Conseil royal de l'Instruction publique, l'un des quarante de l'Académie française, Associé libre de l'Académie des Belles-Lettres, Secrétaire perpétuel de celle des Sciences, Membre des Sociétés et Académies royales de Londres, de Berlin, de Pétersbourg, de Stockholm, de Turin, de Gœttingue, des Pays-Bas, de Munich, de Modène, etc. ;

ET PAR

M. A. VALENCIENNES,

Membre de l'Académie royale des sciences de l'Institut, Professeur de Zoologie au Muséum d'Histoire naturelle, Membre de l'Académie royale des sciences de Berlin, de la Société zoologique de Londres, de la Société impériale des naturalistes de Moscou, etc.

TOME DIX-NEUVIÈME.

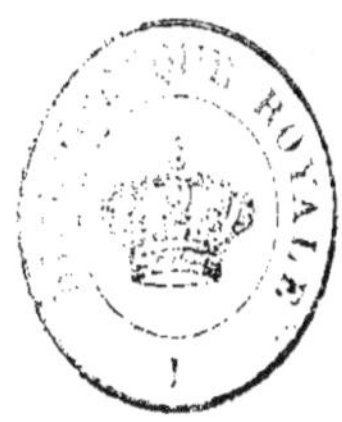

A PARIS,

Chez P. BERTRAND, éditeur,

LIBRAIRE DE LA SOCIÉTÉ GÉOLOGIQUE DE FRANCE,

rue Saint-André-des-Arcs, n.º 65.

STRASBOURG, chez V.ᵉ LEVRAULT, rue des Juifs, n.º 33.

1846.

1847

AVERTISSEMENT.

L'Histoire naturelle des Hémiramphes et des Exocets complète dans ce nouveau volume ce que j'ai publié dans le tome précédent sur les poissons de la famille des Lucioïdes. Une des heureuses découvertes anatomiques que je me permets de signaler aux lecteurs, est celle d'une vessie aérienne celluleuse de quelques espèces du premier de ces deux genres. Je ferai aussi remarquer les liaisons existant entre ces espèces à bec allongé et les Exocets, soit par le raccourcissement des pectorales de celles-ci, soit par l'allongement des mêmes nageoires chez les premières.

L'histoire des poissons volants offre aussi un exemple de ce que peut donner à la Zoologie une étude attentive de poissons confondus par un examen superficiel en une ou deux espèces. On n'en trouve pas, en effet, davantage dans les premiers catalogues du *Systema naturæ*. Gmelin en a mentionné seulement trois; et encore elles ne sont pas bien caractérisées. La monographie publiée dans ce volume en fait connaître trente-trois. L'*Exocœtus volitans* et l'*Exocœtus evolans* y sont nettement distingués, et j'appuie sur de nombreux exemples les habitudes cosmopolites du dernier.

Après avoir terminé l'histoire des Lucioïdes, je me suis décidé à faire connaître dans le XX.ᵉ livre de cet ouvrage une suite de petites familles distinctes, comprenant des poissons placés avant moi dans les familles des Cyprins, des Brochets ou des Harengs. Je dégage par cette méthode la famille trop nombreuse et peu naturelle établie dans le Règne animal, sous la dénomination de Clupes; celle-ci ne comprendra plus que les espèces voisines du Hareng ou de l'Alose. En suivant les détails d'organisation de ces différentes espèces, je ne crois pas pouvoir présenter aux zoologistes une meilleure et plus convaincante réfutation des théories reproduites d'anciens naturalistes sur la disposition en séries continues ou parallèles des diverses espèces d'êtres organisés, et de plus fortes preuves sur la fixité des espèces.

L'étude de ces familles enrichit l'Anatomie comparée de plusieurs faits nouveaux. Je montre une vessie aérienne celluleuse dans plusieurs poissons; les Amies et les Érythrins paraissent être les seuls ainsi organisés. Je fais voir une valvule, une spirale dans toute la longueur de l'intestin des Chirocentres, dans l'œsophage des Chanos, dans le rectum des Amies. Je crois démontrer l'affinité des Mormyres avec les Butirins ou les Ostéoglosses.

Mon travail sur les Vastrès, dont les espèces avaient été mal caractérisées, me conduit à la famille des Érythrins, que je ne puis considérer comme des poissons de la famille des Salmones. Enfin, je termine par la description d'un petit poisson d'Europe, l'*Umbra Krameri,* qui vient ici comme un appendice aux deux livres XIX et XX.

J'ai continué à recevoir des témoignages d'intérêt pour l'ouvrage auquel j'ai consacré ma vie. M. Kroyer m'a fait

parvenir son Histoire des poissons du Danemark, dont les
zoologistes désirent, autant que moi, voir paraître le dernier
volume. Je reviendrai sur cet ouvrage intéressant en traitant
des familles suivantes; car l'auteur n'avait à parler d'aucun
des poissons dont je viens d'écrire l'histoire.

Le volume que je publie était terminé quand j'ai reçu de
M. le prince Canino son Catalogue des poissons d'Europe.
Je remets donc à parler de ce travail dans le volume que
je prépare. J'ai pu, heureusement pour moi, profiter des
observations de mon savant confrère, M. Müller, sur les
Ganoïdes. Les discussions que j'ai établies sur les grandes
vues de ce célèbre anatomiste m'ont fait étudier avec plus
de soin des poissons décrits dans ce mémoire, surtout quand
je n'ai pas partagé sa manière de voir. J'ai toujours exposé
la mienne avec liberté et franchise, mais dans des termes
qui seront une nouvelle preuve de la haute estime avec
laquelle j'apprécie les travaux ichthyologiques de cet illustre
zoologiste.

Au moment de dater cet avertissement, le Cabinet reçoit
une fort belle collection, faite pendant la campagne de la
corvette le Rhin, sous les ordres de M. le capitaine de
vaisseau Berard, correspondant de l'Académie des sciences.
Il est facile de reconnaître que ce savant et habile marin a
donné à l'officier chargé du service de santé, toutes les facilités convenables. M. Arnoult, chirurgien de la marine
royale, s'est acquitté de ce soin avec zèle et intelligence.
J'espère bien que les précieux documents ichthyologiques
seront publiés avec tous les autres matériaux nouveaux

pour l'histoire naturelle, par la munificence du Ministre de la marine et du Gouvernement.

Un naturaliste anglais, établi à Sidney, M. Miles, a aussi donné à M. Berard, pour le Jardin des plantes, une fort jolie collection de poissons curieux et rares des côtes de la Nouvelle-Hollande.

Je lui en exprime ici, au nom de la science, mes sincères remercîments.

Au Jardin du Roi, novembre 1846.

TABLE

DU DIX-NEUVIÈME VOLUME.

SUITE DU LIVRE DIX-NEUVIÈME.

CHAPITRE IX.

Pages. Planch.

CHAPITRE X.

LIVRE VINGTIÈME.

CHAPITRE PREMIER.

CHAPITRE II.

CHAPITRE III.

CHAPITRE IV.

CHAPITRE V.

CHAPITRE VI.

CHAPITRE VII.

CHAPITRE XII.

HISTOIRE

NATURELLE

DES POISSONS.

SUITE DU LIVRE DIX-NEUVIÈME.

BROCHETS ou LUCIOÏDES.

CHAPITRE IX.

Des HÉMIRAMPHES.

LE genre Hémiramphe est, comme celui des *Belone,* une création de M. Cuvier. Ce grand homme reconnut que plusieurs espèces mal étudiées par les ichthyologistes antérieurs et confondues les unes avec les autres, pouvaient être toutes réunies par un caractère commun qu'il a parfaitement saisi. Il consiste dans le prolongement de la symphyse de la mâchoire inférieure, en une pointe longue et sans dents, formant une sorte de demi-bec; c'est ce que M. Cuvier a exprimé heureusement par le nom d'Hémiramphe. Ajoutons cependant plusieurs détails qui vont faire mieux connaître l'ensemble de ces poissons. La mâchoire supérieure, très-courte, est constituée par la réunion des deux intermaxillaires soudés entre eux pour former une sorte de bec court et ogival. En arrière, les

maxillaires se confondent avec les os précédemment nommés : certaines espèces indiennes montrent plus particulièrement cette soudure; ces maxillaires se courbent sur
les côtés et s'élargissent en un petit talon caché par le
sous-orbitaire. Cette mâchoire se meut comme par un
mouvement de bascule, et se redresse quand la bouche est
fermée. Les deux mâchoires sont garnies d'une bande étroite
de petites dents courtes, grenues et toutes égales. Celles
d'en bas sont implantées sur une ligne dont le contour
répond exactement à celui de la mâchoire supérieure.
Le dessus de la tête, la disposition des os operculaires,
la grandeur de la fente des ouïes, la forme des branchies,
la position reculée de la dorsale et de l'anale, l'allongement du lobe inférieur d'une caudale presque toujours
fourchue, les carènes écailleuses redressées de chaque côté
du ventre, depuis la ceinture humérale jusque sur le
tronçon de la queue, sont semblables à ce que nous
avons vu dans les orphies. Cette affinité des deux genres
se montre encore dans la disposition des viscères, qui se
ressemblent presque entièrement. Le canal intestinal est,
en effet, un simple conduit sans circonvolutions ni cœcums. La vessie natatoire occupe toute la longueur de la
cavité abdominale, au-dessus d'une bride assez résistante
fournie par le péritoine. Elle est simple, avec deux très-
petites cornes en avant, et un troisième petit lobule sur le
côté droit. Les parois sont minces et argentées dans la
plupart des espèces. Mais ce qui est très-digne de fixer
l'attention des anatomistes et des physiologistes, c'est que
je découvre une structure celluleuse comme celle de la
vessie des Amia, dans les *Hemiramphus Brownii, H.
Pleii* et *H. Commersoni.* Ce sont les trois seules espèces

qui m'aient offert cette particularité, d'autant plus curieuse, que je ne trouve rien de semblable dans les orphies. Il est bon aussi de remarquer que nous trouvons des exemples de cette singulière disposition de la vessie dans des poissons de la famille des brochets, qui n'ont aucune affinité avec les amies, les érythrins et les polyptères. Dans aucune espèce, je n'ai vu de communication avec le tube digestif.

En comparant les hémiramphes aux orphies, il faut, pour se faire une idée juste des deux genres, remarquer que dans les premiers la mâchoire supérieure et les branches de l'inférieure qui portent les dents, sont autant raccourcies que la nature les a allongées dans les orphies; mais que l'extrémité symphysaire, généralement si courte dans celles-ci, est au contraire considérablement allongée dans ceux-là. Il faut aussi remarquer que les dents restent toujours petites et égales, tandis qu'elles s'allongent, comme on le sait, dans les orphies.

Les hémiramphes, ainsi caractérisés, sont des poissons étrangers à l'Océan septentrional de l'Europe; du moins je ne trouve la description d'aucune espèce de ce genre dans les auteurs qui ont écrit sur les poissons de nos mers; mais il en existe dans la Méditerranée. L'expédition scientifique de l'Algérie en a rapporté de Bone. Toutes les autres espèces jusqu'à présent bien connues, et atteignant une grandeur moyenne, viennent des mers des deux Indes.

Il faut cependant remarquer que M. Couch[1] a donné, dans son Mémoire sur les poissons de Cornouailles, inséré dans les Transactions linnéennes de Londres, une courte

---

1. Couch, *Transact. of Linn. soc.*, t. **XIV**, part. 1.re, p. 85.

notice reproduite par MM. Yarell et Jennyns sur un très-petit poisson long d'un pouce, semblable pour la forme à l'*Esox belone,* avec une mâchoire inférieure plus prolongée que la supérieure. Le premier de ces trois zoologistes a cru, mais à tort, pouvoir le nommer *Esox brasiliensis.* Il a vu ce petit poisson dans le hâvre de Polperro, nageant avec agilité près de la surface de l'eau.

Les deux naturalistes qui se sont servis du travail de M. Couch, ont bien reconnu que la dénomination linéenne ne pouvait être appliquée à ce poisson; mais ils ont pensé que ce devait être un jeune de quelque espèce d'hémiramphe. Dans le but d'éclairer les zoologistes, qui vivent sur les bords de la mer, M. Yarell a eu le soin de faire représenter, dans une vignette, la tête d'une de nos espèces américaines, à bec court, qui me paraît voisine de notre *hemiramphus Richardi.*

J'ai retrouvé, dans les dessins faits à Nice par M. Laurillard, une très-jolie petite figure d'un poisson long de deux pouces huit lignes, et que M. Risso a nommé de sa main *hemiramphus pusillus.* Le bec de ce petit poisson est représenté tout droit; le supérieur est proportionnellement assez long et pointu; la dorsale est opposée à l'anale; la caudale est très-faiblement échancrée; les couleurs sont brillantes : c'est un beau vert sur le dos, un argenté bleuâtre sous le ventre; ces deux couleurs sont séparées par une bandelette longitudinale et dorée.

Il ne peut me rester aucun doute sur l'interprétation de ce dessin, parce que M. Laurillard a eu soin de rapporter une suite de neuf de ces petits individus, dont la taille s'accroît successivement depuis treize lignes jusqu'à deux pouces cinq lignes. Or, malgré leur petitesse, nous observons avec assez de facilité que les dents sont placées sur deux lignes qui restent distinctes à la mâchoire inférieure ; nous voyons, le long des branches de celle-ci, poindre les germes de dents qui sortiront au delà de l'extrémité de la mâchoire supérieure. Ces deux branches sont plus allongées que dans les hémiramphes ordinaires. Cette organisation nous prouve donc que nous avons sous les yeux de jeunes orphies.

Cette observation vient confirmer la loi que nous avons déjà eu soin d'indiquer dans le volume précédent, en traitant de ce genre. Dans le premier âge, les orphies ont le bec court et la mâchoire inférieure s'allonge avant que la supérieure ne prenne son entier développement. M. Ruppell a fait la même remarque relativement aux scombrésoces : nous la reproduisons pour les hémiramphes, non-seulement d'après nos propres recherches, mais d'après celles aussi que Kuhl et Van Hasselt avaient faites en traversant l'Atlantique. Nous rappellerons encore ici que ces observations s'étendent jusqu'aux espadons. Nous avons donc encore lieu de douter qu'il y ait des espèces d'hémiramphes sur les côtes septentrionales d'Europe. Mais dès que nous pénétrons dans l'Atlantique, nous commençons à rencontrer ces poissons aux Canaries et sur les côtes du Sénégal ; puis nous en trouvons plusieurs espèces dans les Antilles, et un beaucoup plus grand nombre dans les mers de l'Inde et sous toutes les latitudes chaudes ou tempérées. Les navigateurs qui ont remarqué la forme singulière de ces poissons, les ont presque partout désignés sous la dénomination de *Balaou,* déjà employée par Du Tertre.[1]

1. Du Tertre, Hist. gén. des Ant., II, p. 218.

La première figure que les auteurs nous en fournissent, est celle de la tête d'une espèce à bec court, qui pourrait bien être notre *Hemiramphus Richardi,* et que l'on trouve dans la description du cabinet de Grew[1] : elle est de 1681, et désignée par cette phrase : *Head of y unders-word fish* (tête d'un poisson épée). Un an après, Nieuhof représentait une de nos espèces des Moluques sous le nom de *Elephants-Neuse* (nez d'éléphant). Cette figure a été copiée dans Willughby[2] en 1725. Sloane nous laisse, dans son Histoire de la Jamaïque[3], une nouvelle figure d'hémi-ramphe, dans laquelle on peut reconnaître, malgré ses nombreuses imperfections, l'espèce dont Brown[4] a donné, sous le nom de *Piper,* une représentation plus fidèle, et qui, pour le dire tout de suite, a été copiée dans l'Ency-clopédie méthodique[5]. C'est ce dernier document qui a été cité par Linné, dès la dixième édition, sous son espèce d'*Esox brasiliensis,* que d'ailleurs il caractérisait très-bien par ces mots : *E. maxilla inferiore longissima.* L'espèce aurait été par conséquent bien établie et par le caractère et par la citation, si le grand naturaliste d'Upsal n'avait eu le tort d'y adjoindre le *Timucu* de Marcgrave, espèce d'orphie aujourd'hui bien déterminée.

Linné a reproduit cette erreur dans sa XII.ᵉ édition, en ajoutant encore à la confusion par l'addition de la citation de Grew, d'où il résulte que dès son inscription dans le *Systema naturæ,* l'être désigné sous le nom d'*Esox bra-*

---

1. Grew, *Mus.,* tab. VII.
2. Willughby, *App.,* p. 4, tab. VI, fig. 4.
3. Sloane, *Jam.,* pl. 250, fig. 3.
4. Brown, *Jam.,* p. 443, t. XLV, p. 12.
5. Bonn., *Encycl.,* pl. 72, p. 298.

siliensis devient frappé de nullité et n'est qu'une véritable espèce nominale. Gmelin n'a heureusement ici fait autre chose que de copier Linné. Mais Bloch, en entassant sous cet *Esox brasiliensis* les citations prises dans Valentyn, dans Renard, dans Nieuhof, qui se rapportent à des espèces distinctes et des mers de l'Inde, a rendu encore plus indé-chiffrable ce qu'il prétend appeler *Esox brasiliensis*. La figure de la planche 391 est certainement une enluminure faite toute d'imagination; si j'avais cependant à me pro-noncer sur le poisson que cet ichthyologiste avait sous les yeux, je pencherais plus pour notre *Hemiramphus Com-mersoni* des mers des Moluques que pour toute autre espèce.

M. de Lacépède n'a pas mieux éclairci la question, quoiqu'il ait changé le nom linnéen de cet auteur en celui d'*Esox gladius*. Il a évidemment copié toute sa synonymie dans l'ichthyologie de Bloch. On doit aussi lui reprocher d'avoir fort mal tiré parti des matériaux qu'il trouvait dans les manuscrits de Commerson. Ce voyageur a laissé un dessin d'une parfaite exactitude du grand Hémiramphe de l'Ile-de-France et des Moluques, appelé, d'après la description conservée dans les manuscrits, *Hemiramphus Commersoni*. M. de Lacépède a donné en même temps une copie altérée du dessin, sous le nom de variété de l'*Esox espadon*.[1]

Ce dessin de Commerson ne porte aucun nom; mais, à la manière dont il est fait à la mine de plomb, on peut l'attribuer à Sonnerat; il n'y a d'ailleurs aucun doute à le regarder comme représentant l'espèce de l'Ile-de-France.

---

1. Lacép., t. V, p. 316, pl. 7, fig. 3.

On ne doit pas non plus hésiter de reconnaître ce même Hémiramphe dans l'*Esox marginatus* de Forskal, désigné sous le nom d'*Esox gambarur* par M. de Lacépède, qui a suivi, dans cette détermination, les auteurs de l'Encyclopédie méthodique. Mais ce que l'on a peine à comprendre, c'est la synonymie, mise, sans aucune critique, à cette espèce d'*Esox gambarur*. Il est considéré comme l'*Esox hepsetus* de Linné, lequel est un composé, 1.° d'une espèce d'anchois prise dans Brown, 2.° du *Piquitingua,* espèce toute différente de clupée, voisine des melettes, insérée dans Marcgrave, et 3.° d'une description tirée des Aménités de Linné, mais tellement incomplète que l'on ne peut la reconnaître : je ne crois pas cependant qu'il s'agisse d'une espèce d'hémiramphe. Enfin, pour ajouter à toute cette confusion, un second dessin de Commerson, représentant aussi, à n'en pas douter, une espèce de l'Ile-de-France, est gravé dans l'Histoire naturelle des poissons, mais après avoir été presque entièrement défiguré, comme une variété de l'*Esox gambarur*. Celui-ci avait été pris dans les filets au moyen de feux allumés pendant la nuit. Je présume que M. de Lacépède a copié sa synonymie dans les manuscrits de Commerson. Or, cet habile naturaliste s'était ici fortement trompé en désignant, comme l'*Esox hepsetus* de Linné, un hémiramphe qu'il décrivait avec beaucoup de soins d'après un individu vivant que lui vendit une négresse, en 1757, dans la baie de Rio-Janeiro. Commerson met à la suite de la citation de l'*Esox hepsetus* une autre qu'il ne tire point de Linné; il la prend dans Brown[1], c'est aussi la figure d'un anchois. Au reste, je suis

---

1. *Jam.*, p. 441, t. XLV, fig. 3.

convaincu que la vue de la bandelette argentée tracée sur les flancs de presque tous les hémiramphes, ainsi que dans un grand nombre d'espèces des genres différents, et en particulier dans les athérines, les melettes et les anchois, a été la source des mauvaises déterminations faites par Commerson; faibles erreurs d'ailleurs, et bien pardonnables quand on songe que l'homme habile qui les commettait, n'avait pour s'éclairer, et peut-être pour toute bibliothèque que la dernière édition du *Systema naturæ*.

C'est par suite de ces confusions que l'on voit dans la grande Ichthyologie française de 1788 l'hémiramphe espadon désigné comme habitant les mers des deux Indes, tandis que les espèces ont des zones parfaitement limitées.

Tous les auteurs s'accordent à dire de la chair de ces poissons qu'elle est grasse et délicate; qu'ils sont toujours abondants sur les côtes où on les rencontre; qu'on les attire aisément dans les filets, au moyen de feux allumés pendant la nuit.

La discussion sur l'emploi des matériaux fait par nos prédécesseurs, prouve que nous n'avons pas dû essayer de rapporter à l'une des nombreuses espèces à décrire dans ce chapitre, les dénominations d'*Esox brasiliensis,* et celles d'*Es. gambarur* et d'*Es. marginatus.* Nous avons donc eu une nomenclature nouvelle à faire. Les caractères qui nous ont servi à la distinction des espèces sont tirés de la forme et de la longueur proportionnelle du bec et du plus ou moins de largeur du crâne. Mais nous ne pouvons nier qu'il n'y ait dans l'ensemble de tous ces poissons des ressemblances assez marquées, pour qu'il ne soit très-difficile de prendre dans tel ou tel de leurs traits une expression caractéristique qui puisse devenir l'épithète ou le nom spécifique de chacune d'elles. Quelques rares variations dans les couleurs sont venues cependant à notre aide pour trouver des dénominations convenables. Nous avons regardé comme un moyen d'éclaircir les difficultés synonymiques de donner aux différentes espèces les noms des auteurs qui les ont fait mieux connaître, et alors nous avons étendu ce mode de nomenclature en dédiant à chaque voyageur les espèces dont ils ont enrichi le Cabinet du Roi, et par suite, notre ouvrage. Passons maintenant à la description des espèces.

Le BALAOU DES ANTILLES *ou* L'HÉMIRAMPHE DE BROWN.
(*Hemiramphus Brownii*, nob.)

Celle que je commencerai par décrire est la plus commune, la plus grande et la plus répandue dans l'Atlantique. La figure de Brown[1] me paraît la représenter avec beaucoup d'exactitude, de sorte que cette espèce mériterait, plus que toute autre, de conserver le nom d'*Esox brasiliensis*, que Linné lui aurait imposé dans la dixième édition du *Systema naturæ*, si l'auteur de ce célèbre ouvrage n'avait gâté l'établissement de cette espèce par la citation de Marcgrave. L'exactitude de la figure gravée dans l'Histoire de la Jamaïque, me détermine à désigner cette première espèce par le nom de Brown.

Le Balaou a le corps allongé et plat sur les côtés; le dos et le ventre sont un peu arrondis. Je trouve que l'épaisseur fait à peu près la moitié de la hauteur, qui est comprise six fois entre l'extrémité de la mâchoire supérieure et la queue, sans y com-

---

1. *Jam.*, p. 443, t. **XLV**, fig. 2.

prendre la caudale; la longueur du bec inférieur, c'est-à-dire la mesure prise entre la pointe de cette mâchoire et la longueur du bec, est contenue cinq fois dans la longueur totale, mesurée depuis le bout du bec jusqu'à l'extrémité du lobe inférieur de la caudale; la longueur du bec supérieur, c'est-à-dire la mesure prise entre son extrémité et l'angle de la commissure est du septième de la longueur du bec inférieur : en laissant de côté cette portion très-allongée de la mâchoire inférieure, on peut dire que la tête est étroite et pointue en avant, que le front est bombé en dessus, mais au lieu de faire une courbe régulière, on distingue très-facilement trois plans sur cette région supérieure; l'un mitoyen et plane, puis deux autres plans, un de chaque côté descend obliquement sur la tête en s'étendant depuis la région sourcilière jusque sur les mastoïdiens; les joues sont planes; le dessous de la tête est étroit, cependant l'isthme a encore une certaine largeur.

L'œil est assez grand, du quart de la distance entre l'extrémité du bec supérieur et le bord de l'opercule; une peau adipeuse assez épaisse recouvre le sous-opercule et la partie postérieure de la joue; le sous-opercule a son bord antérieur et inférieur largement arrondi, le supérieur est rectiligne, la plus grande largeur de ce trapèze irrégulier est égale à la moitié du diamètre de l'orbite. Une écaille convexe et semblable par sa forme au sous-orbitaire le recouvre tout entier. Le préopercule donne en arrière et tout au bas de la joue un angle assez aigu. L'opercule est grand et descend aussi presque jusqu'au bord inférieur de l'ouverture de l'ouïe, parce que le sous-opercule ne forme qu'un arc très-étroit; l'interopercule est beaucoup plus petit encore, et il est presque entièrement caché le long du bord inférieur du préopercule. La mâchoire supérieure, malgré son raccourcissement, est constituée comme celle des orphies et des scombrésoces.

Les deux intermaxillaires, malgré leur brièveté, sont réunis entre eux par devant et sur les côtés avec les maxillaires, qui forment le talon de l'angle de la commissure, lequel est entièrement recouvert, quand la bouche est fermée par le sous-orbitaire. La mâchoire inférieure donne en arrière de chaque côté une large et forte branche, dont l'angle postérieur répond, à peu près au milieu de l'œil. Ces deux branches viennent se souder entre elles au devant de la mâchoire supérieure et se prolongent ensuite en cette longue lame qui constitue le demi-bec des hémiramphes. Dans l'hémiramphe de Brown, la réunion de la base constitue une sorte de bord ogival, qui dépasse un peu le supérieur et se rétrécit bientôt en une lame étroite, à peu près droite et régulière. Dans les mouvements de la mâchoire inférieure, et lorsqu'elle s'abaisse, on voit se redresser le bec supérieur comme par un mouvement de bascule.

Les dents sont sur une bandelette étroite aux deux mâchoires. Elles sont très-courtes, mousses et coniques, on pourrait presque dire grenues. Il n'y en a aucune au palais ni sur la langue, dont l'extrémité est libre et dont la surface est creusée en gouttière.

Les narines sont petites, sur le dessus de la tête, placées dans un petit enfoncement creusé auprès de l'œil et assez semblables à celles des orphies et des scombrésoces.

Les ouïes sont très-largement fendues; les branchies ont des ratelures dirigées en avant sur la lame externe. La membrane branchiostège, resserrée sous la gorge, n'est cependant pas tout à fait cachée par la lame operculaire : nous y comptons dix rayons branchiostèges. Les pharyngiens supérieurs sont au nombre de trois, formant une grande plaque ovalaire impaire, resserrée en avant et ayant de chaque côté une autre petite plaque étroite. La plaque impaire est légèrement convexe et s'appuie sur le pharyngien inférieur, qui est légèrement concave et qui, étant plus pointu de l'avant, peut être plutôt désigné comme une plaque triangulaire : tous ces os sont couverts de très-petites dents ou plutôt d'âpretés coniques, devenant par l'usure comme de petites granulations. La surface externe des mastoïdiens est un peu grenue; ils portent une ossature de l'épaule qui est un peu plus étroite que celle de l'orphie, mais qui lui ressemble à beaucoup d'égards. La pectorale est un peu pointue, aussi longue que le corps est haut. Les ventrales sont courtes, assez larges et échancrées; elles sont reculées vers le dernier tiers du corps. La dorsale est sur le dernier quart de la longueur, prise entre le bec supérieur et la fin de la queue; elle est assez haute de l'avant et basse de l'arrière, en partie couverte d'écailles; il en est de même de la caudale, qui est beaucoup plus petite et plus basse que la nageoire du dos, et dont le premier rayon ne correspond qu'au sixième ou même au septième de celle-ci. La caudale est profondément fourchue et le lobe inférieur est plus long que le supérieur.

B. 10; D. 12; A. 13; C. 25; P. 9; V. 6.

Les écailles sont assez larges, adhérentes : j'en compte soixante-cinq entre l'ouïe et la caudale; la forme de l'une d'elles est irrégulièrement quadrilatère ou triangulaire, entièrement couverte de très-fines stries concentriques, sans rayons en éventail. Les deux carènes commencent sous la gorge et s'étendent de chaque côté du ventre jusqu'au-dessous de la queue. La ligne latérale est assez distincte de ses carènes, et va de la pectorale à la caudale en passant par le milieu du côté. La couleur est un verdâtre uniforme, nettement tranché sur le dos, avec la couleur bleuâtre ou grise argentée des côtés; toutes les nageoires sont jaunâtres. Le bec est plus foncé, je dirais même presque noir, avec une teinte rouge ou orangée à l'extrémité.

La splanchnologie me montre un large canal intestinal simple et droit, sans valvules intérieures. La vessie aérienne a une structure très-curieuse. En enlevant le repli du péritoine qui la sépare des autres viscères abdominaux, on voit une longue vessie celluleuse dans toute son étendue. Les cellules laissent à l'intérieur et sur le dos un grand espace vide, comme cela a lieu dans l'amia; tout le reste est divisé en cellules réunies comme un poumon de grenouilles. La vessie se divise en avant en deux petites cornues courtes, celluleuses comme le reste de l'organe. Je n'ai pu trouver aucune communication avec le tube digestif; je crois bien pouvoir affirmer qu'il n'y en a pas.

La longueur totale de notre poisson est d'environ dix-huit pouces et demi.

J'ai fait cette description d'après un individu conservé

dans l'eau-de-vie et envoyé de la Martinique par M. Plée.
Je retrouve exactement les mêmes formes, et par conséquent les caractères de cette espèce dans plusieurs autres
exemplaires desséchés qui nous sont venus de la Guadeloupe par M. Ricord. Outre ces individus des Antilles, nous
voyons l'espèce sur les côtes du continent américain, à
Bahia et à Rio de Janeiro. Elle existe aussi sur la rive africaine de l'Atlantique ; car M. Rang en a rapporté plusieurs
exemplaires de Gorée, qui sont aujourd'hui dans le Cabinet
du Roi.

Je trouve dans les notes de M. Plée que ce poisson,
très-commun aux Antilles, y est fort estimé. Les Espagnols
de Portorico le confondent avec l'orphie sous le nom
d'*Agujon* ou de *Aguja*. M. L'Herminier nous a envoyé
le dessin d'un Balaou pris à la Providence. Nous nous
en sommes servis pour décrire les couleurs de cette espèce.
C'est peut-être elle que M. Lesueur[1] a voulu décrire sous
le nom d'*Hemiramphus marginatus,* d'après des individus
qu'il avait pris à la Guadeloupe et à la Martinique, parce
qu'il lui trouve la queue et le corps trois fois aussi longs
que la mâchoire inférieure : mais les nombres indiqués par
ce naturaliste,

D. 14 ; A. 12, etc.

ne se reproduisent dans aucune espèce américaine ; j'ai tout
lieu de croire qu'ils ont été mal comptés.

J'ai, lu avec le plus grand soin la description détaillée
que Commerson résumait dans la phrase caractéristique
associée par M. de Lacépède à l'hémiramphe de Forskal et
au piquitinga de Marcgrave. Je ne doute pas que Commer-

---

1. Les., Journ. de Philad., 1822, t. II, p. 134, n.° 28.

son n'ait eu aussi sous les yeux l'hémiramphe sujet de cet article.

C'est une des espèces que nous voyons se confondre aux Canaries avec celle que nous regardons comme propre à la Méditerranée. La présence de ce poisson dans cet archipel a été établie sur les intéressantes collections faites dans cet archipel par mon savant ami, le botaniste Webb.

Je l'ai indiquée dans l'Ichthyologie des Canaries, dont la publication est due à la générosité de ce naturaliste sous le nom d'*Esox brasiliensis*. N'ayant pas encore à cette époque fait la critique des noms donnés à cette espèce, je croyais que ma détermination devait avoir d'autant plus de fondement, que l'individu desséché que M. Webb a donné au Cabinet du Roi, porte quelques marbrures noires qui rappellent tout à fait celle que Bloch a fait représenter.

L'HÉMIRAMPHE DE PLÉE.

(*Hemiramphus Pleii*, nob.)

Nous trouvons dans les mers des Antilles une seconde espèce, qui diffère de la précédente, parce que

le front est plus étroit et plus anguleux, que l'ogive du bec supérieur est plus aiguë, que le bec inférieur est plus grêle et plus long, que les dents sont plus fines. La pectorale me paraît aussi plus pointue; la dorsale est plus basse de l'avant à son dernier rayon prolongé en filet. L'anale est un peu plus courte; la caudale a les lobes un peu plus grêles.

D. 14; A. 13, etc.

D'après M. Choris et M. de Poey, le dos est simplement bleuâtre; les nageoires ont cette même teinte; la caudale ayant un peu de rouge à l'extrémité: l'extrémité du bec inférieur est tout à fait rouge.

Je trouve dans ce poisson un foie composé d'un seul lobe à

surface arrondie en dessous, creusée en dessus en gouttière pour y recevoir l'œsophage, qui se dilate en une espèce d'entonnoir conique, constituant à la fois l'estomac : vers les deux tiers de la cavité abdominale il devient tout à fait étroit ; il constitue l'intestin, qui est court et qui se rend à l'anus sans aucun repli ni circonvolution ; une grande et longue vessie aérienne occupe toute l'étendue de la cavité abdominale ; ses parois propres sont très-minces. Elle est celluleuse à l'intérieur, mais sans laisser dans cette espèce un espace vide et large comme dans la précédente. Elle est divisée en avant en deux petites cornes très-courtes. Le repli péritonéal, au-dessus duquel elle est cachée, est fibreux, assez résistant et plus argenté que le reste du péritoine, qui est brun picté de noir. Je n'ai pas vu de communication avec l'intestin.

Outre les particularités que l'on peut observer dans le squelette de ce poisson, en examinant les caractères zoologiques fournis par les différents os du crâne, je remarque encore

que leurs mastoïdiens sont élargis sur les côtés pour former à droite et à gauche de la base du crâne deux cavités assez grandes, situées au-dessus des branchies. Les surscapulaires sont très-petits. La ceinture humérale est large et comme pliée en une gouttière assez profonde ; elle est formée par l'élargissement de l'huméral mince et aplati, couché sur un cubital encore plus mince, mais plus large ; le radial est large, mais court ; le styléal est très-étroit, grêle et comme soudé aux os précédents.

Les os pelviens ressemblent assez par leur structure générale aux os semblables des orphies ; ils sont seulement plus courts, plus étroits, surtout en ce qui forme le plan osseux externe. La colonne vertébrale se compose de cinquante-trois vertèbres, dont trente-huit abdominales portant des côtes fines comme des crins, et des apophyses horizontales dirigées en arrière plus fines et plus courtes, et qui forment le plan supérieur de l'arête qui sépare les deux faisceaux des longs muscles droits des flancs.

Nos individus sont longs d'environ neuf à dix pouces;
mais M. de Poey dit qu'il y en a qui dépassent un pied.

M. Desmarets avait reçu deux individus de cette espèce
dans un envoi qui lui a été fait de l'île de Cuba. MM.
Achard et Choris en ont donné chacun un exemplaire
venu de la Martinique.

Cette espèce porte à la Havane le nom d'*Escribano,*
qui veut dire notaire. Il est dû sans doute à la prolonga-
tion de la mâchoire inférieure, rappelant un peu la forme
d'une plume. En examinant la figure que M. Lesueur[1] a
donnée de son *Hemiramphus balaou,* dans le Journal des
sciences de Philadelphie, je suis très-porté à croire que cet
infatigable voyageur a représenté l'espèce actuelle; et ce
qui me le confirme, c'est que la couleur de la caudale est
bleuâtre : d'ailleurs, les nombres ne sont pas indiqués dans
la description de M. Lesueur.

Il a vu aussi son Hémiramphe à la Guadeloupe, à la
Martinique et à Saint-Domingue, où il est très-commun
et confondu avec le précédent sous le même nom de
Balaou.

Nous avons maintenant plusieurs espèces américaines
qui se distinguent des deux précédentes par un raccourcissement notable du bec, comme elles se distinguent entre
elles par les proportions de cette partie du corps; c'est à
l'une d'elles que l'on devrait rapporter et la gravure de
Pernetti[2], et la figure plus ancienne donnée par Grew de la
tête d'un hémiramphe; mais ces représentations sont si
vagues, que je ne veux certainement pas prendre de parti
à leur sujet. Aussi, je vais continuer les descriptions faites
d'après nature.

---

1. Les., Journ. de Phil., 1821, t. II, p. 136, n.° 29.
2. Pern., Voy. aux Malouines, t. II, pl. 2, fig. 8.

L'HÉMIRAMPHE DE ROBERT.

(*Hemiramphus Roberti*, nob.)

Nous avons reçu de Cayenne un troisième hémiramphe, qui a encore le bec long et grêle. Il diffère du précédent, parce qu'il a

le dessus du crâne plus étroit, la mâchoire supérieure encore plus aiguë, les dents très-fines : la caudale est beaucoup moins fourchue; la dorsale et l'anale se répandent plus exactement, et cette dernière est plus longue que chez les espèces précédentes. La pectorale est courte.

D. 15; A. 16, etc.

La couleur est verdâtre sur le dos et sur le ventre; une bande argentée, plus large sur la queue que sur la région pectorale, se dessine le long des côtés.

Nos plus grands individus ont six pouces et demi ou sept pouces. Ils nous sont venus dans les collections faites par MM. Poiteau et Robert. Je crois même que, déjà plus anciennement, Leblond en avait envoyé de la même colonie, que l'on conserve encore dans le Cabinet du Roi.

L'HÉMIRAMPHE DE PICART.

(*Hemiramphus Picarti*, nob.)

Une autre espèce a

le bec supérieur encore plus étroit et plus allongé; la mâchoire inférieure, grêle, est proportionnellement plus courte; le front est un peu plus convexe; la pectorale un peu moins courte; la dorsale et l'anale plus longues; la caudale est à peine fourchue.

D. 16; A. 16, etc.

La bandelette argentée des flancs est beaucoup plus large, sur la queue, entre la dorsale et l'anale. Le bec paraît uniformément coloré ; il ne devait avoir que la dernière extrémité rouge, si cette espèce a cette particularité de couleur comme la plupart de ses congénères.

Notre individu a huit pouces de long.

Nous avons de fortes raisons de supposer que M. Picart avait pris ce poisson dans la rade de Cadix, d'où il a rapporté plusieurs mollusques et annélides curieux au Cabinet du Roi. M. Alph. Guichenot, l'un des naturalistes de l'expédition scientifique de l'Algérie, vient de rapporter deux individus de cette espèce pris à Bone : c'est jusqu'à présent le seul hémiramphe authentique de la Méditerranée et des mers d'Europe.

L'HÉMIRAMPHE DE RICHARD.

(*Hemiramphus Richardi*, nob.)

Le célèbre botaniste Richard, membre de l'Académie royale des sciences, avait rapporté de Sainte-Croix des Antilles, une espèce d'hémiramphe dont le bec est remarquable par sa brièveté. J'ai vu les mêmes formes et les mêmes proportions renouvelées dans sept autres individus, envoyés au Cabinet du Roi à des époques éloignées l'une de l'autre par différents naturalistes : je crois donc que cette fixité dans les caractères, tirés de la proportion du bec, justifiera non-seulement l'établissement de l'espèce dont je vais parler, mais encore celui des deux précédentes, qui ont entre elles, et avec celles que je vais décrire, les plus grandes affinités.

Dans cette espèce le bec est compris cinq fois et un tiers dans la longueur totale ; comme il est large et aplati, il représente en raccourci celui du Balaou. Dans toutes les autres espèces le bec est proportionnellement beaucoup plus étroit.

La tête de notre poisson est courte; l'œil est assez grand; les dents
sont fines et sur une bande plus large que dans aucun autre. La
pectorale est de longueur moyenne. La dorsale et l'anale sont étendues. La caudale est peu fourchue.

D. 15; A. 16, etc.

Le corps est couvert d'écailles finement grenues en dessus et
qui m'ont toujours montrées deux ou trois rayons en éventail. La
couleur du dos est séparée de celle du ventre par une bandelette
argentée, qui est bleuâtre dans la région pectorale. Le bord des
écailles du dos est rembruni par des points pigmentaires nombreux
et serrés, disposés sur le bord libre de la bourse des écailles, et
qui dessinent même après que celles-ci sont tombées, un réseau
noirâtre sur le dos. Le bec, rembruni, est coloré en rouge vif à
l'extrémité.

Dans cette espèce la vessie aérienne est simple, sans cellules
intérieures; les parois sont minces et argentées; le péritoine est
noir.

La grandeur de nos individus est d'environ huit pouces.

Outre celui que le Cabinet tient de feu Richard, il y en
a d'autres envoyés de Cayenne par Leblond et Poiteau.
On en a acquis des exemplaires originaires de Bahia; et
enfin, nous avons la preuve que l'espèce s'avance jusqu'à
Rio de Janeiro, d'où elle a été rapportée par M. Delalande, et où M. Eydoux l'a retrouvée lors du passage de la
corvette la Bonite.

L'HÉMIRAMPHE DE COMMERSON.

(*Hemiramphus Commersonii*, nob.)

Commerson avait laissé dans ses manuscrits un dessin
fait à la mine de plomb, sans aucune autre indication,
qui représente, à n'en pas douter, une des plus grandes
espèces de ce genre, répandue dans une assez longue éten-

due des mers de l'Inde ; mais les manuscrits ne font aucune mention de ce dessin.

Elle est reconnaissable aux quatre grandes taches noires, placées à peu près à égale distance sur le milieu des côtés : la première répond à la pointe de la pectorale, et la quatrième est entre la dorsale et l'anale. Cet hémiramphe a d'ailleurs le crâne large et aplati ; la mâchoire supérieure en ogive peu pointue ; le bec assez large et déprimé, de sorte que l'espèce ressemble assez bien, par l'ensemble de ses formes, au Balaou des Antilles. On peut dire d'elle qu'elle est le représentant de l'espèce américaine dans l'Océan indien. L'œil cependant me paraît un peu plus petit ; les dents coniques, mais mousses, sont sur une bande un peu plus large.

La pectorale est longue et pointue ; la dorsale a son dernier rayon un peu prolongé : elle est haute de l'avant, basse de l'arrière, et coupée ou échancrée en lame de faux. Les premiers rayons sont écailleux. L'anale beaucoup plus courte, n'ayant que les deux tiers de la hauteur de la précédente : elle est à peu près triangulaire, le rayon interne des ventrales est plus long que l'externe, mais les mitoyens sont plus courts ; la caudale est profondément fourchue ; le lobe inférieur est beaucoup plus long.

D. 13 ; A. 11, etc.

Les écailles sont très-grandes, presque deux fois aussi hautes que larges, de sorte que, lorsqu'elles sont en place et cachées en grande partie dans leur superposition, elles ne montrent pas leur grandeur ; elles sont entièrement formées de stries concentriques régulières. Je vois cependant au bord radical comme une sorte de rayon en éventail. La couleur est un gris verdâtre sur le dos, se fondant dans le gris argenté du ventre. La dorsale, la caudale et la pectorale sont verdâtres ; l'anale et les ventrales blanchâtres. Le long des flancs règne une bandelette longitudinale argentée, bordée de bleuâtre en dessus et en dessous.

Le foie et l'intestin ressemblent aux viscères de même nature chez les autres hémiramphes. Je retrouve ici une vessie aérienne celluleuse, comme dans l'*Hemiramphus Brownii*, et *H. Pleii*.

Tout l'intérieur est divisé en cellules. Deux petites cornes sont en avant. Il n'y a pas de communication avec le tube digestif.

Cette espèce est une des plus grandes du genre : nos individus ont jusqu'à dix-huit pouces de longueur. Nous en avons reçu un de l'Ile-de-France, envoyé par M. Julien Desjardins. M. Botta et Lefebvre en ont rapporté de beaux exemplaires de la mer Rouge, pris à Massawah et à Suez; et j'en ai vu d'autres de la même localité dans le Musée de Berlin, où ils ont été déposés par M. Ehrenberg.

Mon aide - naturaliste, M. L. Rousseau, qui a fait un voyage si fructueux pour la zoologie aux Séchelles et sur la côte d'Afrique, vient de le rapporter de Zanzibar.

MM. Quoy et Gaimard ont retrouvé cette espèce jusqu'à Vanikoro : ils ont vu l'extrémité du bec d'un beau rouge vif. Les habitants l'ont indiquée sous le nom d'*Anéma* : partout l'espèce est très-commune.

Nous trouvons aussi la preuve de l'existence de cette espèce dans le détroit de Malacca par l'examen d'un dessin fait par le major Farqhar, et qui porte le nom malais *Eekan-Todak-Pindik*.

Après avoir ainsi caractérisé cette espèce, et l'avoir retrouvée dans la mer Rouge, nous n'avons plus à hésiter sur la dénomination de l'*Esox marginatus*, et sur la variété *B* de Forskal. Nous en avons pour garant les observations répétées à Massawah par notre savant ami, M. Ehrenberg, qui a bien voulu nous communiquer le dessin qu'il en a fait sur les lieux : elles se rapportent aussi aux recherches de M. Ruppell[1] sur les poissons de ces côtes. Cet habile naturaliste a cru devoir nommer l'espèce du nom d'*Hemi-*

---

1. Rupp., *Neue Wirbelth. zur Faun. Abyss.*, p. 74.

ramphus Far, tout en reconnaissant qu'elle est identique avec le poisson que M. Cuvier indiquait dans la note du Règne animal sous le nom que nous lui avons conservé, et que nous devons préférer, comme plus caractérisé, que celui de Forskal. Nous apprenons, d'après M. Ruppell, que le nom vulgaire arabe, encore en usage sur les bords de la mer Rouge, est effectivement celui de *Far.*

Ce poisson croît jusqu'à la longueur de quinze pouces.

Il y a une figure de cette espèce plus ancienne même que celle de Commerson. Nous la trouvons dans Renard[1] sous le nom de *Demi-bec de Bagueval,* et qu'il désignait en Hollandais par *Groot Half - Beck;* ce qui veut dire *grand demi-bec.* On ne peut le méconnaître dans cette figure enluminée cependant d'une manière arbitraire. Je n'en vois pas l'original dans le recueil des dessins de l'amiral Corneille de Vlamming.

On dit que la chair de ce poisson a le goût de celle de l'esturgeon, quoiqu'elle soit huileuse et que l'on en fait des saucisses, qui ne sont pas mauvaises quand elles sont grillées.

Le crâne de cet hémiramphe a été représenté d'une manière très-caractérisée par Willughby, tab. P. 8, n.° 3, sous le nom de *Acus alicujus Indiæ caput.* La largeur et l'aplatissement du crâne, ainsi que la forme du bec, ne peuvent laisser de doute à cet égard.

L'Hémiramphe de Russel.
(*Hemiramphus Russeli,* nob.)

Je trouve dans les mers de l'Inde une seconde espèce d'hémiramphe, à corps à peu près semblable au précédent, qui a comme lui

---

1. Renard, Poiss. des Indes, 2.ᵉ part., pl. 5, n.° 21.

de grandes écailles, dont le bec est aplati et prolongé à peu près du quart de la longueur totale; les écailles sont assez grandes : la ligne latérale est très-visible, tracée sur le haut du dos et distincte de la carène du ventre, qui cependant n'est pas très-fortement relevée. Les dents sont d'une grande finesse. La couleur est violet-noirâtre et changeant sur le dos; les côtés sont argentés; le ventre et les nageoires sont blancs lustrés, à reflets bleuâtres.

D. 17; A. 12? etc.

Je ne possède de ce poisson qu'un seul exemplaire, recueilli par Sonnerat à Pondichéry. Il n'est malheureusement pas bien conservé; mais tel qu'il est, il se laisse encore reconnaître dans la planche 177 de Russel, sous le nom de *Kuddera* B. Cet auteur l'a, dans son texte, confondu avec l'*Esox brasiliensis* de Linné.

A ne tenir compte que de la citation faite dans la note de M. Cuvier, on pourrait nommer l'espèce *Hemir. brevirostris.* Mais, outre que cette épithète est mauvaise, parce qu'elle n'est en quelque sorte comparative qu'à nos deux derniers hémiramphes, et qu'un grand nombre d'autres, tant des mers de l'Inde que des mers d'Amérique, ont le bec beaucoup plus court, il ne faut pas négliger de remarquer que M. Cuvier a cité, à la suite de cette figure, Willughby (Append. VI, fig. 4), lequel n'a donné qu'une copie de la figure de Nieuhof, tom. II, p. 271. Celle-ci, toute incomplète qu'elle est, représente certainement une espèce fort différente et voisine de notre *Hemiramphus Gernærti,* si ce n'est pas la même.

L'HÉMIRAMPHE DE DUSSUMIER.

(*Hemiramphus Dussumieri,* nob.)

Pour suivre la nomenclature que je viens d'adopter, je désignerai, par le nom du voyageur qui a tant enrichi les diverses branches de l'histoire naturelle du produit de ses nombreuses collections, l'espèce remarquable qu'il a rapportée des Séchelles dans un parfait état de conservation.

Celle-ci a le corps plus allongé et plus quadrilatère qu'aucune autre; la hauteur, étant égale à l'épaisseur, est comprise huit fois dans le corps, mesuré entre l'ouïe et la caudale; le dessus du crâne est aplati, rétréci en avant; le bec supérieur est en ogive pointue; le bec inférieur est une sorte de lame triangulaire, large à sa base, courte, contenue six fois dans la longueur totale.

Je remarque sur cet individu, bien conservé, que le bec est bordé, le long de ses deux côtes, d'une espèce de lèvre mince, et qu'en dessous la peau formerait une sorte de fanon mou, qui ne doit pas dépendre de la macération du poisson dans l'alcool. Les dents sont d'une extrême finesse et comme de simples granulations. L'œil est assez grand; le sous-orbitaire est plus régulièrement quadrilatère que dans les espèces américaines. La pectorale est large et peu pointue; la ventrale est coupée carrément; la caudale est fourchue en croissant; les deux lobes sont à peu près égaux; la dorsale et l'anale sont basses et allongées.

D. 15; A. 15.

Les écailles sont de grandeur moyenne. La couleur est verdâtre sur le dos, blanche et argentée sur le ventre. Un trait verdâtre parcourt la longueur moyenne du flanc en bordant la bandelette argentée; le bout du bec est d'un beau rouge.

L'individu rapporté par M. Dussumier a douze pouces et demi de longueur; mais cet observateur en a vu d'autres encore plus longs d'environ quatre pouces.

Les habitans des Séchelles, et surtout nos matelots français, ont transporté à ce poisson le nom de Balaou; c'est la dénomination vulgaire des hémiramphes dans toutes les Antilles françaises. Ce poisson est bon à manger.

En recherchant dans le Cabinet du Roi des exemplaires un peu défectueux à cause de leur ancienneté, et originaires du Voyage de Péron, nous croyons y retrouver l'espèce donnée par M. Lesueur comme une variété de son *Hemiramphus erythrorhynchus*, parce que les nombres concordent parfaitement avec ceux sur l'individu desséché; toutefois je ne veux présenter cette synonymie qu'avec quelques doutes.

L'HÉMIRAMPHE DE QUOY.

(*Hemiramphus Quoyi*, nob.)

est une espèce voisine de la précédente;

car elle a, comme elle, le bec en lame triangulaire, large et aplatie, bordée sur les côtés par des lèvres membraneuses, et en dessous par un fanon fixé sous la ligne moyenne; mais cette espèce diffère parce que le bec est proportionnellement plus court, que la surface supérieure est plus convexe; la longueur de ce bec est le septième de la longueur totale. Le corps est plus trapu, il est plus comprimé et un peu plus haut proportionnément : les dents sont moins fines; les yeux sont plus grands, et l'intervalle qui les sépare est plus large. Les pectorales sont plus pointues; les lobes de la caudale sont plus larges et inégaux.

D. 16; A. 14.

La couleur est un bleu foncé sur le dos et un brillant argenté sur le reste du corps; une large bandelette formée de verdâtre en dessus et de bleu de ciel en dessous, sépare la teinte du dos de celle du ventre. L'extrémité du bec est couleur de cire rouge; les nageoires sont blanchâtres.

J'ai examiné la vessie aérienne de cette espèce : elle est simple, sans cellules et sans communication avec l'intestin.

L'individu est long de dix pouces. Il a été pris au Port-

Dorey de la Nouvelle-Guinée par MM. Quoy et Gaimard, pendant la relâche qu'y fit l'expédition de l'Astrolabe.

*L'*Hémiramphe de Gaimard.

(Hemiramphus Gaimardi, nob.)

Il existe aussi dans les mers des Moluques une autre espèce, qui ressemble beaucoup à la précédente par la forme générale du corps, mais qui a

la tête beaucoup plus étroite, le museau rétréci et la lame du bec sensiblement plus mince : elle est un peu plus longue qu'à l'autre espèce, car elle n'est comprise que six fois dans la longueur totale. L'œil me paraît aussi plus petit; la pectorale moins pointue.

D. 16; A. 15, etc.

La couleur ressemble à celle des précédents; la bandelette latérale argentée est bordée en dessus de verdâtre.

Nos individus sont longs de neuf pouces : ils viennent, les uns, d'Amboine, les autres de la Nouvelle-Guinée. Le Cabinet du Roi en est redevable aux recherches des mêmes naturalistes qui ont trouvé l'espèce précédente pendant l'expédition de l'Astrolabe sous les ordres de M. Dumont d'Urville; mais ces mêmes navigateurs s'en étaient déjà procuré deux exemplaires à Port-Jackson pendant la campagne de l'Uranie sous les ordres de M. Freycinet.

*L'*Hémiramphe de George.

(Hemiramphus Georgii, nob.)

M. Dussumier, dont le nom a été déjà donné à une de nos espèces nouvelles, en a rapporté encore plusieurs autres de cette grande expédition consacrée en partie à l'ichthyologie; celle-ci, que je veux encore dédier à la mémoire de ce zélé collecteur en la désignant par son prénom, ressemble beaucoup, par l'ensemble de ses formes et la disposition de ses couleurs telles qu'elles se sont conservées dans l'alcool, à l'espèce que je viens de nommer d'après M. Gaimard; mais elle en diffère

par un bec tellement prolongé qu'il surpasse le quart de la longueur totale. Il est large et aplati; la mandibule supérieure est convexe et en ogive pointue; la nuque est un peu voûtée; la région sourcilière est soutenue, mais le milieu de l'intervalle qui sépare les yeux est déprimé en une assez large gouttière. La dorsale est basse et allongée; les ventrales sont reculées au troisième tiers du corps; la caudale est peu fourchue.

D. 17; A. 15, etc.

Le dos est d'une couleur blanchâtre avec une bordure verdâtre autour de chaque écaille; le ventre est blanc, à reflets argentés, mais moins brillants que la belle bande longitudinale bordée d'un trait verdâtre qui sépare la couleur du dos de celle du ventre. Toutes les nageoires sont blanches; la dorsale et la caudale ayant seules une légère teinte noire. Le bec est noir.

L'individu que nous venons de décrire est long de dix pouces et demi. Il vient de la rade de Bombay.

Nous en avons un second exemplaire de même taille, pêché dans la baie de Mahé, de Coromandel.

L'Hémiramphe de Reynaud.

(*Hemiramphus Reynaldi*, nob.)

est encore une espèce voisine des précédentes, et comme intermédiaire entre ceux des Séchelles, notre *Hem. Dussumieri*, et celle des Moluques, l'*Hem. Gaimardi*.

En effet, si elle a le bec plus étroit que celui de l'hémiramphe de Dussumier, elle l'a plus large que celui de l'hémiramphe de

Gaimard. Le bec est plus long, car il n'est compris que cinq fois et demie dans la longueur totale; la mandibule supérieure est en ogive assez pointue; le dessus de la tête est large et aplati. Le corps est arrondi, presque aussi épais que haut. La pectorale est un peu pointue; la caudale est fourchue; la dorsale est plus haute proportionnément à sa longueur.

D. 16; A. 15, etc.

Le poisson est fauve avec une teinte verdâtre sur le dos, blanc grisâtre sous le ventre; la bandelette, argentée, est moins apparente que dans les autres espèces : la dorsale et la caudale sont bordées de noir.

Nos individus sont longs de neuf pouces.

Nous en avons reçu de Trinquemalé de Ceylan par les recherches de M. Reynaud, chirurgien de la corvette la Chevrette; et M. Dussumier en a rapporté un individu tout semblable qu'il nous a dit provenir des étangs de Calcutta.

L'Hémiramphe érythrorynque.

(*Hemiramphus erythrorynchus*, Lesueur).

Nous retrouvons à l'Ile-de-France une autre espèce d'hémiramphe, qui avoisine les précédentes par ses formes générales; elle a

le corps arrondi, plus allongé ou plus grêle qu'elles; le bec est plus mince et plus long : il n'est contenu que cinq fois et quelque chose dans la longueur totale; le dessus de la tête est étroit; la nuque est convexe; la dorsale et l'anale sont longues et basses; la caudale est fourchue.

D. 16, A. 18, etc.

L'individu est long de neuf pouces, et il a été recueilli à l'Ile-de-France par les soins de M. Mathieu, colonel d'artillerie commandant de cette arme dans la colonie.

C'est, à n'en pas douter, l'espèce dont Commerson a laissé un dessin parfaitement reconnaissable. Il nous apprend que ce poisson a le dessus de la tête bleu ; que le dos et le ventre sont verdâtres ; qu'une bande latérale argentée règne le long des flancs ; les nageoires sont peintes en jaune, et le demi-bec inférieur est rougeâtre. Ce dessin a été fort mal gravé, de manière à n'être presque plus reconnaissable dans l'Histoire des poissons de M. de Lacépède, tome V, pl. VII, fig. 2, comme une variété de l'*Esox gambarur*. M. Dussumier a aussi trouvé cette espèce dans ses relâches à l'Ile-de-France ; mais il n'en a rapporté que de jeunes individus longs de quatre à cinq pouces. C'est là l'espèce qui a été décrite sous le nom que nous lui conservons par M. Lesueur[1] dans le Journal des sciences de Philadelphie ; nous ne croyons donc pas que M. Ruppell ait reconnu cette description lorsqu'il l'a appliquée à son *Hemiramphus gambarur*.

Il faut faire attention que nous distinguons le poisson indiqué par M. Lesueur comme une variété de cet hémiramphe, et que nous la rapportons à notre *Hemiramphus Gaimardi*.

*L'*Hémiramphe a pectorales noires.

(*Hemiramphus malanochir*, nob.)

Cet hémiramphe est caractérisé par les teintes noires de sa pectorale ;

il a d'ailleurs le bec assez grêle, du cinquième de la longueur totale ; le front étroit ; la mandibule supérieure en ogive pointue ; les dents grenues plus nombreuses que dans les précédentes ; la dorsale et l'anale sont longues et basses ; la caudale est très-peu fourchue.

---

1. *Journ. sc. Philad.*, t. II, 1821, p. 137, n.° 30.

D. 17; A. 19, etc.

La couleur argentée de la bandelette latérale, qui est large, et du ventre, est très-brillante; elle tranche avec la couleur pâle du dos. La caudale est un peu bordée de noirâtre, et je vois aussi cette teinte se prononcer sur le dos de la queue et le long de la base de la dorsale.

La vessie aérienne de cette espèce est simple, sans cellules et sans communication avec l'intestin.

Nos individus dépassent de quelques lignes neuf pouces de longueur. Ils viennent du Port-Western de la Nouvelle-Hollande, et sont dus aussi aux recherches infatigables de MM. Quoy et Gaimard.

*L'*Hémiramphe a queue noire.

(Hemiramphus melanurus, nob.)

Cette espèce se reconnaît entre les précédentes

aux deux taches noires qui colorent l'extrémité de chaque lobe de la caudale : elle a d'ailleurs le bec court et assez semblable à celui de l'*Hemiramphus Gaimardi :* il est compris sept fois et un tiers dans la longueur totale. Les dents sont fines et grenues; le dos et les flancs sont arrondis; la dorsale est assez haute de l'avant; la pectorale étroite, pointue, de longueur médiocre.

D. 15, A. 15.

A ce que nous avons dit de la couleur de la caudale, nous ajouterons que le dos paraît avoir été verdâtre, les côtés et le ventre gris argenté, la bandelette latérale assez brillante, avec une bordure verte en dessus; la pointe de la dorsale conserve encore quelques traces de noirâtre.

Ce poisson, long de neuf pouces, vient des Célèbes : il en a été rapporté par MM. Quoy et Gaimard.

L'Hémiramphe de Gernaert.

(*Hemiramphus Gernaerti*, nob.)

Cette espèce a

le museau plus pointu qu'aucune de celles que nous avons encore examinées : l'intervalle qui sépare les yeux n'est que d'une fois le diamètre de l'orbite; les dents sont fines et plus pointues proportionnellement. La dorsale et l'anale sont petites et basses. La caudale est peu fourchue.

D. 13; A. 15, etc.

Je vois dans cet individu une bande argentée beaucoup plus large, entre les deux nageoires impaires, que dans toutes les autres espèces; l'intervalle du ventre compris entre les deux carènes, paraît avoir été rembruni comme le dos. Les flancs sont gris d'argent.

L'individu est long de sept pouces et quelque chose. Il a été envoyé des mers de Chine par M. Gernaert, consul de France à Macao.

J'en trouve un second exemplaire d'égale grandeur dans les collections faites dans le même endroit par M. Eydoux.

La mâchoire inférieure du premier de nos individus se prolonge en un bec très-mince et qui mesure le cinquième de la longueur totale : elle est recourbée par le bas : cette disposition est individuelle et non spécifique.

L'on peut voir dans le recueil imprimé au Japon la figure d'un hémiramphe qui a la plus grande ressemblance par la brièveté du bec, la pointe de la tête et le peu de profondeur de l'échancrure de la caudale, avec l'espèce actuelle pour l'y rapporter.

*L'*Hémiramphe au liséré noir.

(*Hemiramphus limbatus*, nob.)

Voici encore une espèce d'hémiramphe voisine de la précédente par l'acuité de son museau; car l'intervalle entre les yeux ne comprend qu'une fois le diamètre; mais celle-ci a

le corps plus haut et plus comprimé; la hauteur est comprise huit fois dans la longueur totale; le bec, qui est grêle, y est contenu cinq fois et quelque chose. La dorsale et l'anale sont basses, et la caudale est plutôt échancrée que fourchue. La pectorale est proportionnellement assez longue.

D. 13; A. 14, etc.

Les nageoires impaires sont finement lisérées de noirâtre; ces lignes sont tracées le long des trois bords de la caudale. Le bec est noir. La pectorale et la ventrale sont incolores. Le corps du poisson était blanc, comme transparent, avec une bande argentée également étroite dans toute son étendue.

Cet hémiramphe, long de six pouces neuf lignes, a été rapporté de la côte de Malabar par M. Dussumier. Les pêcheurs de Bombay lui ont dit qu'il y est abondant et que sa chair est bonne.

M. Leschenault a aussi observé cette espèce dans la rade de Pondichéry. Les pêcheurs indiens l'ont nommée en tamoul, *Kola*.

En lisant avec soin la description de l'*Esox marginatus* de Forskal, et surtout en m'éclairant de celle que M. Ruppell a donnée avec des détails plus précis, parce que ce savant zoologiste ne confondait plus, comme son prédécesseur, les différentes espèces de ce genre, j'ai tout lieu de penser que je trouve sur ces côtes de la péninsule l'espèce anciennement décrite par le voyageur danois sous

le nom d'*Esox marginatus*. C'est la seule qui ait le bord
postérieur de la caudale brun, en même temps qu'elle a,
comme le dit M. Ruppell, cette nageoire bordée de noirâtre
en haut et en bas. Mes nombres s'accordent d'ailleurs
fort exactement avec ceux de M. Ruppell. Je n'aurais pas
hésité à conserver à cet hémiramphe l'épithète de *marginatus*, si M. Cuvier ne l'avait employée dans sa note pour
l'appliquer à l'*Hemiramphus erythrorhynchus* de M. Lesueur, et si ce dernier naturaliste n'eût pas pris ce même
nom pour désigner l'*Esox Commersoni*. Il faut faire d'ailleurs
bien attention que Forskal ayant employé l'épithète de
marginatus pour désigner l'espèce de bourrelet que la
carène ventrale élève de chaque côté du ventre jusqu'aux
nageoires abdominales, exprime un caractère commun à
toutes les espèces. Je n'ose adopter non plus le nom
d'*Hemiramphus gambarur*, donné par M. Ruppell [1], parce
que ce nom n'est certainement pas synonyme de l'*Esox
gambarur* de Lacépède, quoique M. Ruppell le croit ainsi.
Le *gambarur* de Lacépède ayant été établi, comme nous
l'avons démontré plus haut, d'après un dessin de Commerson fait à l'Ile-de-France, et peut-être aussi par une
autre confusion, l'auteur y réunissait-il des individus envoyés
de Cayenne par Leblond. Maintenant que l'espèce est bien
établie, nous reconnaissons que les Arabes de Djedda,
selon Forskal, et de Massawah, selon M. Ruppell, nomment
ce poisson *Gamberur* ou *Gambarur*. Il ne dépasse pas
sept pouces de long : il est très-commun sur toute la côte.

---

1. Rupp., *Neue Wirbelth. zur Faun. Abyss.*, p. 74.

L'Hémiramphe aux nageoires jaunes.

(*Hemiramphus xanthopterus*, nob.)

M. Dussumier a encore enrichi l'ichthyologie d'une
espèce voisine de la précédente.

Elle a le bec plus court, la mâchoire supérieure en ogive beaucoup plus pointue; l'œil un peu plus grand; l'anale et la dorsale
un peu plus aiguës.

D. 15; A. 16, etc.

Ce poisson a le dos blanc, couvert d'écailles lisérées de verdâtre;
les flancs, argentés, ont des reflets nacrés; les nageoires impaires
sont jaune citron et les nageoires paires sont blanches et transparentes; la peau du bec est noire et l'extrémité est d'une belle
couleur écarlate.

Ce poisson, long de six pouces, vient des eaux douces
d'Alipey.

L'Hémiramphe aux nageoires blanches.

(*Hemiramphus leucopterus*, nob.)

Un autre Hémiramphe, des environs de Bombay, et
provenant aussi des collections faites par M. Dussumier,
se distingue de ceux-ci

par une tête beaucoup plus étroite; par un bec plus grêle et plus
long; par une dorsale et une anale plus basses.

D. 16; A. 14, etc.

Il s'en distingue aussi par la couleur des nageoires : celles-ci sont
toutes blanches; tout le corps est blanc transparent et argenté;
la bandelette latérale, très-brillante, est la seule partie du corps
qui n'ait pas de transparence; le bec est noir.

Nous n'avons qu'un individu long de cinq pouces.

L'Hémiramphe du Buffon.

(Hemiramphus Buffonis, nob.)

M. Dussumier, en se rendant sur la rade de Pulo-Pinan
à bord de son navire le Buffon, a trouvé une singulière
espèce d'hémiramphe, qui paraîtrait rester dans des dimensions assez petites, à en juger par les nombreux exemplaires de même taille qu'il nous a rapportés.

Il a la tête plate, la mandibule supérieure aplatie et arrondie à
l'extrémité; le bec droit, grêle, est un des plus longs que nous
ayons observés, car il n'est compris que trois fois et un tiers dans
la longueur totale. La dorsale, et surtout l'anale, sont courtes; la
caudale est coupée carrément.

D. 12; A. 8.

Ces nombres sont, comme on le voit, très-différents de ceux
de toutes les autres espèces. La couleur est un verdâtre uniforme
sur tout le poisson et sur les nageoires, avec une bandelette longitudinale. Le bec paraît avoir été noir.

J'ai examiné sa vessie aérienne : elle est simple et sans cellules;
ses parois sont très-minces.

Le plus grand individu a huit pouces quatre lignes, et le
plus petit a trois pouces deux lignes. La forme du bec,
sa longueur, et la caudale, coupée carrément, caractérisent parfaitement cette espèce.

On conçoit que, pour la nommer, j'aie emprunté au
navire sur lequel tant d'admirables collections ont été
faites pour le Muséum, le nom illustre que M. Dussumier
avait donné à son bâtiment.

L'Hémiramphe de Lutke.

(Hemiramphus Lutkei, nob.)

Cette espèce a, comme celle que je viens de décrire,

le museau assez étroit et pointu; le bec est long et grêle : il est
contenu quatre fois et deux tiers dans la longueur totale. Les lèvres
sont assez larges, et surtout aussi le fanon, qui prend sous le bec
et qui se détache assez brusquement entre les branches de la mâchoire inférieure pour y paraître comme tronqué. La pectorale est
pointue; la ventrale est courte, avec le rayon interne prolongé en
filet; le lobe inférieur de la caudale, très-fourchu, est plus long
que le supérieur; la dorsale est longue; l'anale, au contraire, est
courte.

D. 14; A. 12.

La couleur est bleu verdâtre sur le dos, passant au vert sur les
flancs; le ventre seul entre les carènes est argenté.

Je ne vois pas dans cette espèce la bandelette longitudinale
et argentée que l'on observe sur presque toutes les autres.

Les individus pris à Bourou par MM. Lesson et Garnot,
ont dix pouces et demi de longueur. Je rapporte à cette
espèce le dessin d'un hémiramphe qui nous a été communiqué par M. de Mertens, et qui avait été fait à Manille.
Depuis longtemps nous avons déploré la mort prématurée
du naturaliste de cette expédition russe; j'ai dédié cet
Hémiramphe à l'habile navigateur qui a fait faire sous ses
ordres une circumnavigation, dont la marine et les sciences
naturelles ont recueilli tant de fruits.

L'Hémiramphe de l'Éclancher.

(*Hemiramphus Eclancheri*, nob.)

Nous avons encore à parler d'un hémiramphe distinct
de tous ceux dont nous nous sommes occupé jusqu'à
présent,

par l'allongement d'un bec très-grêle : il mesure en effet le quart
de la longueur totale; le bec supérieur est pointu; le dessus du
crâne est étroit, un peu convexe sur la nuque, faiblement cannelé

entre les yeux; l'arcade sourcilière étant un peu soutenue; les dents sont très-fines; la dorsale et l'anale sont étendues, mais moins que dans les espèces suivantes; les pectorales sont courtes.

D. 16; A. 13, etc.

Cet Hémiramphe a une bandelette argentée sur les flancs, bordée longitudinalement en dessus d'une raie bleuâtre ou verte, et qui est elle-même surmontée d'une raie argentée moins brillante que la bande des flancs. Ces trois bandes séparent, d'une manière nette et tranchée, la couleur fauve du dos de la teinte du ventre, qui me paraît aussi roussâtre, de sorte que je ne vois dans cette espèce que les flancs qui brillent d'un éclat argentin. La caudale a du noirâtre; les autres nageoires sont transparentes; le bec est noir.

L'individu est long de six pouces quatre lignes. Il a été recueilli, avec plusieurs autres poissons fort intéressants, aux îles Marquises par M. le D.ʳ l'Éclancher, chirurgien de la marine royale, et de service à bord de la frégate la Reine-Blanche, sous les ordres de M. le contre-amiral Dupetit-Thouars. Cette espèce nous conduit aux suivantes par la longueur de son bec.

L'Hémiramphe longirostre.

(*Hemiramphus longirostris*, nob.)

Après cette longue suite d'hémiramphes, nous voici arrivés à donner la description de deux espèces remarquables par le prolongement de la partie inférieure du bec et par le grand développement de la nageoire pectorale, dont la grandeur justifie les affinités que nous avons déjà établies entre les orphies, les hémiramphes et les exocets. Il est assez curieux de voir que la nature agrandit précisément les pectorales de ceux qui ont le bec le plus long, et qui devraient par conséquent ressembler le moins aux poissons volants (*Exocœtus*).

Nous allons commencer par décrire celle qui a été très-bien figurée dans l'Histoire des poissons de Vizagapatam par le docteur Patrick Russel, et qui était la seule connue lorsque nous commençâmes la rédaction des notes qui me servent aujourd'hui à la continuation de mon ouvrage; elle reçut alors le nom mérité d'Hémiramphe au long bec (*Hemir. longirostris*), indiqué par M. Cuvier dans la note du Règne animal. On va voir tout à l'heure que, depuis ces premiers travaux, une seconde espèce, à bec encore plus allongé, a été découverte et apportée au Cabinet du Roi.

L'*Hemiramphus longirostris* est remarquable par l'allongement de son corps grêle et comprimé, de ses pectorales et par l'élévation de sa dorsale. La hauteur du corps est comprise treize fois dans le tronc mesuré depuis le bord de l'opercule jusqu'à la racine de la caudale. La longueur de la tête, mesurée depuis la pointe de la mâchoire supérieure jusqu'au bord de l'opercule, est six fois dans la longueur du tronc; la longueur du bec est le quart de la longueur totale; ce bec se termine presque en pointe et sa base est étroite; la mâchoire supérieure est courte, les dents sont extrêmement fines.

L'œil est grand, du tiers de la longueur de la tête, l'intervalle qui sépare les deux yeux égale ce diamètre; la région sourcilière est un peu renflée. La pectorale est très-allongée; elle est comprise trois fois et deux tiers dans la longueur du tronc; le premier rayon de cette nageoire est large et comprimé; les inférieurs ont au moins la moitié de la longueur du premier. Les ventrales sont excessivement petites : elles n'ont guère que le sixième de la longueur de la pectorale. La dorsale et l'anale sont longues, presque autant que la nageoire pectorale. Les rayons de la nageoire du dos sont grêles et assez élevés, presque deux fois autant que le tronc l'est sous elle. La caudale est profondément fourchue; le lobe inférieur dépasse beaucoup le supérieur.

D. 22; A. 20; C. 26; P. 8; V. 6.

Ce poisson a le corps couvert d'écailles qui me paraissent tomber facilement. La couleur est bleu verdâtre sur le dos, avec une bande longitudinale plus foncée qui suit le milieu de l'épine du dos; les flancs et le ventre sont argentés; la bande latérale est ici très-brillante.

M. Leschenault, qui s'est procuré ce poisson à Pondichéry, l'a entendu nommer en malabare *Karouvalet Kouala.* Il assure que ce poisson parvient à trois pieds de longueur environ. L'individu qui faisait partie de ses collections, n'a que quinze pouces. C'est, dit-il, un poisson bon à manger, qui est rare dans la rade de Pondichéry.

Cette espèce a été représentée d'une manière fort reconnaissable dans l'ouvrage de Russel[1] sous le nom de *Kuddera* C. Nous en avons nous-mêmes donné une figure dans l'Iconographie du Règne animal à la pl. 98.

*L'*HÉMIRAMPHE MACRORHYNQUE.

(*Hemiramphus macrorhyncus,* nob.)

La seconde espèce de ces hémiramphes, à bec très-prolongé, a

le corps plus court que le précédent; la hauteur, qui ne diffère pas de celle de l'autre individu, n'est comprise que neuf fois et quelque chose dans la longueur du tronc. La longueur de la tête, le bec non compris, est six fois dans celle du tronc. Les yeux sont beaucoup plus petits, et l'intervalle qui les sépare, ou ce qui est la même chose, la largeur de la tête est plus étroite. La mâchoire

---

1. Russ., *Corom. fish.*, p. 62, pl. 178.

supérieure est aussi plus petite, les dents sont très-fines, le dessous
de la gorge est beaucoup plus renflé que dans l'espèce précédente.
Le bec, extrêmement allongé, ne fait guère que le tiers de la longueur totale. La pectorale est allongée et proportionnellement
même un peu plus que celle de notre *H. longirostris*, car elle mesure
le tiers de la longueur du tronc. Les ventrales sont petites; la dorsale
et l'anale sont hautes et longues; la caudale est fourchue.

D. 23; A. 22, etc.

Ce poisson paraît avoir eu les mêmes couleurs que le précédent,
le bec étant un peu plus noir.

Sa vessie aérienne est simple et sans aucunes cellules internes.
Elle ne communique pas avec le tube digestif.

Cette curieuse espèce a été rapportée par M. le capitaine
Salis, commandant la Créole, trois-mâts de Bordeaux, qui
se trouvait alors par 177° de longitude est de Paris et 7° de
latitude australe à une journée du groupe des îles Peyster
dans le grand Océan.

L'individu est long de quatorze pouces et demi.

L'Hémiramphe a aiguillon.

(*Hemiramphus cuspidatus*, nob.)

Nous venons de voir, dans les deux espèces précédentes,
que la nature allonge les pectorales de manière à nous
montrer qu'elle va nous conduire à la forme remarquable
des nageoires des Exocets. En même temps qu'elle dévelop-
pait ainsi ces organes, le bec devenait excessivement long.
Nous avons maintenant à parler d'un autre Hémiramphe
qui a les nageoires pectorales autant prolongées que celles
de certains Exocets, mais dont la mâchoire inférieure est
tellement réduite, que ce demi-bec ne paraît plus, à cause
de sa ténuité, que comme un simple aiguillon.

19.   6

On trouvera plus loin, que la mâchoire inférieure de deux de nos Exocets nous présentera une forme singulière dans la saillie pointue de la symphyse. Ce sera une nouvelle preuve de l'affinité des deux genres : elle est si grande, que j'ai hésité longtemps avant de me décider à placer dans le genre actuel ou dans celui des Exocets le poisson que j'ai sous les yeux.

Le bec, qui est très-entier, est si court qu'il est compris treize fois dans la longueur totale : il est grêle et pointu comme une fine arête de clupée. Les dents sont très-petites; la mâchoire supérieure forme encore une petite palette presque demi-circulaire, tant sa pointe est raccourcie; l'œil est assez grand; la pectorale mesure le quart de la longueur totale; la caudale est fourchue; son côté inférieur est du double plus large et plus long que le supérieur; la dorsale et l'anale sont basses.

D. 18; A. 12, etc.

Le dos paraît avoir été bleu et le dessous argenté et brillant; la pointe de la pectorale conserve encore des traces de taches plus foncées : ce sont donc les couleurs des Exocets.

Je ne m'étonnerais pas qu'un naturaliste qui aurait sous les yeux ce poisson bien conservé, ne se décidât à le placer dans ce genre; j'en ai vu deux exemplaires longs de quatre pouces et quelques lignes, et que M. Dussumier a retiré de l'estomac d'une Bonite pêchée dans les mers de l'Inde.

L'HÉMIRAMPHE DISSEMBLABLE.

(*Hemiramphus dispar,* nob.)

Après avoir décrit une série d'hémiramphes qui se ressemblent tous entre eux par la disposition des trois nageoires impaires, j'ai signalé tout à l'heure deux espèces remarquables par l'allongement de leurs pectorales et par le prolongement de leur bec. Une autre s'est distinguée du groupe par un raccourcissement considérable à la mandibule inférieure. Je trouve maintenant, dans les collections du Muséum, une espèce dont l'anale offre un caractère si singulier et si éloigné de celui présenté par la même nageoire, dans tous les autres que j'ai cherché avec le plus grand soin, si je ne rencontrerais pas avec cette forme, en apparence étrangère, des caractères assez importants pour séparer génériquement cet hémiramphe. En comparant les individus, je me suis aperçu que les mâles seuls ont cette anale remarquable, tandis que la nageoire des femelles a la forme ordinaire : cette observation m'a donc convaincu que j'avais affaire seulement à une de ces nombreuses modifications que la nature se plaît si souvent à nous montrer. L'Hémiramphe dont il s'agit ici, doit donc être décrit avec quelque détail, et pour cela je vais commencer par faire connaître le mâle, je parlerai ensuite de la femelle.

La longueur du bec dépasse un peu le quart de la longueur totale; la mandibule supérieure est très-peu convexe, arrondie à son extrémité, et semble ne former qu'une petite palette recouverte d'écailles. On en voit sur le reste du dessus de la tête, qui est très-légèrement bombée; la dorsale et l'anale, qui se correspondent exactement, commencent près de la fin du troisième quart de la longueur totale; la première de ces nageoires a les deux premiers rayons un peu plus courts que la hauteur du tronc mesurée sous eux; le troisième rayon s'allonge sensiblement et le quatrième devient prolongé en une sorte de filet branchu qui a presque le double de la hauteur du corps; les trois rayons qui suivent redeviennent aussi courts que les premiers : ils sont suivis de plusieurs autres petits; l'anus répond à l'extrémité de ventrales très-courtes, insérées à la naissance du troisième tiers du corps. Derrière cet orifice on voit saillir un tubercule mamelonné, charnu, assez gros, terminé lui-même par une pointe : on pourrait presque dire une sorte de gland conique qui sortirait du mamelon comme d'une sorte de prépuce : cet organe est, à n'en pas douter, une sorte de verge. Derrière cette pointe commence la nageoire anale, que l'on peut en quelque sorte diviser en trois parties : une première, composée de cinq petits rayons fort courts et branchus ; une seconde, commençant par un long et large rayon divisé en nombreuses articulations, et suivi d'un nombre assez considérable de petits filets articulés, qui me semblent appartenir aussi à ce même rayon ; une membrane basse le réunit à un autre rayon large, cependant un peu plus étroit, composé d'articulations aussi nombreuses, suivi de plusieurs petits filets articulés qui me semblent aussi dépendre de lui, et après ce rayon viennent quatre autres plus petits ; les deux longs rayons de l'anale sont plus allongés que le long filet dorsal. La caudale est arrondie ; la pectorale est petite et pointue.

D. 11 ; A. 5 — $\frac{1}{19}$ — $\frac{1}{11}$ — 4 ; C. 20 ; P. 8 ; V. 6.

Les écailles sont de grandeur moyenne, paraissant plus minces et plus caduques sur le corps que sur le crâne ; les deux carènes latérales sont petites, mais elles existent incontestablement. Ainsi ce poisson a tous les caractères d'un hémiramphe, et ne présente d'extraordinaire que la forme de son anale. Encore ces caractères ne se montrent-ils que dans le mâle, car la femelle a la dorsale et l'anale composées de rayons semblables, comme je l'ai dit plus haut, à ceux des autres hémiramphes : ils sont d'ailleurs en même nombre que dans le mâle ; la dorsale étant soutenue par onze rayons, ainsi que l'anale ; c'est ce qui me confirme dans l'opinion que je me suis formée sur la nature des petits filets qui suivent les grands rayons de l'anale du mâle. Ils me paraissent appartenir incontestablement au rayon lui-même et n'en être qu'une dépendance ; c'est donc une nouvelle manière de nous présenter des nageoires composées, comme la nature nous en montre dans le polyptère.

La couleur de ces poissons est un roux verdâtre sur le dos, se fondant sur les flancs et sur le ventre dans un argenté plus ou moins roussâtre.

J'ai ouvert ces femelles : les deux sacs ovariens se réunissent de bonne heure en un oviducte unique assez prolongé ; sa longueur, ainsi que la grosseur des ovules contenues dans l'ovaire, me donnent tout lieu de croire que ces hémiramphes sont vivipares. La vessie aérienne est simple, membraneuse et sans divisions celluleuses ; elle ne communique pas avec le canal alimentaire.

Les individus mâles ont cinq pouces et demi de long ; nos femelles sont à peine plus petites. Nous les avons reçues au Muséum parmi d'autres objets que nous croyons venir de Madagascar, mais sans connaître le nom du donateur et sans être parfaitement sûrs de cette origine. Je puis dire seulement que cet envoi, qui comprenait ces poissons et quelques autres, était composé d'un assez grand nombre de reptiles d'ordres et de genres différents, et dont toutes les espèces, fort curieuses, étaient presque toutes nouvelles. Je connaissais le singulier hémiramphe qui vient de faire le sujet de cet article, par un dessin fort exact, et par conséquent d'une détermination très-facile, qui avait été envoyé par MM. Kuhl et Van Hasselt au Musée royal de Leyde. Ils disaient que cet hémiramphe venait de la rivière Labouane, l'un des cours d'eau de Java. Une espèce aussi singulière pourrait-elle exister à la fois à Madagascar et aux Moluques ?

L'Hémiramphe phosphorescent.

(*Hemiramphus lucens*, nob.)

Avant de terminer le chapitre des hémiramphes, je dois faire connaître à mes lecteurs une observation des plus curieuses sur une espèce de ce genre, que je ne puis décrire, mais que je n'omettrai pas de signaler, à cause de l'observation remarquable que M. Reinwardt a eu l'occasion de faire pendant son voyage aux Moluques et qu'il a eu la générosité d'extraire pour moi de son journal. Voici cette notice.

« *Rostri apex singulari modo lucet sub aqua, nempe* « *vesicularis oleo fulvo repletus in eum exeunt vasa duo* « *sanguifera et nervi insignia per totam maxillam inferio-* « *rem decurrentia. In vesicam quoque exit maxilla ipsa* « *in sitas duas bifida. An Esox brasiliensis? Habitat in* « *mari et in fluminibus vulgo Julum, Julum Bodo.* »

Le savant professeur de Leyde m'a parlé plusieurs fois de cette espèce très-singulière qu'il observait dans la mer, et qui attirait son attention par la vivacité de la lumière qu'elle répandait. Son éclat était comparable à celui de ces insectes phorphorescents qui animent si souvent de leurs feux les nuits intertropicales.

CHAPITRE X.

Des Exocets (*Exocœtus,* Linn.)

La portion solidifiée du globe, dont les savants cherchent à écrire l'histoire physique, est entourée de deux Océans. L'un liquide, obéissant à la pesanteur, s'est réuni dans ces vallées de la croûte primitive, creusées par les efforts lents ou actifs, mais constants du travail intérieur de la planète. Les couches superficielles ont été redressées suivant des lois que le génie de deux célèbres géologues viennent de dévoiler. Les pans soulevés des abîmes où sont retenues les eaux, ont été souvent assez larges pour former sur la terre ces crêtes alpines qui dominent l'immensité de la surface moins accidentée des mers.

L'autre, fluide élastique, se balance en atmosphère aérienne autour de l'Océan liquide et de la partie solide des deux hémisphères. Dans l'un des deux gaz qui la compose, la vie trouve l'élément nécessaire et indispensable à son activité. En dissolvant l'air dans l'eau, la nature a pu faire descendre les êtres vivants jusques dans les profondeurs les plus cachées des mers. Elle a fait ainsi végéter ces vastes prairies sous-marines qui servent de nourriture et de retraite à ces innombrables légions d'animaux et d'animalcules, dévorés ensuite par les êtres carnassiers dont la mer est peuplée.

En suivant la répartition des animaux plongés dans l'un et l'autre milieu, on les partage en aériens et en aquatiques. Nous comptons parmi les premiers les mammifères et les reptiles vertébrés fixés à la surface de la terre. Les oiseaux et les insectes se meuvent et se soutiennent dans l'Océan gazeux, comme les poissons le font dans l'Océan liquide. Les mollusques, les crustacés et l'admirable variété des zoophytes, paraissent essentiellement aquatiques.

Mais il n'y a aucune limite fixe et tranchée dans ces partages : nous voyons certains mammifères destinés à vivre dans les mers, sans pouvoir les quitter. Par la puissance de son génie créateur, la nature a conservé à ces mammifères les grands traits de leur structure fondamentale; elle n'a rien changé aux appareils de la circulation, de la respiration et même de la reproduction ; mais elle a porté, comme dans les poissons, toute la force musculaire sur la queue. La suppression des membres postérieurs a permis d'étendre la large base du cône formé par les muscles sacro-coccygiens; elle a augmenté la solidité de leurs attaches par l'accroissement des apophyses des vertèbres caudales; elle a, enfin, complété l'appareil locomoteur par le développement de la peau en une nageoire horizontale.

Un petit nombre de mammifères a été organisé pour traverser l'air en volant. On trouve en eux quelques conditions ornithologiques dans les petites crêtes osseuses élevées sur le sternum pour donner plus d'épaisseur aux muscles pectoraux.

Si les reptiles ne sont représentés aujourd'hui dans le sein des eaux que par quelques chéloniens, par quelques ophidiens à queue verticale et comprimée, ou par les petites espèces de batraciens, cette classe d'animaux aériens peuplait autrefois les vastes bassins des mers de ses gigantesques sauriens. Ceux-ci devaient être moins bons nageurs que les grands cétacés de notre âge. Ils les égalaient par la taille, mais non par la rapidité de leur mouvement; ils avaient conservé leurs quatre membres de vertébrés, changés en nageoires aplaties enveloppées dans une peau épaisse, comme celle de nos dauphins; la nature avait laissé leur queue petite et moins développée. Tout en les faisant nageurs, la nature avait conservé les conditions lentes des reptiles.

Les animaux aériens avaient déjà, comme de notre temps, fourni quelques-uns des leurs au groupe des animaux aquatiques.

Examinons ceux-ci, et voyons ce qu'ils ont donné aux premiers. Nous n'y trouvons que des animaux de petite taille, vivant cachés dans l'humidité d'un épais ombrage. C'est par ce genre de vie qu'un assez grand nombre d'espèces de mollusques sont devenus aériens. Dans ces animaux sans vertèbres le changement de l'organe branchial en une cavité, constituant le poumon aérien du mollusque, n'est pas à beaucoup près aussi grand que le serait la métamorphose d'une branchie de poisson en cellules vasculaires et aériennes des mammifères ou des oiseaux, ou réciproquement.

Les crustacés nous offrent aussi l'exemple de quelques-uns des leurs, vivant en animaux terrestres; mais le nombre en est peu considérable, et leur organisation n'a subi aucune modification essentielle de cette différence de séjour. La même remarque s'applique aussi aux insectes, qui envoient quelques espèces dans le groupe des animaux aquatiques.

Maintenant, si nous examinons au même point de vue les oiseaux, d'une part, et les poissons de l'autre, nous ne tardons pas à reconnaître que les deux groupes sont plus intimement fixés au milieu qu'ils doivent habiter. Nous ne voyons plus ici ces exemples d'emprunt à l'un d'eux pour prêter à l'autre. Il y a bien parmi les palmipèdes quelques espèces, comme les Apténodytes, que l'on peut regarder comme essentiellement océaniques; elles paraissent aussi mal organisées pour se traîner sur la plage ou sur les roches qui la bordent, qu'elles sont aptes, au contraire, à nager ou à plonger, en s'aidant de leurs membres antérieurs, changés en une sorte de véritables nageoires, au lieu d'être des ailes motrices à travers les airs. En comparant les oiseaux aux cétacés, mammifères si bien faits pour une vie constamment aquatique, on pourrait presque oser dire que les premiers ne sont qu'un essai imparfait d'animaux marins.

La même remarque s'applique, mais en sens inverse, aux poissons qui sortent de l'eau pour se transporter dans les airs. Les Scorpènes, les Apistes, et surtout les Dactycoptères, dans le grand groupe des percoïdes, semblent s'efforcer de voler à la surface de l'eau à l'aide de leurs larges pectorales. Mais leur vol court, semblable à un saut aidé de la puissance d'une aile, à la manière des sauterelles ou des criquets, montre l'imperfection de leur organisation sous ce rapport. Cependant, en étudiant ces poissons, et en les comparant à ceux auxquels les navigateurs donnent plus spécialement le nom de poissons volants, on remarque que ceux-ci volent mieux et plus longtemps que les autres, parce qu'ils sont dans de meilleures conditions pour y parvenir. La largeur de la ceinture humérale, la force des muscles moteurs de la pectorale, l'étendue et la résistance de la nageoire à rayons peu divisés, et tout au plus bifides, sont autant de conditions essentielles pour aider le poisson à se soutenir dans un milieu aussi peu résistant que l'air atmosphérique.

Ces poissons s'élèvent dans les airs par une conséquence
de leur structure et pour satisfaire à cette admirable har-
monie de la nature, qui a varié et vivifié chaque scène en
faisant jouer à chaque être un rôle déterminé par son
organisation. Grand et sublime tableau, dont le philo-
sophe n'apprécie l'ensemble qu'après s'être bien pénétré
des admirables lois des conditions d'existence de chaque
être.

La force des muscles a été déterminée par les curieuses
et savantes recherches de M. de Humboldt[1] pendant sa
traversée des Canaries en Amérique, aux mois de juin et
de juillet 1799. Je rapporte ici les résultats de ses expériences, pris presque textuellement dans son immortel
ouvrage. Dans un jeune exocet de $5\frac{2}{3}$ pouces de long,
chacune des nageoires pectorales qui servent d'ailes,
offrait déjà à l'air une surface de $3\frac{7}{10}$ de pouces carrés.
Il a reconnu que les neuf cordons de nerfs qui vont aux
douze rayons de ces nageoires, sont trois fois plus gros que
les nerfs qui se rendent aux nageoires ventrales. Lorsque
M. de Humboldt a excité galvaniquement les premiers de
ces nerfs, les rayons pectoraux se sont écartés avec une
force quintuple de celle avec laquelle les autres nageoires
se meuvent lorsqu'on les galvanise par les mêmes métaux.
Aussi le poisson volant est-il capable de s'élancer dans
l'air à douze, quinze et même dix-huit pieds au-dessus de
la mer. Il peut parcourir horizontalement une distance
de vingt pieds au moins avant de toucher de nouveau la
surface de la vague avec ses ailes. On a comparé ce mouvement à celui d'une pierre qui bondit par ricochets

---

1. Humb., Relat. hist., t. I, p. 204, éd. in-4.° Schœll, 1814.

au-dessus de l'eau. Cependant, malgré la rapidité de ce mouvement, on peut très-bien se convaincre que le poisson frappe l'air pendant le saut; qu'il étend et qu'il ferme alternativement ses pectorales.

L'énorme grandeur de la vessie aérienne des exocets avait aussi fixé l'attention de M. de Humboldt. Il l'a mesurée dans un individu de $6\frac{1}{3}$ pouces, et il l'a trouvée de $3\frac{1}{2}$ pouces de long et de $\frac{7}{12}$ pouce de large. Elle renfermait $3\frac{1}{4}$ pouces cubes d'air. Comme cette vessie occupe plus de la moitié du volume de l'animal, il est probable qu'elle contribue à lui donner de la légèreté.

J'ai cru devoir faire précéder l'histoire naturelle des Exocets de ces rapprochements pour répondre aux explications répétées et copiées dans presque tous les livres d'histoire naturelle sur les causes qui obligent les poissons volants de sortir du sein des eaux. On représente ces animaux poursuivis constamment par les Bonites ou les Dorades, et cherchant dans leur fuite précipitée une retraite aérienne bien peu sûre, puisqu'ils y trouvent des ennemis ni moins nombreux ni moins actifs dans les Pétrels, les Frégates, les Albatrosses et autres palmipèdes, grands voiliers et de haute mer, et qui sont avides des Exocets. Je ne veux pas assurément nier que la poursuite des poissons voraces ne poussent hors de la mer une troupe d'exocets. Je crois à l'exactitude de l'observation des navigateurs; mais il ne faut pas étendre au delà d'une certaine limite l'action d'une cause dont on apprécie mal l'effet quand on lui donne trop d'extension.

D'ailleurs je suis heureux de voir que ma manière de juger le genre de vie des exocets, et leur passage de l'air dans l'eau est aussi conforme à celle de M. de Humboldt.

Il dit dans sa Relation historique[1] : « Je doute que les poissons volants s'élancent hors de l'eau uniquement pour se soustraire à la poursuite de leurs ennemis. Semblables à des hirondelles, ils se meuvent par milliers en ligne droite et dans une direction constamment opposée à celle de la lame. Dans nos climats, on voit souvent des poissons isolés et n'ayant par conséquent aucun motif de crainte, bondir au-dessus de la surface des eaux, comme s'ils trouvaient plaisir à respirer l'air. Pourquoi ces jeux ne seraient-ils pas plus fréquents et plus prolongés chez les exocets, qui, par la forme de leurs nageoires pectorales et par leur petite pesanteur spécifique, ont une extrême facilité à se soutenir dans l'air. Cela tient à une cause plus générale, et est une des conditions d'existence des êtres. Dans tous les ordres, on voit des poissons ramper sur le sable, se glisser à travers les prairies, et respirer pendant longtemps l'air atmosphérique avec leurs organes branchiaux, destinés à séparer l'oxygène dissous dans l'eau. » Les belles expériences de MM. de Humboldt et Provençal ont contribué à établir ce grand fait physiologique.

Les poissons volants des tropiques suivent le grand *Gulf-stream* de l'Atlantique, et c'est là ce qui explique comment nous en avons reçu des bancs de Terre-Neuve. On verra cependaut qu'à ces latitudes on trouve des espèces particulières.

Le spectacle de ces troupes de poissons volants sortant du sein des eaux pour parcourir, au-dessus des vagues, un espace toujours assez court, anime la solitude de l'Océan, et attire toujours fortement l'attention du navi-

---

1. *Loc. cit.*, p. 205.

gateur. Il faut, pour que ces animaux sortent de l'eau, qu'une mer houleuse amène ces poissons à la hauteur de la vague, dont ils s'élancent pour traverser l'air; s'il y a trop de calme, on n'aperçoit plus ces amphibies.

Comme ils sont très-nombreux, qu'ils volent toujours par petites troupes, et qu'ils s'élèvent assez au-dessus de l'eau pour venir tomber sur le tillac des navires; que leur chair, généralement délicate et de bon goût, fournit un nouvel aliment à la consommation du bord; que la beauté de leurs couleurs, argentée et bleu d'outre-mer, est une distraction qui trompe la monotonie du voyage; que leur présence multipliée annonce aux navigateurs l'approche du tropique, ces poissons ont été signalés dans presque toutes les relations des voyages de long cours par mer; mais les hommes qui les observent ordinairement, ne sont généralement pas attentifs à la variété infinie que la nature se plaît à répandre dans ses productions; aussi désigne-t-on tous ces êtres par le nom collectif de Poissons-volants. Le petit nombre de naturalistes exercés qui auraient pu reconnaître la grande variété spécifique de ces poissons, ne les ont jamais vus qu'isolés les uns des autres, sans les comparer attentivement; d'ailleurs presque tous, prenant pour guide les travaux de Linné, ne croyaient tout au plus qu'à deux espèces. Pour nous, qui avons eu le soin de réunir dans les grandes collections du Muséum une multitude d'exocets, que les voyageurs nous donnaient le plus souvent sans y attacher une grande importance et comme de fréquentes répétitions de poissons les plus connus, nous avons été frappés du nombre considérable d'espèces réunies à côté l'une de l'autre. Ce résultat nous fait croire que les voyageurs qui voudront bien consulter notre travail, augmenteront encore considérablement la liste des espèces de ce genre. Ces raisons expliquent aussi comment la plupart de ces espèces vont paraître pour la première fois dans la série ichthyologique. Elles sont répandues dans toutes les mers ; on en voit déjà trois d'entre elles, soit sur nos côtes du golfe de Gascogne, soit sur celles de la Méditerranée : aussi, les ichthyologistes du seizième siècle, Salviani, Rondelet, et ceux qui ont profité de leurs travaux, comme Aldrovande, Gessner, et postérieurement Willughby, ont-ils laissé des figures, fort reconnaissables au moins pour le genre, de deux de ces poissons.

La première à citer à cause de sa grandeur et de sa perfection, est celle de Salviani[1], qui a voulu faire connaître à ses lecteurs le *Pesce Rondine* des Italiens. Nous avons déjà exprimé notre opinion sur la fausseté de la détermination grecque qu'il a appliquée à cette espèce ; mais celle-ci n'en est pas moins fort reconnaissable dans sa figure.

Rondelet a aussi donné une figure du poisson volant à longue ventrale reculée sous l'arrière du corps : il comparait son poisson à un muge, et il l'intitula *Mugil alatus*.

Lorsque l'on possède les deux espèces de la Méditerranée, caractérisées par la longueur de leurs ventrales, il est facile de reconnaître que l'espèce de l'ichthyologiste de Montpellier n'est pas la même que celle du naturaliste romain. Si nous voulons maintenant nous aider des documents que nous ont laissés les voyageurs qui suivirent de près ces deux pères de l'ichthyologie, nous verrons Pison[2]

---

1. Salv., p. 185, pl. 67.
2. Pison, *Hist. nat. utr. Ind.*, liv. III, p. 61.

nous donner, sous le nom de *Pirabebe,* la figure d'une troisième espèce, très-distincte des précédentes par la brièveté des nageoires ventrales insérées au tiers antérieur du corps.

Dutertre[1] et Rochefort[2] reproduisent aussi cette troisième espèce : la figure du dernier auteur, toute petite qu'elle est, est encore reconnaissable.

Valentyn[3] donnait aussi la figure de deux espèces différentes des trois précédentes, et que l'on peut reconnaître quand on est assez heureux pour les comparer à la nature. Je ne parle pas encore ici des copies que plusieurs auteurs, presque contemporains des voyageurs que je viens de nommer, ont publiées dans leurs compilations plus ou moins étendues.

Ces premières citations suffisent déjà pour montrer qu'Artedi a composé la synonymie de la seule espèce d'*Exocœtus* dans son Ichthyologie d'une manière fort arbitraire. Je ne parle encore ici que de ce qui peut se rapporter, si ce n'est à des poissons d'une même espèce, du moins à ceux du même genre; car je ne tarderai pas à démontrer que toute la nomenclature que cet habile ichthyologiste a empruntée aux Grecs, est entièrement fausse; il n'a pas même fait attention, que le poisson représenté par Rondelet, livre VI, chapitre 15, page 193, sous le nom d'*Exocœtus,* est un *labre,* et par conséquent d'une famille fort éloignée du *Mugil alatus* (Rondelet, liv. IX, chap. 6, pag. 207), qu'il donne comme une variété

---

1. Dut., Hist. des Ant., t. II, p. 212.
2. Rochef., Hist. des Ant., t. I, p. 372.
3. Val., Amb., t. III, n.° 169, 489.

de celui-ci. Cependant Artedi[1] a laissé avec les plus grands
détails dans la partie de son livre où il écrit la description
des espèces, celle de l'Exocet de la Méditerranée figuré par
Salviani. Elle est reprise par Balk[2] dans les Aménités aca-
démiques. Comme cette synonymie, ainsi que la description spécifique d'Artedi sont rapportées dans la dixième
édition du *Systema naturæ* à l'*Ex. volitans,* on doit croire
que Linné a eu d'abord la pensée de dénommer ainsi le
premier de nos exocets. On ne pourrait même révoquer en
doute cette opinion, si cet illustre naturaliste s'était borné
à ces deux seules citations; mais malheureusement il renvoie à Gronovius[3]. Or, ce naturaliste compose une espèce
tout à fait imaginaire, en réunissant ensemble les exocets
de Catesby, de Pison et de Rochefort, qui, tous trois de
l'espèce aux ventrales courtes, sont différents de ceux qui
ressemblent aux deux citations prises dans Valentyn, et qui
appartiennent chacun à une espèce distincte. De plus, celle
d'Edwards représente, comme nous le verrons, un exocet
autre que tous ceux-ci; enfin, ce qui achève de compléter
la confusion, c'est que pas une des citations de Gronovius
ne se rapporte au poisson décrit par Artedi.

A la vérité, ce zoologiste inscrit deux espèces dans son
Zoophylacium : l'une, n.° 358, qu'il distingue par la brièveté
des nageoires ventrales (*pinnis ventralibus brevissimis*);
caractère qu'il oppose à l'espèce du n.° 359, comprenant
les exocets à longues ventrales (*pinnis ventralibus longio-
ribus*); mais il gâte tout de suite la netteté de ces distinc-

---

1. Art., *Descr. spec. pisc.*, p. 35.
2. *Amœnitates acad.*, I, p. 321.
3. Gronov., *Mus.*, n.° 27.

tions, en disant de la première que le ventre n'a point de carènes (*abdominis carinis lateralibus nullis*), tandis que par opposition il en accorde à la seconde (*abdomine utrinque carinato*). La vérité est que toutes les espèces d'exocets ont le ventre caréné de chaque côté.

Dans la douzième édition Linné reprend le genre *Exocœtus,* en y faisant entrer les deux espèces de Gronovius, l'une, sous le nom de *volitans,* composée comme dans la dixième édition, l'autre sous le nom d'*Ex. evolans,* en renvoyant à la figure de Pison, qui représente l'espèce aux ventrales courtes. Elle est tout à fait différente de celle d'Artedi. Mais la phrase diagnostique de ces espèces est entièrement fautive pour l'une, et tout à fait insignifiante pour l'autre. Il les prend malheureusement dans le *Zoophylacium,* en ne se servant que de l'indication des carènes du ventre et en négligeant le caractère plus positif qu'aurait fourni la comparaison des ventrales. On voit, d'ailleurs, que Linné ne se faisait pas encore une idée juste des caractères distinctifs de ces deux espèces, qu'il avait raison de considérer comme suffisamment différentes.

Gmelin, dans la treizième édition, donne d'abord les deux espèces linnéennes; puis il ajoute, d'après Garden, l'indication d'une troisième, qu'il nomme *Ex. exiliens.* S'il avait su y rapporter la figure d'Edwards, il n'aurait rien laissé à faire pour l'établissement de cette espèce.

Bloch reprit, quelques années après Gmelin, le travail sur les exocets; et, comme il ne lui est arrivé que trop souvent, il a presque tout embrouillé; car il a confondu le troisième exocet de Gmelin avec la première espèce de Linné; c'est là ce qui explique comment sa première espèce paraît sous le nom d'*Ex. exiliens.* La synonymie en est faite avec si peu d'exactitude, malgré sa correcte apparence, que j'ose dire à peine à quelle espèce elle appartient; d'ailleurs il réunit Salviani, Rondelet, Valentyn et Gronovius; enfin, pour le dire en un mot, il copie ce dernier sans aucune espèce de critique, en y ajoutant des citations fautives, comme, par exemple, la copie de la figure de Catesby de l'Encyclopédie méthodique, et qui représente l'espèce à ventrales courtes. Il a cependant bien reconnu l'*Ex. evolans* de Linné, et il a ajouté, sous le nom de *Ex. Mesogaster*, une troisième espèce, qu'il a tirée des manuscrits de Plumier, mais qu'il a singulièrement altérée dans sa copie.

J'arrive, enfin, à M. de Lacépède, qui confond l'*Ex. volitans* de Gmelin avec l'*Ex. evolans*, qui accepte l'*Ex. exiliens* de Bloch, et qui prend dans Commerson une nouvelle espèce, plus caractérisée par les dessins de ce célèbre voyageur que par la phrase caractéristique transcrite par M. de Lacépède. Il donne ici un nouvel exemple de confusion, trop souvent répété dans son ouvrage, c'est de prendre le dessin de Commerson fait d'après cette nouvelle espèce, et de le publier sous le nom d'*Ex. exiliens*.

Je dois encore dire que M. Cuvier n'avait pas suffisamment étudié les espèces d'exocets. L'on ne peut pas admettre avec lui que l'*Ex. evolans* de Linné ne soit qu'un *Ex. volitans* dont les écailles étaient tombées, que le *pirabebe* de Pison soit l'*Ex. volitans*, etc.

Rien n'est moins probable que l'application faite par Artedi, et adoptée par Linné, du nom d'*Exocœtus* aux poissons de ce genre. Il est certain que les Grecs ont désigné sous le nom d'Ἐξώκοιτος un poisson qui dormait sur le sec. M. Cuvier[1] a pensé que ce devait être quelques Blennies qui restent à sec sur les rochers quand la mer se retire. Je sais très-bien que tous les poissons de cette famille ont cette habitude. Les Périophthalmes sortent même de l'eau pour ramper et se mouvoir assez vite sur la grève. Ainsi ils méritent bien le nom d'amphibie. Mais il est également constant que l'Εξώκοιτος, qui s'appelait aussi Αδωνίς, a été comparé au κεστρέως, c'est-à-dire, aux muges. J'ai peine à croire qu'Élien eût fait cette comparaison s'il se fût agi d'une Blennie. C'est[2], dit-il, un poisson jaunâtre, du genre des muges, qui a l'habitude de se tenir sur les rochers et d'y vivre. Le vulgaire leur donne deux noms, les uns l'appellent *Adonis*, les autres *Exocœtus*.

Je crois que la détermination de l'espèce désignée par les anciens sous ce nom est tout à fait incertaine, je dirais même impossible.

Après cette discussion préliminaire, qui montre dans quel état nous avons pris le genre *Exocœtus*, nous allons avoir plus de facilité pour ramener à chaque espèce les synonymies éparses ou confondues dans les auteurs précédents.

L'Exocet volant.

(*Exocœtus volitans*, Linné).

Je commence la description de ces espèces par celle de la Méditerranée, qui a été très-bien figurée par Salviani, et qui se reconnaît à la longueur de ses ventrales blanches insérées au delà de la moitié du corps. C'est, comme nous l'avons dit plus haut, l'espèce décrite par Artedi et qui est

---

1. Notes sur Pline, édit. de Lemaire, p. 88.
2. Ælien, *De nat. anim.*, liv. IX, ch. 36, éd. de Schn., p. 295, et trad., p. 122.

devenue la première pensée de l'*Ex. volitans* de Linné. On ne peut douter de cette détermination, car Artedi mentionne positivement la blancheur des nageoires paires abdominales; or, nous verrons que celles de la seconde espèce conservent leur couleur noire, même après un séjour prolongé dans l'alcool.

L'*Exocœtus volitans,* assez commun dans la Méditerranée, ne paraît que très-rarement sur nos côtes septentrionales de l'Océan; car je n'en ai pas vu d'exemplaires pêchés ou trouvés dans nos mers de Bretagne ou de Normandie, et je ne trouve d'autre preuve de son existence que dans Duhamel[1], qui a représenté, sous le nom d'Hirondelle de mer, un individu de seize pouces de long et qui avait été pris dans la Manche.

M. Risso cite un *Ex. exiliens* auquel il rapporte la figure de Salviani. Je dois avouer toutefois que sa phrase diagnostique, ainsi que sa description, sont un peu vagues.

Je crois aussi que Rafinesque a parlé de notre espèce sous le nom d'*Ex. heterurus,* quoiqu'il veuille distinguer celui-ci de l'*Ex. exiliens* par le nombre des rayons. En voici la description détaillée.

> Le corps de l'exocet est en général court et trapu; son dos est arrondi, fort épais à la région pectorale, aplati sur les côtés et rétréci en dessous, de manière que le ventre n'a guère que la moitié de l'épaisseur du dos. On voit, par ces dispositions, que la nature a fortifié, par le développement des muscles pectoraux, toute la partie du corps destinée à faire voler ce poisson pendant quelques moments. La tête est grosse; tout le dessus est aplati ou même un peu concave; le museau est obtus; la mâchoire inférieure dépasse un peu la supérieure; la symphyse se termine par un très-petit bouton.

---

1. Duh., Pêch., t. II, 2.ᵉ part., sect. 3, p. 480, pl. 22, fig. 2.

La plus grande hauteur du corps, qu'il faut prendre entre les pectorales et les ventrales, est contenue cinq fois dans la longueur, la caudale non comprise ; le lobe supérieur de celle-ci est égal à la hauteur du tronc, tandis que la longueur de l'inférieur est égale à une fois et trois cinquièmes cette même hauteur. On peut encore dire que la longueur de ce lobe est le quart de la plus grande longueur totale. L'œil est assez gros et arrondi : son diamètre est, à peu de chose près, le tiers de la longueur de la tête ; le sous-orbitaire, placé presque entièrement au devant de lui, est une plaque trapézoïdale à bord antérieur sinueux ; l'angle postérieur dépasse peu le bord de l'orbite.

Le préopercule couvre la plus grande partie de la joue, le bord montant étant dirigé obliquement vers l'arrière. L'opercule, uni au sous-opercule, forme une assez large plaque.

La bouche est petite ou peu fendue : elle est formée par des intermaxillaires qui se réunissent horizontalement à l'extrémité du museau sans pédicule ou branche montante, près de chaque carène de la face. Ces os se courbent pour descendre verticalement sur les côtés : derrière eux sont des maxillaires qui, dans la rétraction de la bouche, restent entièrement cachés par le sous-orbitaire. L'articulation de la mâchoire inférieure se porte en arrière aussi loin que le sous-orbitaire ; la branche est assez haute ; les lèvres sont minces ; les dents sont excessivement petites, grenues, peu nombreuses et n'occupent guère que le devant de la mâchoire ; l'absence de pédicule aux intermaxillaires et le peu de séparation des maxillaires et des intermaxillaires font que la bouche ne s'entr'ouvre qu'à la manière de celle des hémiramphes ou des orphies, et par un mouvement de bascule de la mâchoire supérieure. Le palais est entièrement lisse, sans aucunes dents ; la langue est libre et pointue ; la fente des ouïes est grande.

La membrane branchiostège est large, et la gauche recouvre en partie celle du côté opposé. Les rayons qui la soutiennent sont petits et serrés : j'en compte onze. Les branchies ont les râtelures externes assez longues ; les pharyngiens supérieurs sont au nombre de trois, deux antérieurs et petits, et une plaque impaire postérieure assez large : ils répondent en dessous à un pharyngien unique, en plaque triangulaire et concave; ces os sont couverts de petites dents nombreuses, serrées l'une contre l'autre, à couronne comprimée et tranchante, dont le bord est hérissé de trois pointes : lorsque la couronne n'est pas encore usée, ces dents sont semblables à celles que nous avons déjà observées dans les mâchoires des Cyprinodons, des Acanthures et autres genres de familles diverses.

La pectorale de ce poisson se meut sur une forte et large ossature entièrement cachée sous les muscles épais qui lui impriment ses mouvements. Elle est attachée obliquement sur l'épaule, de telle façon que lorsque le poisson contracte les fléchisseurs pour abaisser la nageoire, elle vient s'étaler horizontalement sur les côtés du corps; lorsque au contraire elle se ferme, elle s'applique le long des flancs. Il n'y a pas ici de mouvements différents de ceux que les autres poissons font faire à leurs pectorales; mais l'articulation est établie de manière à les rendre plus libres, et par conséquent plus sensibles. La pectorale est tellement allongée que sa longueur surpasse de beaucoup la moitié de la longueur totale; il ne s'en manque que d'un cinquième qu'elle soit égale à la longueur du tronc. Les rayons, très-allongés, ne sont pas très-profondément fourchus, disposition qui doit accroître leur résistance. Quand la nageoire est étalée, son bord libre est coupé droit et obliquement. La nageoire ventrale est ici complétement abdominale : elle est insérée un peu en avant de la moitié de la longueur du tronc : elle est large et développée; son premier rayon est court et divisé en plusieurs petits filets qui ne s'écartent pas les uns des autres. La dorsale est petite, triangulaire et basse : l'anale, qui lui répond en partie, est beaucoup plus courte; la caudale est très-profondément fourchue; les rayons du lobe inférieur sont larges, serrés entre eux et fort résistants.

B. 11; D. 11; A. 9; C. 22; P. 15; V. 6.

Les écailles sont fermes et assez grandes : leur portion libre est triangulaire; leur bord radical n'a que des rayons effacés en éventail; toute la surface est très-finement striée; j'en compte soixante-trois rangées entre l'ouïe et la caudale; le long du ventre il y a deux carènes qui vont parallèlement au profil de l'abdomen, depuis le dessous de la ceinture humérale jusque sur la base de la queue, en passant au-dessus de l'insertion des ventrales.

La couleur est un gris plombé mêlé de teintes verdâtres sur le dos et sur la moitié supérieure des côtés; le dessous du corps est blanc ou argenté; la pectorale est à peu près de la couleur du dos, avec un large bord blanchâtre le long de l'extrémité des rayons; la caudale est brune; la dorsale est grise; l'anale et la ventrale sont bleuâtres.

La splanchnologie de cet Exocet est tout à fait semblable à celle de nos Orphies et des Hémiramphes : le canal digestif est conique, droit, sans aucunes circonvolutions, large vers l'œsophage, rétréci à l'anus. Le foie est petit, presque réduit à un seul lobe. Les organes génitaux sont assez gros et étendus de chaque côté de l'intestin dans presque toute la longueur de l'abdomen. Au-dessus d'un repli fibreux et assez épais du péritoine, est placée une longue et grande vessie aérienne qui ne communique pas avec l'intestin. Cette vessie, pointue et étroite en avant, s'élargit bientôt à la région des pectorales, puis elle s'étend le long de la colonne vertébrale jusque sous les dernières vertèbres caudales, en pénétrant dans un étui osseux et conique, formé par les anneaux des apophyses transverses réunies. Cette disposition est jusqu'à présent unique dans la classe des poissons; nous avons souvent rencontré des vessies aériennes bifurquées en arrière, et enfonçant leurs cornes dans les muscles sacro-coccygiens inférieurs de chaque côté des interépineux de l'anale ou des apophyses épineuses des vertèbres caudales; mais ici la nature fait une nouvelle combinaison, en laissant l'organe à l'état impair et en le renfermant dans le canal que, d'ordinaire, elle ouvre uniquement aux vaisseaux sanguins.

Quant au squelette, je vois que les frontaux larges et aplatis reçoivent entre eux, et sur le devant, l'extrémité de l'ethmoïde, et de chaque côté deux petits os du nez, et que toutes ces pièces réunies entre elles, forment tout le méplat de l'extrémité antérieure du crâne. Vers la nuque, l'interpariétal se montre large et aplati,

séparé des mastoïdiens par une carène mousse; la portion postérieure
de l'occipital est creusée de deux petites fossettes, séparées l'une de
l'autre par une crête interpariétale très-basse; les mastoïdiens sont
assez élargis et s'écartent l'un de l'autre sur les côtés du crâne :
ils forment, avec les occipitaux latéraux, une large voûte creusée
en dessous de deux fossettes, sous lesquelles viennent s'engager et
s'attacher, par des ligaments et des muscles très-forts, l'extrémité
supérieure des huméraux ou des scapulaires; car il faut bien remarquer que tous les os de la ceinture humérale sont tellement
soudés entre eux qu'ils sont fort difficiles à distinguer les uns des
autres.

Le scapulaire est un tout petit osselet articulé sur l'angle externe
du mastoïdien; il se soude avec lui par une longue apophyse
styloïde, qui remonte jusque sur le dessus du crâne.

L'huméral est dans ce poisson très-développé; il commence par
former une large plaque caverneuse, percée de trous nombreux :
elle est convexe en avant, creuse en arrière, et appuyée, comme je
l'ai dit plus haut, dans les cavités mastoïdiennes, en même temps
qu'elle se porte jusque sur l'occipital inférieur en s'articulant près du
condyle; les apophyses de la première vertèbre viennent encore
augmenter la solidité de cette attache. Arrivé à la hauteur de l'angle
de l'opercule, l'os se replie, suit alors le contour de l'appareil operculaire, et vient former le bord antérieur de la ceinture humérale;
mais il se réunit en dessous et en arrière avec le radial, et forme
une large gouttière, dans laquelle sont logés les puissants fléchisseurs de la pectorale.

Le cubital est très-court, élargi, renflé en une sorte de tête ou
de grosse apophyse obtuse à la partie supérieure; au devant il y en
a une autre, qui est mousse; le corps de l'os lui-même est élargi
et aplati : il ressemble assez, mais en très-petit, à une omoplate de
cétacé.

Le radial est au contraire large, mince, étendu en arrière. A son
bord supérieur se trouvent unis et soudés les osselets du carpe.
Au-dessous d'eux, une crête osseuse descend vers le bas de la ceinture humérale, ferme la fosse antérieure et laisse en arrière une

autre gouttière assez profonde, où les muscles moteurs de la pectorale trouveront encore de solides insertions.

Nous comptons à la colonne vertébrale quarante-cinq vertèbres,
dont trente et une abdominales; mais les dix caudales qui suivent
ont leurs apophyses transverses ouvertes en anneau pour former
le cône osseux dans lequel pénètre la vessie aérienne, de sorte qu'il
n'y a qu'un petit nombre des vertèbres caudales, je crois les cinq
dernières, qui n'aient pas au-dessous d'elles l'étui osseux.

Nos plus grands exemplaires ont de treize pouces et
demi à quatorze pouces de longueur.

Ils nous sont venus de différents points de la Méditerranée. Ainsi, M. Banon nous en a envoyés de fort beaux
individus pris dans la rade de Toulon; M. Payreaudau en
a donné un très-bel exemplaire, pêché sur les côtes de la
Corse; M. Coste nous l'a rapporté de Nice. Depuis longtemps M. Viviani en avait envoyé de Gênes de fort beaux
exemplaires. Les naturalistes de la Commission scientifique
de l'Algérie ont aussi trouvé ce poisson sur ces côtes.
Suivant M. Banon, les pêcheurs Provençaux le nomment
Muju-Vouran. A Nice, M. Risso dit qu'on lui donne le
nom vulgaire des Hirondelles, celui de *Arendoula*. Contrairement à ce qu'assurent la plupart des navigateurs, il affirme
que ces poissons traversent l'air de différentes manières,
s'élevant, s'abaissant, ou rasant même la surface de l'eau
en décrivant plusieurs courbes. Ils sont, suivant lui, doués
de la faculté de voler comme les hirondelles, et cependant
il croit qu'ils s'élancent aveuglément dans l'air, parce qu'ils
sont poursuivis par les thons ou les pélamides, que dans
la frayeur et la rapidité de leur fuite ils se jettent dans les
bateaux, ou qu'ils viennent échouer sur les rivages. M. Risso
n'a pas, selon moi, tiré parti des observations qu'il a faites

sur les exocets de la Méditerranée. Je trouve dans la collection des dessins qu'il a remis à M. Duméril, et que j'ai consultés tant de fois avec fruit, la figure d'un exocet à pectorales courtes, qui se rapporte à une espèce dont j'aurai occasion de parler plus loin, quoique cet ichthyologiste l'ait considéré comme l'*Ex. volitans.*

Les observations de M. Risso sur le vol des Exocets sont importantes. Elles sont d'accord avec ce que M. de Humboldt a dit de l'Exocet des tropiques, et que je crois être l'*Ex. evolans.* Je ferai encore remarquer ici la disposition de la vessie natatoire, qui ne peut être comprimée dans le cercle osseux où elle est en partie enfermée, et qui, par conséquent, ne peut pas servir à changer la pesanteur spécifique du corps du poisson. Le savant illustre que je viens de citer pense depuis longtemps, et avec beaucoup de raison, que la vessie aérienne ne sert pas à faire élever ou enfermer dans les eaux le poisson qui en est pourvu. Elle n'est pas plus utile à l'Exocet pour le vol. Ce sont les puissants muscles de ses larges pectorales qui les aident à se transporter dans l'air.

L'Exocet rayé.

(*Exocœtus lineatus,* nob.)

Nous avons reçu de l'Atlantique une seconde espèce, qui a beaucoup d'affinité avec celle de la Méditerranée.

Elle a le corps plus allongé; car sa hauteur est comprise huit fois et demie dans la longueur totale; la tête est proportionnellement beaucoup plus longue; car la hauteur du tronc portée sur elle, n'atteint que jusqu'au bord du préopercule, tandis que dans l'espèce précédente elle égale presque la longueur de la tête; l'extrémité du museau est plus grosse et plus ronde; le dessus du crâne est uniformément aplati sans traces de petites carènes. Il n'y a pas d'écailles mastoïdiennes ciselées. L'œil est assez grand : son diamètre est compris trois fois et demie dans la longueur de la joue.

Le sous-orbitaire est plus renflé, plus long; la mâchoire inférieure dépasse à peine la supérieure. Les dents sont plus grosses; l'éventail de la pectorale est proportionnellement beaucoup plus large; le lobe inférieur de la caudale est plus allongé; la dorsale plus longue et l'anale est plus haute; et en général on peut dire que les nageoires sont plus grandes, plus développées.

La couleur est d'un gris de fer presque noir sur le dos, grise jusqu'au milieu des côtés, et blanche en dessous. La pectorale a de grandes marbrures nuageuses sur sa face externe; les rayons mitoyens de la ventrale et la membrane qui les retient, sont aussi marbrés de noirâtre. La caudale est très-rembrunie; la dorsale est d'un gris bleuâtre; l'anale est blanche, avec une tache bleuâtre sur les rayons mitoyens. Enfin, ce qui constitue un caractère tout à fait distinctif de cet exocet, c'est qu'il a le corps rayé longitudinalement de quatre ou cinq lignes noires; une tache noire assez foncée se remarque à la base de la pectorale et dans l'aisselle de la ventrale; aussi est-il peu de poissons qui ressemblent plus à un muge; je ne dis pas seulement par la forme de la tête, mais par la couleur générale du corps.

D. 13; A. 10.

L'individu que je viens de décrire a dix-huit pouces de longueur. Il a été pris dans la rade de Gorée par M. Rang. Cette espèce se retrouve aussi aux Canaries, du moins je crois devoir y rapporter deux individus recueillis à Lancerotte par M. Webb. La coloration des pectorales, des ventrales, ainsi que les formes générales, les rapprochent de notre poisson. Les pêcheurs canariens les ont donnés à ce savant naturaliste sous le nom de *Volador*. J'ai considéré cette espèce comme l'*Exocœtus exiliens* de Bloch, lorsque j'ai publié les poissons des Canaries.

L'Exocet a miroir.

(*Exocœtus speculiger*, nob.)

Nous avons reçu des mers des Indes une espèce
à museau court, dont le dessus de la tête est aplati et même un peu
concave entre les yeux. L'œil est très-grand : son diamètre est deux
fois et trois quarts dans la longueur de la joue ; la hauteur du tronc
est comprise huit fois dans la longueur totale, et celle de la tête y
est cinq fois et quelque chose.

Les dents sont très-petites ; la dorsale est longue ; le lobe inférieur
est étroit et prolongé.

D. 11 ; A. 12, etc.

La couleur est un bleu plombé sur le dos, qui se fond insensiblement dans le blanc argenté du ventre. La pectorale, bleu foncé,
ou presque noire sur la plus grande partie de son étendue, a sur
le haut et le dedans de ses rayons les plus courts, une large tache
blanche, que j'ai comparée au miroir de l'aile d'un grand nombre
de palmipèdes ; tout le bord de la nageoire est également blanc. La
ventrale, qui est incolore, a une légère tache grise près de son
aisselle.

Le Cabinet du Roi possède de nombreux individus de
cette espèce, tous à peu près de même taille et longs de
neuf à dix pouces : l'un d'eux vient des îles des Amis, d'où
MM. Quoy et Gaimard l'ont rapporté. Les mêmes naturalistes en ont pris un autre individu dans le détroit de la
Sonde près de Java. MM. Lesson et Garnot l'ont recueilli
auprès de l'Ile-de-France. M. Dussumier en a pêché deux
autres exemplaires dans les mers de l'Inde, mais sans préciser le lieu où il se les est procurés. Enfin, un plus petit
exemplaire a été pris dans le grand Océan pacifique, auprès
des îles de Péro-Banhos par M. Bosc, le fils de notre

savant collègue de l'Académie des sciences, et officier de marine fort regrettable et fort regretté.

Nous en avons un autre exemplaire, pris dans le même Océan sur les côtes de l'Amérique australe, et qui a été donné au Muséum par M. Gay.

Les deux individus que nous venons de citer, nous montrent que l'espèce s'achemine vers les mers australes, et nous ne sommes pas alors étonnés de la voir prise au Port du Roi George par MM. Quoy et Gaimard pendant la première expédition de la corvette l'Astrolabe sous les ordres de M. Dumont d'Urville. Toutefois, nous devons dire à nos lecteurs que nous déterminons cet individu par le seul caractère tiré de la coloration de la pectorale. Les naturalistes qui ont pris cet individu, ayant mis le cerveau à nu au moment de la capture du poisson, nous n'avons pas pu comparer d'une manière rigoureuse les formes du crâne, qui donnent les caractères les plus positifs pour déterminer les différentes espèces d'exocets; cependant nous ne conservons pas de doute sur notre détermination spécifique.

L'Exocet aux pectorales unicolores.

(*Exocœtus unicolor*, nob.)

Une autre espèce des mers de l'Inde

a le crâne aplati et le museau un peu rétréci, comme celui de la Méditerranée, mais l'œil est beaucoup plus grand et la tête elle-même est plus longue. La longueur de la tête est cinq fois et quelque chose dans la longueur totale. Le diamètre de l'orbite fait le tiers de la longueur de la joue. La dorsale est basse et à peu près égale.

D. 13; A. 11.

La couleur du dos est, comme celle de l'espèce précédente, uniformément plombée; les pectorales, d'un gris violacé, n'ont ni la tache blanche ni la bordure de la précédente. Les ventrales sont blanches, avec une petite tache grise longitudinale près de l'aisselle.

Les individus ont un pied de long : ils ont été rapportés, l'un de Vanikoro, l'autre de Java par MM. Quoy et Gaimard; un troisième nous est venu des mers de l'Inde : nous le devons à M. Dussumier.

L'Exocet aux ailes bleues.

(Exocœtus cyanopterus, nob.)

Je trouve dans les mers d'Amérique une belle espèce d'exocet

dont le dessus du crâne est large, un peu concave et couvert de larges écailles très-finement granulées; les dents sont plus longues et plus pointues qu'à aucun autre exocet; la mâchoire inférieure dépasse la supérieure; la hauteur du tronc est sept fois et quelque chose dans la longueur totale; celle de la tête, cinq fois et demie; le diamètre de l'œil, trois fois et un tiers dans la longueur de la joue; le sous-orbitaire est assez renflé.

D. 13; A. 12.

La dorsale est basse et à peu près d'égale hauteur. La couleur est uniformément plombée sur le dos, avec quelques larges bandelettes grisâtres effacées le long des côtés. Le ventre est blanc; la pectorale est d'un bleu foncé, presque noir à peu près sur toute son étendue; mais les deux derniers ou trois rayons inférieurs sont blancs, ainsi que l'extrémité de ses rayons. La ventrale est blanche, avec la petite tache grise ou brunâtre des espèces de ce groupe. La dorsale, grise ou bleuâtre pâle, a une grande tache noirâtre près de son bord, au-dessus de laquelle est une autre tache, d'un gris pâle. L'anale est blanche.

Nos individus sont longs de quinze pouces. Nous en avons reçu deux de la côte du Brésil à Bahia; un autre, pris à Rio de Janeiro, a été rapporté par MM. Hombron et Jaquinot, chirurgiens de la dernière expédition de M. d'Urville.

L'Exocet aux nageoires rousses.

(Exocœtus rufipinnis, nob.)

Les côtes orientales de l'Amérique nourrissent un exocet voisin de celui que nous venons de décrire, et qui est originaire des côtes occidentales.

Celui-ci a le crâne aplati, un peu concave; le museau court, arrondi et assez obtus; la mâchoire inférieure, quoique plus longue, est moins avancée; les dents sont plus fines; l'œil est plus petit; la hauteur est plus de huit fois dans la longueur totale, et la tête y est six fois.

D. 10; A. 12, etc.

La couleur est un bleu foncé sur le dos, devenant noirâtre dans l'alcool; les pectorales ont leur face supérieure d'un brun roussâtre ou chocolat uniforme, avec un fin liseré blanc sur le bord. Le dessus des ventrales, quoique un peu plus pâle, est presque entièrement de cette teinte. La caudale est roussâtre; la dorsale, grise, n'a pas de tache noire; l'anale est blanche.

L'individu, long de douze pouces et quelques lignes, a été pris à Payta sur les côtes du Pérou : il a été rapporté par M. Eydoux. On voit que cette espèce diffère de la précédente par la couleur des pectorales et des ventrales, par l'absence de granulations des écailles du sommet de la tête, et encore par plusieurs autres traits pris dans l'ensemble des formes.

L'Exocet de Terre-Neuve.

(*Exocœtus Noveboracensis*, Dekay.)

Cette espèce, qui s'élève dans les latitudes septentrionales du banc de Terre-Neuve, est encore distincte des
précédentes, et cependant elle les avoisine toutes.

Son museau est plat et rétréci en avant; son œil est petit; sa
tête est courte; sa pectorale est une des plus longues que nous
ayons encore examinées : elle atteint à la base de la caudale; les
dents sont fines.

D. 11; A. 12.

Dans cette espèce, la pectorale est brune, un peu plus foncée
vers l'extrémité, dont le bord est liséré de blanc. Le rembruni de
l'extrémité de la pectorale peut facilement faire croire à une tache
blanche qui rappellerait celle de notre *Ex. speculiger*, mais ce
n'est ici qu'une simple apparence, et d'ailleurs la forme du crâne
et la longueur des pectorales sont plus que suffisantes pour caractériser cette nouvelle espèce d'Exocet.

Ce poisson nous vient de Terre-Neuve; il a été rapporté
au Cabinet du Roi par les soins de M. de Lapylaie.

L'individu est long de onze pouces : il nous sert à reconnaître l'*Exocœtus noveboracensis* dont M. Dekay[1] nous a
laissé une figure très-bien faite dans la Faune de New-
York, et par là nous arrivons à déterminer aussi, sans
hésitation, le *New-York Flyingfish* de Mitchill[2], mais
que cet auteur a confondu mal à propos avec l'*E. mesogaster* de Bloch.

Je n'hésite pas non plus à rapporter à cette espèce le
dessin du Père Feuillée, que l'on retrouve dans ses ma-

1. Dekay, *Faun. fish. of New-York*, pl. 36, fig. 114, p. 230.
2. Mitch., *Transact. Phil. soc. fish. of New-York*, t. I, p. 448, pl. 5, fig. 3.

nuscrits sous le nom de *piscis volans*. La longueur des pectorales et des ventrales, l'étendue de la dorsale, ne me laissent aucun doute sur cette détermination. Ici Feuillée, ordinairement plagiaire de Plumier, serait resté original.

L'Exocet a queue noire.

(*Exocœtus melanurus*, nob.)

Nous avons reçu de New-York un exocet très-voisin du précédent;

Il a cependant le crâne encore plus étroit; l'œil un peu plus grand; les pectorales sont moins longues et les nombres des rayons de la dorsale et de l'anale sont différents pour ces deux nageoires.

D. 13; A. 9.

La couleur du corps ressemble à celle des espèces précédentes; celle de la pectorale est un gris bleuâtre sur le bord externe et sur l'extrémité; elle est blanche sur le reste de la surface. Les ventrales ont toute la face supérieure grêle et assez foncée; une tache noire colore la base de la queue et rappelle assez bien la coloration de certains de nos Sargues.

L'individu, long de dix pouces, a été envoyé de New-York par M. Milbert.

L'Exocet commersonien.

(*Exocœtus Commersonii*, Lacép.)

L'espèce que nous allons décrire, est une de celles dont les formes sont le plus caractéristiques, et qui aurait pu entrer depuis longtemps dans nos catalogues systématiques, puisque Commerson en a rapporté un dessin d'une parfaite exactitude. On en trouve une mauvaise reproduction dans l'Histoire naturelle des poissons de M. de Lacépède.

Le corps est trapu et haut de l'avant; il doit surtout cette apparence de hauteur à la saillie de la nuque; la hauteur du tronc est sept fois et demie dans la longueur totale; la tête ne dépasse cette hauteur que d'un quart; le front descend obliquement vers l'extrémité du museau; la mâchoire inférieure est plus longue que la supérieure. L'œil est très-grand : son diamètre est deux fois et trois quarts dans la longueur de la tête. Les dents sont d'une excessive petitesse.

D. 12; A. 9.

Le dessus du corps est gris verdâtre, avec des bandes longitudinales plombées : cette teinte descend jusque vers le tiers du côté au devant des ventrales et jusque sur le milieu de la région caudale; le reste du corps est blanc. La pectorale est roussâtre et transparente sans aucune tache. La ventrale a les rayons à peu près de la même couleur, avec une petite tache dans son aisselle. La dorsale et la caudale sont rousses; l'anale est blanche.

La longueur de l'individu est de quatorze pouces. Il a été pris par M. Dussumier dans les environs de l'Ile-de-France.

Commerson dit que son exemplaire fut pris le 18 avril 1767 par le 34° de latitude australe, à 40 lieues environ des côtes orientales de l'Amérique. Il en a laissé deux dessins faits à la mine de plomb, dont l'un, de Sonnerat, représente le poisson avec la pectorale déployée; l'autre, fait par Commerson, montre l'individu tel qu'il est au moment de sa mort. On voit qu'une de ces Lernées, si communes aux exocets, était fixée auprès de la pectorale.

Une description détaillée, comme toutes celles de ce savant voyageur, se retrouve dans ses manuscrits. Il avait rédigé deux essais de phrases diagnostiques linnéennes. Avec les deux dessins de Commerson et la description qu'il y avait jointe, rien n'était donc plus facile que d'é-

tablir cette espèce. Mais M. de Lacépède a employé ces
excellents matériaux de manière à tout embrouiller : il a
fait graver le dessin de Sonnerat[1] en le considérant comme
l'exocet sauteur, *Ex. exiliens* de Bloch et même de Gmelin.
A la suite des synonymies, tout à fait disparates de son
Exocœtus exiliens, M. de Lacépède transcrit l'une des deux
phrases diagnostiques de Commerson; mais l'autre phrase
de ce naturaliste, et qui appartient évidemment à un seul
et unique individu, se trouve rapportée à l'espèce nouvelle
que M. de Lacépède établit, en la dédiant au courageux
compagnon de Bougainville.

On explique ainsi comment M. de Lacépède a donné,
à l'article de son Exocet sauteur, plusieurs observations de
Commerson qui auraient dû appartenir à l'exocet Com-
mersonien. En remontant aux auteurs qui ont précédé ce
naturaliste, on aurait pu trouver dans leurs ouvrages des
indices de cette espèce : ainsi, Renard et Valentyn ont
laissé des figures fort incomplètes, mais cependant reconnaissables, de notre poisson; c'est leur *Vliegende Harder*
(ou mulet volant); et le dessin original de l'amiral Corneille de Vlamming nous apprend qu'ils le trouvèrent à
Néira, dans la province de Banda, le 16 octobre 1698.
Ce qu'il faut encore remarquer, c'est que Bloch, qui a cité
Valentyn, néglige la figure de cette espèce, où les ventrales
sont oubliées, pour y rapporter celle d'un autre exocet
tout différent, et qui a un nom malais tout à fait distinct.
Nous allons en parler plus loin.

Commerson dit que la chair de cette espèce était meilleure que celle de l'*Exocœtus evolans*.

---

1. Lacép., t. V, pl. 12, n.° 3.

L'Exocet a museau court.

(*Exocœtus simus*, nob.)

Cette espèce, malgré sa tête plate et mince, un peu concave, avoisine plus cependant, par l'aspect général de ses formes le précédent Exocet, que toutes les autres :

Celui décrit dans cet article a le museau court, gros et arrondi, renflé sur la région sous-orbitaire; la mâchoire inférieure, très-semblable à celle de l'espèce précédente, sans tubercules à la symphyse, dépasse la supérieure. Les dents sont très-petites; l'œil est grand, car son diamètre n'est compris que deux fois et demie dans la longueur de la joue. Le bord antérieur n'est éloigné du bout du museau que d'un peu plus de la moitié de ce diamètre; toute la joue est aplatie, et le grand plan qu'elle fait s'écarte très-peu sous la gorge de celui du côté opposé, ce qui rend l'isthme étroit, et ce qui constitue, avec le plan du dessus du crâne, la forme trièdre de la tête. L'intervalle qui sépare les deux yeux est plus large que le diamètre de l'orbite.

L'épaisseur entre les deux pectorales est, à très-peu de chose près, égale à la hauteur du tronc, qui est comprise sept fois et demie dans la longueur totale; la longueur de la tête y est cinq fois et un tiers.

La dorsale est peu élevée; la pointe de la pectorale n'atteint pas tout à fait à la base de la caudale.

D. 13; A. 8, etc.

La couleur est un roux violacé assez pâle sur le dos; le dessous du corps est argenté. Les pectorales n'ont aucune tache, et leur teinte ressemble à celle du dos; la caudale est de la même couleur; la dorsale est plus pâle; les ventrales et l'anale sont blanches.

La vessie aérienne de cette espèce est remarquablement grosse.

La longueur de l'individu est de treize pouces. Il vient des îles Sandwich, où il a été pris par M. Eydoux pendant l'expédition de la corvette la Bonite.

L'Exocet martinet.

(*Exocœtus apus*, nob.)

Je donne à cette espèce, dont je ne connais encore qu'un petit individu, le nom spécifique que Linné a imposé au martinet d'Europe (*Hirundo apus*). C'est de tous les exocets que j'aie encore examinés, celui qui a certainement la tête et le museau le plus court.

Le corps lui-même est très-raccourci, de sorte que, malgré sa brièveté, la tête est encore contenue cinq fois et un tiers dans la longueur totale; la hauteur du tronc a les mêmes proportions. L'intervalle entre les yeux est plus grand que le diamètre de l'œil, qui est compris deux fois et un tiers dans la longueur de la joue; le bord antérieur de l'orbite n'est éloigné du bout du museau que la moitié du diamètre.

La pectorale, qui paraît peu pointue, est uniformément noire en dessus avec son bord blanc; une petite tache noire colore l'extrémité de la ventrale; le dos est bleu foncé; la caudale est grisâtre; l'anale et la dorsale sont blanchâtres.

D. 11; A. 19, etc.

Cet exocet est long de six pouces; il a été pris par M. Eydoux dans les mers de Chine, près de Macao.

On peut rapporter à cette espèce la figure que l'on trouve dans l'imprimé japonais, à cause de la brièveté des pectorales, et j'ajouterai même de la grosseur du museau, quoiqu'il paraisse encore un peu renflé.

L'Exocet aux nageoires noires.

(*Exocœtus nigripennis*, nob.)

Le même voyageur a encore rapporté des mers de Chine une autre espèce, qui a le museau court, l'œil grand, car son diamètre fait la moitié de la largeur de la joue; le dessus du crâne est concave, parce que l'arcade sourcilière des frontaux est relevée. Les écailles, qui garnissent le dessus de la tête, sont très-finement ciselées par des stries concentriques.

D. 12; A. 10, etc.

Ce qui caractérise encore cet exocet, c'est la couleur noire de ses longues ventrales et de ses pectorales; la caudale paraît avoir été jaunâtre; le dessus du corps est brun; le dessous est blanc.

Ce petit poisson n'a que trois pouces et demi. Il vient de Tourane. C'est, à n'en pas douter, une espèce bien caractérisée, et par la forme des arcades sourcilières, et par la couleur des nageoires paires.

L'Exocet aux pectorales vertes.
(*Exocœtus chloropterus*, nob.)

M. Gay a rapporté un exocet voisin, mais distinct de tous les précédents.

Il a le museau étroit, court; le dessus du crâne un peu concave; l'œil assez grand : son diamètre, égal à l'intervalle qui sépare les deux yeux, est compris deux fois et demie dans la longueur de la joue.

D. 13; A. 9.

Ce poisson paraît, dans l'alcool, noirâtre sur le dos, blanc sur le ventre; les ventrales sont colorées, ainsi que les pectorales, en brun pâle. Nous pouvons juger des couleurs que l'animal avait au moment où il a été pris, par le dessin que nous en a communiqué M. Gay. Il représente le dos d'un beau bleu d'outre-mer; le ventre argenté et brillant; les pectorales, la dorsale et la caudale sont verdâtres; les ventrales sont du même bleu que le dos.

L'espèce a été prise par 33° 14′ de latitude australe, et 44° 30′ de longitude occidentale.

L'individu est long de six pouces et demi.

*L'*Exocet a haute dorsale.

(*Exocœtus altipennis*, nob.)

Cette nouvelle espèce d'exocet
a le corps plus allongé et surtout plus pointu de l'avant que toutes
celles dont nous nous sommes jusqu'à présent occupés; la plus
grande hauteur du corps se mesure ici près des ventrales, et elle
est comprise huit fois dans la longueur totale. L'épaisseur aux
pectorales est égale à la hauteur du tronc mesurée au même endroit,
et elle est comprise dix fois dans cette même longueur totale. Je
ferai remarquer ici que dans les autres espèces j'ai toujours pris la
plus grande hauteur du tronc à la région des pectorales.

La tête a le museau assez pointu : sa longueur est comprise six
fois dans celle du corps. Les dents sont petites et pointues. L'œil
est éloigné du bout du museau d'une fois son diamètre, lequel est
compris trois fois et demie dans la largeur de la joue; le dessus
de la tête est régulièrement aplati.

D. 13; A. 12, etc.

Les pectorales et les ventrales sont pointues et proportionnellement plus allongées que dans aucun autre exocet. Ce développement
des nageoires se montre encore d'une manière plus remarquable,
soit à la dorsale, soit à l'anale, dont les rayons dépassent la hauteur
du tronc mesurée sous eux; je ne vois pas que la caudale grandisse
autant que les autres nageoires.

La couleur est roussâtre. Les pectorales ont la même teinte, avec
une large tache blanchâtre, semblable par sa forme et par sa position
à celle de notre *Ex. speculiger.*

J'en possède un individu long de quatorze pouces, que
M. Dussumier a rapporté des mers de l'Inde, mais sans
nous donner aucune indication sur ce curieux Exocet.

Un second a été envoyé du cap de Bonne-Espérance,
mais rien ne nous prouve qu'il ait été pris sur la côte
d'Afrique.

*L'*Exocet aux ailes bicolores.

(*Exocœtus bicolor,* nob.)

M. Keraudren a bien voulu donner au Cabinet du Roi une fort belle espèce de ce genre. Ses formes rappellent assez bien celles de l'Exocet de la Méditerranée.

La longueur de la tête est comprise cinq fois et deux tiers dans la longueur totale; la hauteur du tronc mesure à peu près les deux tiers de la joue; le diamètre de l'œil fait à peu près le tiers de cette même longueur; le dessus du crâne est un peu concave.

D. 15; A. 10.

Les rayons antérieurs de la dorsale sont élevés, l'anale est basse. La couleur est un bleu foncé sur le dos et un blanc pur en dessous.

La pectorale, bleu pâle à sa base et plus noirâtre à son extrémité, est traversée obliquement par une large bande blanche. La ventrale est blanche, avec quelques taches grisâtres aux deux tiers de la longueur des rayons. La dorsale a du blanc sur les six premiers rayons et sur le dernier : le reste est d'un beau bleu foncé. Le lobe inférieur de la caudale est noirâtre; le supérieur et les rayons mitoyens sont blanchâtres.

Ce beau poisson a un pied de long. Il a été pris dans l'Atlantique.

*L'*Exocet aux ailes mouchetées.

(*Exocœtus pœcilopterus,* nob.)

Cette espèce, si bien caractérisée par la coloration de ses pectorales, ne l'est pas moins par ses formes raccourcies et arrondies.

Le museau est court; le dessus du crâne aplati; la dorsale peu élevée; la pectorale de médiocre largeur.

D. 12; A. 8.

La partie supérieure du dos est bleu foncé, qui s'éclaircit sur les flancs en y prenant des teintes jaunes verdâtres.

Les pectorales verdâtres sont parsemées d'un grand nombre de taches rondes, irrégulières, à couleur brune, terre de Sienne, plus foncée dans le centre; la caudale est grise; les autres nageoires sont blanches.

L'individu, long de sept pouces, a été pris le 22 juillet 1827 sur les côtes de la Nouvelle-Bretagne, par les naturalistes de l'expédition de l'Astrolabe.

Cette espèce, confondue avant nous avec les autres Exocets, est connue depuis longtemps : elle est mentionnée dans Valentyn[1] sous le nom malais *Ikan terbang, Berampat sajap*.

Ruysch a reproduit cette figure tab. 7, n.° 18. C'est précisément celle que Bloch et M. de Lacépède ont confondue avec leur *Exocœtus exiliens*.

Je crois aussi pouvoir rapporter à cette espèce l'*Exocœtus alatus* de Solander, car ce naturaliste indique positivement les taches dont sont couvertes les pectorales : il l'avait pris à Otahiti, et ses notes indiquent comme nom vulgaire, le mot de *Marhava*.

L'Exocet aux pectorales tachetées.

(*Exocœtus spilopterus*, nob.)

Je trouve, dans les dessins que M. Mertens nous a communiqués, une espèce très-voisine de celle-ci, mais dont les couleurs me semblent assez différentes pour servir à la caractériser.

---

1. Valent., Poiss. d'Amb., n.° 165, p. 398.

L'anale me paraît avoir deux rayons de plus; car les nombres comptés par M. Mertens sont :

D. 12; A. 10; C. 25; P. 13; V. 6.

Le dos est bleu et le ventre rosé; la pectorale, violette, est couverte de taches roses; la caudale est rousse; les autres nageoires sont blanches.

Cette belle espèce vient d'Oualan, l'une des Carolines.

L'Exocet à bandes.

(*Ex. exiliens*, Gm.; *Ex. fasciatus*, Lesueur.)

Cette jolie petite espèce d'Exocet est remarquable par la coloration de toutes ses nageoires.

Elle a d'ailleurs le museau très-court; la tête large et les yeux saillants; la dorsale et l'anale sont assez élevées.

D. 12; A. 13, etc.

Le dos est bleu foncé; le ventre est argenté; les pectorales et les ventrales sont traversées par de larges bandes brunes un peu irrégulières, et que l'on pourrait tout aussi bien considérer comme des marbrures que comme des rayures.

Le lobe inférieur de la caudale a trois larges taches brunes; la dorsale est aussi tachetée de noirâtre.

Nous avons reçu de New-Jersey par les soins de M. Milbert deux individus bien conservés, dans lesquels il ne nous a pas été difficile de reconnaître la figure fort exacte que M. Lesueur[1] a donnée dans le Journal des sciences de Philadelphie en croyant son poisson nouveau : cependant les naturalistes avaient à leur disposition les moyens de connaître déjà cette espèce; car elle est représentée d'une manière assez exacte dans les Glanures d'Edwards[2]. Cette

---

1. *Journ. scienc. Phil.*, t. II, 1821, p. 8, pl. 4, fig. 2.
2. Edw., Glan., tab. 210.

figure est une de celles que Gronovius a mêlées à toutes ses autres synonymies; d'un autre côté, l'on ne peut douter que ce soit là le véritable *Exocœtus exiliens* de Gmelin, espèce qu'il établit d'après des notes de Garden, dont Linné ne paraît point avoir fait usage, mais qui indiquent les bandes des nageoires et la taille du poisson à peine long d'un doigt.

M. Cuvier a cru que ces individus, à nageoires rayées, portaient la livrée d'un jeune âge; les formes et les nombres sont assez différents pour fournir des caractères d'une espèce particulière; il n'y a donc pas de raison d'admettre la supposition consignée dans le Règne animal.

*L'*Exocet de Rondelet.

(*Exocœtus Rondeletii*, nob.)

J'ai commencé par décrire l'espèce de la Méditerranée aux longues ventrales blanches, dont Salviani a laissé une figure parfaitement reconnaissable. J'ai fait suivre cette description de celle de toutes les espèces des mers étrangères qui venaient prendre place à côté de celle-ci, à cause de leurs ventrales insérées de la même manière vers la partie moyenne du ventre et presque entièrement blanches.

Je vais maintenant décrire les espèces aux ventrales noires, dont je trouve également un représentant dans la Méditerranée.

Cette espèce a le museau court, rétréci au devant des yeux; le dessus du crâne aplati; la région sourcilière soutenue et bordée en dedans de deux carènes longitudinales qui laissent entre elles une sorte de large cannelure; l'œil est de moyenne grandeur : il est éloigné du bout du museau d'une fois son diamètre, lequel est contenu trois fois et deux tiers dans la joue. La longueur de celle-ci, à peine plus grande que la hauteur du tronc, est comprise six fois et demie dans la longueur totale. La dorsale et l'anale sont peu élevées de l'avant; la pectorale atteint auprès de l'insertion de la caudale, et la pointe des ventrales atteint presque aussi à cet endroit du tronc, de sorte qu'on peut dire d'elles qu'elles sont longues et pointues; mais il faut aussi remarquer que plusieurs espèces à ventrales blanches ont des nageoires aussi longues.

D. 11 ou 12; A. 11 à 13, etc.

La couleur est bleuâtre sur le dos, argenté sur tout le reste du corps; les pectorales sont rousses, tachetées de bleu; les rayons inférieurs sont blancs, le bord de la nageoire est brun comme le reste de sa surface. La ventrale est presque entièrement noire : on ne voit du blanc qu'au rayon interne et à la pointe des autres; la caudale est roussâtre.

Le Cabinet du Roi possède un individu de cette espèce pris à Naples par M. Savigny. Il est long de cinq pouces : il ressemble tellement à la figure de Rondelet, qu'on pourrait presque dire qu'il lui a servi de modèle. Nous en avons un autre, long de huit pouces et demi, qui vient de Sicile, par M. Bibron.

Nous voyons ce poisson s'avancer jusqu'aux Canaries, d'où il a été rapporté par M. Webb. J'ai eu tort de le déterminer comme appartenant à l'*Ex. mesogaster* de Bloch. Il est long d'un pied.

Cette espèce, que l'on reconnaît toujours à la couleur noire de ses ventrales et à la brièveté de son museau, a donc été représentée par Rondelet; mais cette figure est moins reconnaissable pour cette espèce, que celle de Salviani ne l'est pour l'*Ex. volitans*. Elle a été copiée par Aldrovande, par Gessner et par plusieurs autres, et citée, depuis Artedi et Gronovius, parmi les synonymies de l'*Ex. volitans*, bien qu'elle représente un poisson tout à fait distinct.

Rondelet dit qu'on le prend très-fréquemment à l'embouchure du Rhône.

L'Exocet a front convexe.

(*Exocœtus gibbifrons*, nob.)

Cette espèce a le corps plus régulièrement tétraèdre qu'aucune autre; ce qui la distingue encore plus, c'est la saillie ou la convexité de la partie de la tête qui est au-devant des yeux, dont le diamètre mesure le tiers de la longueur de la joue; le museau est d'ailleurs court, non rétréci, mais plutôt convexe sur la région sourcilière.

D. 12; A. 9, etc.

Le dessus du corps est brun verdâtre; le dessous est argenté; la pectorale est brune, sans aucune tache blanche; la ventrale est presque entièrement rousse, mais plus pâle que la pectorale.

Je ne possède qu'un exemplaire de cette espèce, long de neuf pouces, et qui a été pris dans l'Océan atlantique par M. Dussumier.

L'Exocet aux ventrales tachetées.

(*Exocœtus spilopus*, nob.)

Voici encore une nouvelle espèce fort répandue dans le sein des mers, et qu'il est facile de reconnaître à la grosse tache bleue très-foncée presque noire, placée vers l'extrémité des rayons mitoyens de ses ventrales. C'est un des exocets que l'on a rencontrés jusque sur les côtes de France.

Ce poisson a le dessus de la tête un peu concave; le museau gros et arrondi; l'œil assez grand; car son diamètre n'est pas trois fois dans la longueur de la joue; la hauteur du tronc fait les trois quarts de cette même mesure, et est comprise sept fois et quelque chose dans la longueur totale; la dorsale est assez haute de l'avant; les ventrales n'atteignent pas à l'extrémité des pectorales, qui approchent beaucoup de la caudale.

D. 15; A. 9, etc.

Le dessus du corps est d'un bleu foncé, tirant à l'ardoisé ou au noir; le dessous est argenté; une large bande oblique, blanche ou verdâtre, traverse la pectorale, aussi bleue que le dos; les ventrales portent, sur un fond blanc, une large tache bleu-noirâtre très-foncé. La dorsale, blanche en avant, est bleue ou noire vers l'arrière; la caudale est noirâtre.

Nous avons reçu de nombreux individus de cette espèce de différentes parties de l'Atlantique. Nous en avons un exemplaire, long de dix pouces et demi environ, qui a été pris par M. d'Orbigny sur les côtes de La Rochelle avec d'autres individus de l'*Exocœtus evolans*. M. Dussumier l'a trouvée auprès de Sainte-Hélène, et une autre fois par le 9° de latitude sud et 75° de longitude orientale. M. Plée l'a pêchée entre les tropiques, non loin des Antilles. M. Reynaud l'a prise à bord de la Chevrette dans les mers de l'Inde. M. Dussumier la retrouvait, en 1830, dans la mer de l'Arabie, à l'ouest de Minicoï; et enfin, MM. Quoy et Gaimard ont pris cette espèce le 7 novembre 1827, non loin de la terre de Witt, en se rendant à la Nouvelle-Hollande.

L'Exocet métorien.

(*Exocœtus mesogaster*, Bloch.)

Nous avons reçu de Santiago de Cuba un exocet, dont la tête, courte et large, ressemble beaucoup à celle de l'espèce des mers de Chine que j'ai appelée *Ex. apus.* C'est un poisson intéressant, parce qu'il sert à nous faire reconnaître une des plus mauvaises figures de Bloch.

Il a le corps allongé; les pectorales sont plus longues, plus pointues; les ventrales insérées plus en arrière; la dorsale est trapézoïdale, assez haute de l'avant; son premier rayon est court, mais le second et le troisième égalent au moins la hauteur du tronc.

D. 12; A. 12, etc.

Ce poisson a le dos d'un bleu très-foncé; les pectorales, de la même teinte, ont une large bande transversale; la ventrale, aussi foncée que la pectorale, n'a de blanc qu'à la base du rayon interne, et un peu vers l'extrémité du second rayon externe; la dorsale et la caudale sont grises; l'anale est blanche.

Nous devons ce poisson à M. Ricord; mais nous avons eu connaissance de ses couleurs par un dessin pris sur le frais par M. Poey, qui s'est procuré cette espèce dans le canal qui sépare la Havane du continent.

Notre individu est long de sept pouces.

C'est, à n'en point douter, l'espèce représentée dans Parra[1] sous le nom de *Valador*, et comme Bloch, dans le Système posthume, regarde, avec raison, que la figure de Parra représente son *Ex. mesogaster*, nous ne devons plus hésiter nous-mêmes à reconnaître celui-ci dans l'individu que nous avons sous les yeux : or Bloch a pris son espèce dans Plumier. Le vélin de cet historien des Antilles, et qui est conservé dans la bibliothèque du Muséum, porte, comme celui de la bibliothèque de Berlin, *Mugil alatus Rondeletii*, Poisson volant, P. Plumier.

Cette figure, assez inexacte, dont la tête est grosse et courte, rappelle celle de notre poisson; les pectorales sont

---

1. Poiss. de la Havane, p. 28; lam. 15.

larges, arrondies, et de longueur médiocre, ainsi que Parra l'a représenté. La dorsale est plus allongée que nous ne la voyons dans la nature; il est facile de juger qu'elle n'a pas été copiée avec une rigoureuse exactitude, à cause même de l'inégalité des rayons. Maintenant il est difficile de dire par quelles altérations cette figure de Plumier a été transformée en celle de l'*Ex. mesogaster* de Bloch, ou les pectorales longues et pointues atteignent le milieu des rayons de la caudale; ce que nous n'avons observé dans aucune espèce; ou la dorsale haute et pointue de l'avant a les bords largement échancrés; ce qui ne se rapporte, ni au dessin de Plumier, ni encore moins à la nature.

Cependant, quelques paroles du texte de Bloch me font croire qu'il a eu aussi le dessin du Père Feuillée fait d'après une autre espèce, et que nous avons déterminée plus haut; c'est notre *Ex. noveboracensis*. Si cette supposition est exacte, Bloch aurait emprunté au dessin de Plumier les pectorales, qu'il aurait un peu allongées; de sorte qu'ici l'accusation que Bloch dirige contre ce Minime, devrait encore être bien plutôt portée contre lui.

L'Exocet aux pectorales courtes.

(*Exocœtus brevipinnis,* nob.)

Dans les espèces dont il me reste à parler, je trouve encore les ventrales insérées sur l'arrière du tronc, ou tout au plus à la moitié de sa longueur; elles se raccourcissent. Cette diminution des nageoires se montre aussi sur la pectorale, dans l'espèce dont il s'agit ici.

L'aile ne fait plus que la moitié de la longueur du tronc, sans y comprendre la caudale, et la pointe ne dépasse pas l'extrémité de la ventrale; le dessus de la tête est aplati. La hauteur du tronc est une fois et demie dans la longueur de la tête, laquelle est comprise cinq fois et demie dans la longueur totale; la dorsale est basse et à peu près égale.

D. 12; A. 10.

Le dessus du corps est ardoisé; les flancs et le ventre argenté; la pectorale est d'une couleur rousse, uniforme et pâle. On retrouve cette teinte sur le troisième et le quatrième rayon de la ventrale; les autres nageoires sont blanchâtres.

L'individu est long de six pouces. Il vient du hâvre Carteret de la Nouvelle - Irlande, et provient, comme beaucoup d'autres, des recherches faites par MM. Quoy et Gaimard.

*L'*Exocet mentonnier.

(*Exocœtus mento,* nob.)

Cette espèce de la rade de Pondichéry présente, ainsi que la suivante, un caractère fort remarquable, qui montre la liaison intime qui réunit les exocets aux hémiramphes. En effet nous voyons

la symphyse de la mâchoire inférieure prolongée en un petit tubercule pointu, formant un vestige de demi-bec au devant de la bouche; les dents sont d'une petitesse excessive; le dessus de la tête est aplati en dessous; le corps est comprimé, comme tranchant; les deux branches de la mâchoire se touchent et cachent entièrement la membrane branchiostège. La hauteur du tronc est presque égale à la longueur de la tête, et contenue près de six fois dans la longueur totale; la pectorale est de longueur médiocre; car elle n'a, comme la précédente, que la moitié de la longueur du corps, la caudale non comprise; les ventrales sont insérées sur le milieu de cette même longueur; la dorsale est haute et pointue; l'anale est très-basse.

D. 11; A. 13, etc.

Le corps est couvert d'écailles argentées assez résistantes, mais peu adhérentes; la couleur du dos est d'un beau bleu de lapis;

le reste du corps est argenté; les pectorales ont la base blanche et l'extrémité bleue; la dorsale offre la même coloration; les ventrales, l'anale et la caudale sont blanches.

M. Leschenault nous a procuré cet exocet, pris par lui dans la rade de Pondichéry. Il en a observé des individus longs de dix pouces. Les pêcheurs malabares l'appelaient *Saravi-Kola*. Ce naturaliste les voyait voler par troupes, et il vante la délicatesse de leur chair.

Nous avons un autre exemplaire, de petite taille, que M. Botta a rapporté de la mer Rouge. L'individu est plus décoloré et plus maltraité que le précédent; mais la forme du bec et la hauteur de la dorsale me paraissent encore le caractériser suffisamment.

L'Exocet a museau effilé.

(*Exocœtus acutus*, nob.)

Cet exocet a

le museau allongé, très-effilé, presque arrondi, et rendu encore plus pointu par la saillie de la symphyse de la mâchoire inférieure. La longueur de la tête n'est comprise que quatre fois et demie dans la longueur totale; l'œil est placé sur le milieu de la longueur de la joue; il est éloigné du bout du museau d'une fois et demie son diamètre.

La pectorale est courte; la ventrale est placée sur la seconde moitié de la longueur du tronc; la dorsale est haute; l'anale est basse; les deux lobes et la caudale sont moins inégaux que dans beaucoup d'autres espèces.

D. 10; A. 9; C. 18; P. 15; V. 6.

Ce poisson a le corps couvert d'écailles assez grandes et fortes. La couleur paraît avoir été rembrunie sur le dos, argentée sous le ventre; je vois du noirâtre à la face interne de la pectorale et à la pointe de la dorsale; d'ailleurs on ne peut pas très-bien juger des couleurs de cet individu conservé depuis longtemps dans l'alcool.

Les formes de ce petit poisson le font ressembler à une petite sardine à museau pointu.

Les pectorales, tout en étant développées, sont certainement moins longues que celles de la plupart de nos Exocets.

Je n'ai vu qu'un seul exemplaire de cette curieuse espèce, qui a été donné au Muséum par M. Cuvier : il l'avait acheté avec les autres poissons qui ont été rapportés de Surinam par Levaillant. Ce qu'il y a de remarquable, c'est que je trouve, ainsi que je l'ai déjà fait observer plus haut, dans la collection de peintures des poissons observés par M. Risso sur les côtes de Nice, et dont je dois la communication à l'amitié de mon collègue, M. Duméril, la représentation d'une espèce qui ressemble tout à fait à celle que je décris : c'est la même brièveté dans les pectorales, la même hauteur de la dorsale ; les ventrales seules me paraissent un peu plus longues. N'ayant pas vu le poisson original, je n'ose cependant me prononcer sur la complète identité du dessin et du poisson des côtes d'Amérique.

L'individu de la collection est long de quatre pouces et demi.

L'Exocet microptère.

(*Exocœtus micropterus*, nob.)

Pour compléter cet examen des nombreuses espèces d'exocets à ventrales attachées au delà de la moitié du tronc, je n'ai plus à parler que d'une seule espèce, remarquable entre toutes les autres par la brièveté de ses nageoires.

Le corps de ce poisson est arrondi et ressemble beaucoup aussi à celui d'une sardine ou de tout autre petit clupéoïde. On pourrait croire encore que l'on a devant les yeux certaine espèce d'Athérine.

La hauteur du tronc est sept fois dans la longueur totale ; celle de la tête y est cinq fois et demie ; la mâchoire inférieure dépasse la supérieure, mais sans se prolonger en pointe conique ou en rudiment de bec ; les pectorales, que l'on désignerait par des épithètes de longues et de pointues, s'il s'agissait d'un tout autre poisson que d'un Exocet, sont ici tellement petites, qu'elles n'ont pas le quart de la longueur totale : elles n'atteignent pas même à la moitié de la longueur du corps.

Les ventrales, qui sont très-petites, sont insérées assez loin en arrière de la pointe des nageoires de la poitrine ; la dorsale, reculée à l'extrémité de la queue, est haute ; l'anale est plus basse ; la caudale est fourchue, et, comme dans tous les poissons de cette famille, le lobe inférieur est plus allongé que le supérieur.

D. 15 ; A. 16.

Les écailles sont de moyenne grandeur, minces et caduques. On voit très-bien dans cette espèce la ligne latérale tracée par le milieu du côté, depuis l'angle supérieur de la pectorale jusqu'au milieu de la queue, et par conséquent tout à fait distinct des carènes abdominales. Le dos, les pectorales et les ventrales paraissent avoir été bleues ; la dorsale est rousse.

Ce poisson n'a guère que cinq à six pouces de long. J'en ai plusieurs individus : l'un a été pris dans le Port du Roi George à la Nouvelle-Hollande par MM. Quoy et Gaimard, et ces naturalistes ont retrouvé cette même espèce dans le hâvre Carteret à la Nouvelle - Irlande ; un second fut retiré de l'estomac d'un thon qui avait été harponné à bord de la Zélée, pendant la dernière expédition de M. d'Urville, non loin de l'île Bourou ; enfin, M. Dussumier nous en a rapporté plusieurs individus de la côte malabare.

*L'*Exocet de Solander.

(*Exocœtus Solandri*, nob.)

Après avoir décrit les nombreux exocets dont les
ventrales, plus ou moins développées, sont insérées sur
l'arrière du corps, je trouve un groupe de plusieurs espèces
remarquables par le barbillon plus ou moins long et plus
ou moins découpé en filaments, qu'elles portent sous la
symphyse de la mâchoire inférieure.

En voyant cette singulière disposition, je me suis
demandé si ces poissons ne devaient pas être séparés des
précédentes espèces de ce genre; mais la forme générale
de leur corps, celle des dents des mâchoires ou des pharyngiens, la grandeur des pectorales, ne présentent aucune
différence appréciable, de sorte que, si un auteur voulait
établir cette division générique, il ne pourrait trouver
d'autre caractère que dans la présence du barbillon, lequel
n'est ici, à proprement parler, qu'un développement plus
ou moins exagéré de la lèvre du poisson.

J'avoue que je n'ai pas pu regarder ce caractère comme
assez important; et, aussi je place les exocets à barbillons
dans la série des espèces du genre; l'une d'elles me servira
même à relier l'exocet à ventrales petites et avancées à
toutes celles que nous venons de décrire.

Je commence par la description de celui qui a été
observé près d'Otahiti par Solander pendant la grande
circumnavigation de Cook.

Ce poisson a le corps allongé, aminci en avant, comprimé en
arrière; la tête plate, la mâchoire inférieure dépassant un peu la
supérieure; la lèvre étendue en une membrane courte qui embrasse
le pourtour de la mâchoire, descend verticalement; le bord est

divisé en dix-huit à vingt franges. L'œil est de grandeur médiocre. Les dents sont fines. La pectorale atteint à peu près à la fin de la dorsale; la ventrale se porte un peu plus loin; la dorsale est haute, ses rayons, quand ils sont couchés, touchent au lobe de la caudale; celle-ci est fourchue comme à l'ordinaire.

D. 11; A. 9, etc.

Le dessus du corps est bleu; le dessous argenté; les pectorales et les ventrales sont d'un bleu assez foncé, sans aucunes taches; la dorsale a la base bleue avec une large bordure noire.

Nous devons aux recherches actives de M. Dussumier la possibilité de déterminer une des espèces de Cook restées inconnues. L'individu qu'il a donné au Cabinet du Roi est long de neuf pouces. Il l'a pris en mer à la hauteur des Séchelles.

G. Forster a laissé parmi les dessins conservés dans la bibliothèque de Banks, une figure reconnaissable de ce poisson, que l'on peut encore mieux déterminer par la description que l'on retrouve dans les manuscrits de Solander. Il y dit que les pectorales ont les deux tiers de la longueur du corps, ce qui est à peu près exact. Cette mesure prouve en même temps que l'épithète de *brachiopterus*, qu'il avait imaginé de donner à son poisson, est exagérée et presque le contraire de celle qui lui convenait. Les pêcheurs d'Otahiti lui désignaient l'espèce sous le nom d'*Etipa* ou *OEliba*.

L'Exocet de d'Orbigny.

(Exocœtus Orbignianus, nob.)

M. d'Orbigny a dessiné, en approchant des côtes d'Amérique, vers Montevideo, une espèce nouvelle et fort remarquable d'exocet à barbillon court et dilaté, par conséquent à peu près de même forme que celui de l'espèce précédente; mais je ne vois pas que ce naturaliste ait divisé cette membrane en filaments.

Ce poisson a les pectorales arrondies et de grandeur médiocre, car elles n'atteignent pas même le premier rayon de l'anale; les ventrales, insérées à la moitié du ventre, sont longues et pointues, elles touchent à la caudale : celle-ci est peu développée, et, comme dans tous les autres Exocets, son lobe inférieur est plus grand; la dorsale est pointue, triangulaire et plus haute que dans aucune autre espèce, elle a plus de deux fois la hauteur du tronc; l'anale est très-basse et rejetée un peu plus en arrière de la dorsale qu'on ne le voit ordinairement chez les Exocets. A en juger d'après le dessin, le corps me paraît grêle et allongé, la tête courte; le corps est peint en bleu ardoisé sur le dos; le ventre, bleu très-pâle, a trois taches foncées, dont deux sont placées au-devant des ventrales; les nageoires paires abdominales sont bleu pâle en dessus, blanches en dessous, avec des rayons bleus : c'est aussi la couleur des rayons des trois nageoires verticales.

Le dessin représente un poisson long de cinq pouces : c'est une des plus jolies découvertes ichthyologiques que M. d'Orbigny ait faites. Il n'a malheureusement pas rapporté l'individu dont il nous a communiqué la figure.

L'Exocet de Dussumier.

(*Exocœtus Dussumieri*, nob.)

Une troisième espèce, voisine de la précédente par la longueur de ses pectorales et de ses ventrales et par la hauteur de sa dorsale, s'en distingue,

parce que la lèvre est prolongée en un long barbillon, dont l'extrémité atteint à l'insertion de la pectorale, c'est-à-dire, que sa longueur mesure le tiers de la longueur du corps, la caudale non comprise. Cette espèce a d'ailleurs le corps plus court que

la précédente; la pectorale me paraît un peu plus pointue; les rayons
de la dorsale ne touchent pas à la caudale.

D. 13; A. 9, etc.

Le poisson, bleu sur le dos, argenté sous le ventre, a la dorsale
presque entièrement noire : on voit une grande tache de cette
couleur sur l'anale; la pectorale est bleu très-foncé; la ventrale,
blanche à la base, a la plus grande partie de son extrémité également noire : c'est aussi la couleur du barbillon; la caudale est
rousse.

L'individu est long de six pouces. M. Dussumier l'a pris
de l'autre côté du Cap, près du tropique.

L'Exocet chevelu.

(*Exocœtus comatus*, Mitchill.)

Un quatrième exocet à barbillons se distingue des deux
précédents par la longueur du cirrhe, qui atteint à l'insertion de la ventrale, c'est-à-dire qu'il a la moitié de la
longueur totale; ce tentacule, terminé en une pointe grêle,
commence par une membrane assez large.

La tête de ce poisson est courte; le front assez large; la pectorale
n'atteint pas à l'extrémité de la ventrale : celle-ci touche à la base
de la caudale; la dorsale est peu élevée; l'anale est tout à fait basse.

D. 11; A. 9, etc.

Le dos du poisson est bleu; la pectorale est noirâtre à l'extrémité; sa base est grise; je trouve plus de noir sur la ventrale, dont
le rayon externe et l'insertion des autres sont blancs; la caudale
est jaunâtre; la dorsale et l'anale sont grises.

L'exemplaire du Cabinet du Roi est long de quatre
pouces trois quarts. Il a été donné par M. le docteur Smith,
qui l'a pris sur les côtes de la Caroline du sud. C'est l'espèce

figurée par le docteur William Wood[1], qui la décrivit d'après un individu du Musée d'histoire naturelle de Baltimore. Il lui a donné le nom d'*Exocœtus appendiculatus*, parce qu'il ne croyait pas que ce poisson fût le même que celui de Mitchill, attendu que, dans l'exemplaire de cette collection, les deux côtés de la membrane qui sert de base à ce tentacule sont séparés de la partie moyenne, et que ce naturaliste les a considérés comme des barbillons particuliers. Mais la comparaison que nous avons faite du poisson donné par M. le docteur Smith, avec la figure de M. Wood et avec celle de Mitchill, ne peut nous laisser de doute sur l'identité spécifique de ces deux espèces nominales.

Cette réunion a été aussi admise par M. Dekay[2], dans sa Faune de New-York, qui a donné une figure fort élégante de l'espèce. Il colore le poisson en brun foncé sur le dos, fondu dans le blanc du ventre : les nageoires sont plus pâles et roussâtres.

L'Exocet de Nuttall.

(*Exocœtus furcatus*, Mitch.)

M. Lesueur a dédié à l'un de ses amis d'Amérique, M. Nuttall, un petit exocet à barbillon,

dont la lèvre, en se portant à droite et à gauche de la mâchoire inférieure, descend de chaque côté en un appendice qui est lui-même divisé en trois filaments, celui du milieu étant plus allongé que les deux externes ; il faut joindre à ce caractère, que le poisson a les yeux gros et saillants, le museau court ; la dorsale et l'anale

---

1. Will. Wood, *Journ. acad. sc. Phil.*, 1824, t. IV, p. 283, pl. 17, fig. 2.
2. Dekay, *Fish. of New-York*, pl. 36, fig. 115, p. 231.

larges et hautes; le lobe supérieur de la caudale peu prolongé; les pectorales grandes et les ventrales longues et larges. Les nombres sont, d'après M. Lesueur,

D. 15; A. 8, etc.

La couleur est bleue sur le dos, d'un bleuâtre argenté le long des flancs; les pectorales et les ventrales sont traversées par des bandes noires.

Ce petit poisson, long de trois à quatre pouces, avait été pris dans le golfe du Mexique. M. Lesueur[1] en a publié une description, accompagnée d'une figure très-reconnaissable, dans le Journal des sciences naturelles de Philadelphie, mais sans rechercher si des naturalistes, ses prédécesseurs, n'en avaient pas fait mention. S'il avait pris cette peine, il ne lui aurait pas été difficile de reconnaître dans son poisson l'*Ex. furcatus* de Mitchill[2], qui a, comme le sien, les pectorales et les ventrales longues et rayées, la dorsale et l'anale courtes et élevées.

L'auteur indique les deux barbillons, mais sans faire connaître avec assez de soin leur forme : il restera donc toujours à M. Lesueur le mérite d'avoir donné le premier une excellente figure de cette espèce. M. Dekay a cité, dans sa Faune de New-York, cet *Ex. furcatus,* mais seulement d'après Mitchill, et il n'en a pas donné de figure.

*L'*Exocet de George.

(*Exocœtus Georgianus,* nob.)

C'est encore à mon ami, George Dussumier, dont le nom revient avec tant de plaisir à chaque instant sous ma plume,

---

1. Lesueur, Journ. des sciences nat. de Philad., t. II, 1821, p. 10, pl. 4, fig. 1.
2. Mitch., *Phil. transact.,* t. I. *Fish. of New-York,* p. 449, pl. 5, fig. 2.

que le Muséum d'histoire naturelle doit la possession de
cette intéressante espèce.

Elle a le corps assez court; la hauteur du tronc est égale à la
longueur de la tête, et fait un peu moins du cinquième de la
longueur totale; le museau très-obtus; le front soutenu entre les
yeux; l'appendice de la mâchoire atteint seulement à la base de la
pectorale. Cette nageoire touche presque à la caudale : elle est
coupée plus carrément que la plupart de celles des autres exocets;
la ventrale est courte et attachée au premier tiers du corps; la
dorsale et l'anale sont longues, mais basses.

D. 13; A. 13, etc.

Le dessus du corps est d'un beau bleu très-vif; les flancs et le
ventre sont argentés; la pectorale est pâle près de la base, brun
foncé dans sa moitié externe, avec un bord blanc formé par l'extrémité des rayons; la dorsale et l'anale, d'un blanc jaunâtre, ont
une tache noire étendue sur les deux tiers postérieurs de leur
longueur; la caudale et les ventrales sont blanchâtres ou jaunâtres,
avec quelques vestiges de taches noirâtres; le barbillon est bleu très-
foncé.

M. Dussumier a pris trois individus de cette espèce par
5° latitude sud et 90° longitude orientale : deux furent
retirés dans un parfait état de conservation de l'estomac
d'une coryphène, l'autre tomba sur le pont du Buffon
pendant la nuit. Le plus grand n'a que quatre pouces et
un quart.

Je rapporte à cette espèce un très-petit exemplaire
d'exocet à barbillon court, un peu dilaté à l'extrémité, à
ventrales tachetées de noir et insérées sur le devant du
tronc, et qui a été rapporté par M. Eydoux, qui l'avait
pris dans l'Atlantique, non loin des côtes du Brésil.

L'individu n'a que quinze à seize lignes de long : à cause
de son extrême jeunesse, il n'est malheureusement pas

suffisamment déterminable. Cette espèce nous offre encore un autre genre d'intérêt; car, liée aux précédentes par ses formes, par la présence de son barbillon, elle est la première qui se présente avec des ventrales courtes insérées au tiers antérieur du corps; elle nous conduit par conséquent à l'espèce suivante.

L'Exocet fuyard.

(*Exocœtus evolans*, Linn.)

Nous voici arrivés à décrire l'espèce répandue dans toutes les mers, et qui est bien certainement l'*Ex. evolans* de Linné, malgré l'imperfection de sa diagnose tout à fait fautive. L'expression d'*Exocœtus abdomine tereti* ne convenant pas plus à cette espèce qu'à aucune autre du genre. Mais, comme Linné l'a établie d'après la description de Gronovius, et que celle-ci est parfaitement exacte quant à notre espèce; que la figure du second *pirabebe* de Pison[1] ne se rapporte aussi qu'à elle seule, on ne peut conserver de doute sur cette détermination.

Ce poisson a, comme toutes les espèces de ce genre, le corps trapu; la hauteur comprise six fois dans la longueur totale; celle de la tête en fait le cinquième: je remarque que les mâles ont la nuque plus large que les femelles; le dessus du crâne est large et aplati; le museau très-court; l'œil est de grandeur moyenne; la mâchoire inférieure dépasse un peu la supérieure; les dents sont d'une excessive petitesse; cependant je me suis assuré de leur existence.

Les dents pharyngiennes sont semblables à celles des autres Exocets : j'insiste sur ces caractères pour faire voir à mes lecteurs

---

1. Pison, *Hist. utr. Ind.*, p. 61.

que j'ai regardé avec soin toutes les parties qui auraient pu nous fournir quelques caractères génériques. La dorsale et l'anale sont longues et basses; la pectorale atteint à l'insertion de la caudale; la ventrale est très-courte et attachée au tiers antérieur de la longueur totale.

D. 13; A. 15; P. 15; C. 22; B. 11 et 9; V. 6.

Les écailles sont assez grandes, assez adhérentes et striées; la couleur est un beau bleu d'outre-mer sur le dos, argenté sous le ventre; les nageoires paraissent d'un bleu un peu plus foncé; il n'y a pas de taches sur les pectorales; les viscères de cette espèce, sa vessie natatoire ressemblant aussi de tout point à ceux des autres espèces.

La longueur des individus se maintient entre huit pouces et huit pouces et demi.

C'est un des Exocets dont j'ai examiné le plus grand nombre d'exemplaires. Nous en avons réunis dans le Cabinet du Roi plus de quarante individus tous entièrement semblables, mais venant des points les plus différents et les plus éloignés du globe.

Ainsi nous l'avons reçu de nos côtes de Bretagne par les soins de M. d'Orbigny. Ce naturaliste, voulant procurer à M. Cuvier le Germon (*Thynnus orcinus*), alla croiser avec les pêcheurs par le travers de l'Ile-Dieu. Il reconnut qu'un banc de ces grands scombéroïdes n'était plus éloigné d'eux, parce que l'on voyait s'élever à la surface des vagues agitées des poissons volants. Quelques années plus tard, M. Lorois, préfet du département du Morbihan, en envoya à Paris un exemplaire qui avait été pêché sur la côte du Morbihan. Le poisson s'éleva par un saut en dehors du filet, et il alla s'échouer en volant à quinze ou vingt pas du rivage. Nous avons d'autres exemplaires, rapportés de Toulon, par M. Kiener, ou de Malte, par

M. le docteur Leach : la présence de l'espèce est donc constatée dans la Méditerranée. Nous l'avons aussi obtenue de Terre-Neuve par M. Lapilaye; des Antilles, par M. Plée; de la côte de Carthagène des Indes, par M. Boussingault; de Bahia, par M. Lemesle; de Rio de Janeiro, par MM. Quoy, Gaimard, Lesson, Garnot et Eydoux.

Les naturalistes de la première expédition de l'Astrolabe nous l'ont rapportée de Porto Praya du cap Vert; M. Dussumier l'a prise, non-seulement dans différents points de l'Atlantique, qu'il n'a pas toujours indiqués, mais aussi à Ceylan, à Bourbon, sur la côte d'Arabie, à Minicoi. Nous l'avons aussi du hâvre Carteret, des environs de l'Ile-de-France, de la Nouvelle-Zélande, des côtes de la Nouvelle-Hollande et de Tongatabou.

Bien que cette espèce se montre sur nos côtes avec nos Exocets aux longues ventrales, je ne vois pas que les ichthyologistes du seizième siècle en aient fait mention. La plus ancienne figure reconnaissable que l'on puisse en citer, est celle de Pison. L'auteur systématique qui en ait le premier signalé le caractère essentiel, est Gronovius; mais sa synonymie est incorrecte : ainsi il cite 1.° Gessner, copiste de la figure originale de notre *E. Rondeletii,* 2.° Brown, qui, dans son Histoire de la Jamaïque, a composé un être imaginaire tout à fait indéterminable.

Après eux nous arrivons aux auteurs du dix-huitième siècle. Nous en trouvons un grand nombre, qui tous nous ont laissé des figures de cette espèce, mais en se trompant sur sa détermination; car, presque tous le confondaient avec l'*Ex. volitans* de Linné. Cependant Bloch revient ici heureusement aux déterminations linnéennes : son *Ex. evolans* est donc en effet notre poisson.

M. de Lacépède confond les deux exocets de Linné;
il réunit les citations de ces deux espèces, de sorte que
sa synonymie contient plusieurs erreurs; il ajoute à la figure
de Bloch la citation de la planche de John White[1], qui
appartient bien, en effet, à notre espèce : il y rapporte,
avec raison, les figures fort exactes laissées par Commerson,
et dont une a été gravée (tome v, pl. 12, fig. 2) sous le nom
d'Exocet volant.

G. Forster a aussi laissé dans ses manuscrits la représentation de cette espèce, mais toujours sous le faux nom
d'*Ex. volitans*.

Commerson et Solander ont laissé, avec leurs dessins,
de longues descriptions très-détaillées de cette espèce.

Un chirurgien de Glasgow, Thomas Brown[2], en commet-
tant aussi cette même erreur de détermination, a donné,
dans les Transactions philosophiques, une description et
une anatomie très-détaillées de cette espèce. Catesby[3] en a
aussi laissé une figure, qui a été copiée dans l'Encyclopédie
sous le nom de muge volant.

Comme, dans le texte, la troisième espèce du genre, le
Pirabebe, n'est autre encore que notre espèce; il en résulte
que l'abbé Bonnaterre trouve moyen de faire un double
emploi dans un genre qui ne contient que trois descriptions. Duhamel a aussi donné deux figures de notre exocet :
l'une, petite, mais exacte, pour faire connaître le poisson
volant qui sert de nourriture à la Dorade; l'autre, plus
grande, à laquelle le dessinateur a ajouté, par mégarde, une
seconde paire de nageoires pectorales très-petites.

---

1. John White, *New South-Wales*, pl. 52, fig. 2.
2. Th. Brown, *Phil. trans.*, vol. LXVIII, p. 790, tab. XII, 1779.
3. *Eat. car.*, tab. VIII, 1750.

C'est, à n'en pas douter, l'espèce qui nous occupe, que Clarck Abel[1] a figurée dans son Voyage en Chine, sous le nom de *Exocœtus splendens.* Il l'a crue nouvelle, parce qu'il ne pouvait déterminer l'*Ex. evolans* et le distinguer de l'*Ex. volitans.*

Nous avons vu des exemplaires de ce poisson pris sur nos côtes de Bretagne; nous ne devons donc pas nous étonner que les ichthyologistes qui ont parlé des poissons d'Angleterre, aient eu le soin de mentionner les individus qui ont paru sur les côtes de la Grande-Bretagne. Les poissons volants s'y sont montrés en effet à plusieurs reprises : ainsi, Pennant[2] figure cette espèce qui a été prise en juin 1765, à peu de distance au-dessous de Cararthan.

Donovan[3] en donne aussi une figure d'après un individu un peu plus grand que celui qui a été représenté, mais que l'auteur n'avait pas vu prendre sur les côtes; car c'est, dit-il, d'après l'autorité de Pennant qu'il introduit l'espèce dans son ouvrage.

C'est aussi d'après cette même autorité que MM. Turton, Yarell et Jennyns en font mention dans leurs Faunes ichthyologiques : la figure de M. Yarell est une copie de celle de Bloch.

---

1. Clarck Abel, *Narr. of a Journey in Chin.*, 1818, p. 4.
2. Penn., *Brit. zool.*, p. 67, 78.
3. Donovan, *Brit. fish.*, vol. II, p. 31.

LIVRE VINGTIÈME.

DE QUELQUES FAMILLES DE MALACOPTÉRYGIENS, INTERMÉDIAIRES ENTRE LES BROCHETS ET LES CLUPES.

Lorsque j'ai traité de la famille des Cyprins, j'ai établi que le caractère essentiel des cyprinoïdes, tel que nous l'entendions, M. Cuvier et moi, était d'avoir le cercle de la bouche bordé supérieurement par les intermaxillaires, mobiles, et plus ou moins protractiles, sans que les maxillaires vinssent concourir à former l'arc de l'ouverture orale, et d'avoir en même temps un canal intestinal sans cœcums. Je n'ai pas hésité, d'après ces principes, à retirer de cette famille les gonorhynques qui ont des appendices pyloriques. La présence ou l'absence de dents maxillaires n'a été pour moi qu'un caractère secondaire, parce que la nature nous montre ces organes variant à l'infini, depuis leur plus grand développement jusqu'à leur absence complète dans les autres familles de malacoptérygiens, et je pourrais même dire, en donnant à cette proposition la généralisation qu'elle doit atteindre, dans toutes les familles de la classe des poissons.

En passant aux ésoces, j'ai retrouvé d'autres espèces extrêmement voisines des cyprinoïdes, ayant comme elles un canal intestinal simple et sans cœcums, mais chez lesquelles le maxillaire commence à concourir avec l'intermaxillaire à former l'arcade supérieure de l'ouverture de la bouche : le premier de ces os s'articule derrière le second, et monte par conséquent plus ou moins haut derrière celui-là : ce maxillaire manque de dents. Ayant observé que chez les clupées les intermaxillaires se raccourcissent encore, et qu'ils ne forment plus que la partie moyenne de l'arcade dentaire complétée par les maxillaires armés de dents; que tous les poissons de ces deux familles ont de nombreux cœcums, et ayant trouvé, qu'en prenant pour caractère dominateur dans la famille des clupées, la dentelure d'un ventre caréné, armé d'une série de pièces osseuses que je décrirai; ayant aussi observé, que le caractère dominateur dans la famille des salmonoïdes porte sur la présence de l'adipeuse; parce que, si l'on ne tient pas compte de cette nageoire, il devient impossible de séparer des salmonoïdes plusieurs petites familles de malacoptérygiens assez voisins des clupéoïdes; je n'ai pas balancé à continuer les modifications que j'ai apportées aux premiers essais de classification, fruit de notre travail commun, et dont M. Cuvier a donné le prodrome dans la seconde édition de son Règne animal. Après avoir décrit les différents genres placés à la suite des clupéoïdes, et après avoir fait avec détail l'anatomie de plusieurs de leurs espèces, je me suis convaincu de nouveau que la nature reproduit ici, sous d'autres formes, ce que nous avons vu dans le grand groupe des percoïdes. Plusieurs petites familles bien déterminées, et auxquelles, je le regrette, nous n'avons pas donné de noms assez précis pour arrêter définitivement notre travail, ont dû être séparées des autres perches.

La plupart des malacoptérygiens dont je vais traiter, appartiennent à des groupes qui servent à lier toutes les autres grandes familles des Malacoptérygiens. L'on verra que les Chirocentres tiennent des Ésoces et même des Cyprins par l'absence de cœcums; mais qu'ils s'éloignent de ces deux familles pour se rapprocher des Clupées, par la connexion de leurs intermaxillaires et de leurs maxillaires. Ces deux os sont encore plus semblables à ceux des clupéoïdes dans les Alépocéphales qui ont des cœcums; mais leur ventre est arrondi et sans dentelures. Ce caractère se retrouve dans les Gonorhynques et les Chanos, qui ont une bouche sans dents, comme les Cyprins, et dont la diagnose porte sur la grandeur de la membrane branchiostège en forme de bourse. La forme comprimée du corps des Ostéoglossum et des Hyodon rappelle celle des Chirocentres; mais les deux cœcums de l'Ostéoglossum et la ressemblance des autres viscères nous conduit vers les Mormyres, en même temps que la forme de la bouche et la grandeur des sous-orbitaires cuirassant la joue, rappellent les Érythrins. Les Mormyres constituent une petite famille séparée, qui se groupe cependant à côté des Butirins; ceux-ci ont de grandes affinités avec les Élopes et les Mégalopes, qui ramènent à eux les Amia. Ces derniers montrent aussi quelles affinités existent entre eux et les érythrins. En retirant ces différentes petites familles des clupéoïdes où elles avaient été placées, ceux-ci restent alors mieux circonscrits et deviennent de véritables familles naturelles.

Le besoin de ces changements avait été senti déjà par quelques naturalistes, et celui qui avait développé avec le plus de savoir et de sagacité les raisons qui lui ont fait proposer certaines modifications à la classification des poissons, est M. Muller. J'en ai la preuve dans le beau et grand mémoire qu'il vient de publier sur la structure et les affinités des Ganoïdes; j'y trouve la confirmation de plusieurs particularités anatomiques importantes que j'ai observées de mon côté; au fur et à mesure je préparais l'ensemble du travail que je vais publier. Je ne crois pas cependant que les légers changements qu'il a faits, rendent ces familles assez nettement limitées.

J'essayerai de le prouver par les discussions dans lesquelles je suis entré à chaque article et qui ne seraient que des répétitions inutiles. Je me contenterai de faire remarquer ici que plusieurs des familles, en apparence si peu nombreuses, dont je vais présenter successivement les caractères et l'histoire, sont des types ou des représentants de ces grandes familles de poissons fossiles que M. Agassiz a su reconstruire avec tant d'habileté. Ainsi parmi les poissons fossiles tertiaires de Sheppy nous verrons reparaître des genres très-voisins des Chanos. Les Enchodus du célèbre professeur de Neufchatel prendront place auprès des Chirocentres. Nous en aurons plusieurs autres à citer auprès des Érythrins. Ces familles perdues combleront, dans beaucoup de cas, les vides qui semblent rester entre les familles des poissons actuellement vivants, de même que ces petits groupes, auparavant confondus dans des familles trop considérables, viennent rapprocher de la nature vivante les nombreuses espèces du monde ancien.

CHAPITRE PREMIER.

De la Famille et du Genre des Chirocentres, *et en particulier du* Chirocentre dorab (*Clupea Dorab,* Forsk.).

La famille ou le genre des Chirocentres ne comprend qu'une seule espèce de poisson fort commune dans la mer des Indes, mais difficile à placer dans nos méthodes ichthyologiques, parce que la diagnose caractéristique semble être le résultat d'une réunion de caractères empruntés à différentes familles de malacoptérygiens : ce sont des poissons à corps comprimé, allongé, à ventre tranchant, mais sans dentelures; dont la dorsale, reculée sur le dos de la queue, est opposée à l'anale; dont les pectorales, pointues, ont dans leur aisselle un long stylet osseux et couvert d'écailles; dont les ventrales sont excessivement petites : la gueule est armée de dents fortes et crochues; les deux mitoyennes de la mâchoire supérieure sont horizontales. Le bord de cette mâchoire est garni par de petits intermaxillaires soudés à des maxillaires dentés, qui eux-mêmes portent deux os supplémentaires; l'un est caché par le sous-orbitaire; l'autre, implanté plus bas, dépasse le maxillaire et se porte sur les côtés de l'angle de la mâchoire, exactement comme dans un grand nombre de poissons; les palatins, les deux ptérygoïdiens, la langue, l'os hyoïde, les arceaux des branchies et les pharyngiens, ont des dents très-fines et très-courtes. Le canal intestinal est formé d'un estomac en sac conique et d'un intestin court, commençant sous l'œsophage, très-peu en arrière en diaphragme, et se dirigeant sans replis ni circonvolutions jusqu'à l'anus; les plis nombreux de la

muqueuse forment à l'intérieur une longue lame, contournée
en spirale rapprochée. La vessie aérienne, longue et étroite,
communique avec l'estomac par un conduit pneumatique
de largeur médiocre; l'intérieur de cet organe est divisé
par de nombreuses cloisons ou petites lames transverses, qui
n'occupent de chaque côté que le tiers environ de la circonférence, de sorte qu'il y a en dedans, en dessus et en dessous
une bandelette longitudinale de la paroi de la vessie restant
tout à fait lisse. Nous comptons à la membrane branchiostège
huit rayons. Telle est l'exposition résumée de l'organisation
des chirocentres. En y réfléchissant, on se convainc aisément
que ce poisson, par sa forme générale, par la grandeur de
ses dents, par la simplicité de son canal intestinal, et j'ajouterai même par la position de la dorsale, a les plus grandes
affinités avec les Brochets, surtout avec le genre des Stomias.
Je n'aurais pas même hésité à l'en rapprocher, sans la structure singulière des mâchoires, qui ont, sans aucun doute,
déterminé M. Cuvier à classer le chirocentre dans la famille
des Clupes; mais je dois faire observer que ce grand naturaliste s'est exagéré l'affinité de ces poissons, en disant que
ceux du genre dont nous traitons, ont le bord de la mâchoire formé comme celui des harengs. Dans les clupes les
intermaxillaires sont placés transversalement à l'extrémité
du museau; les maxillaires se meuvent derrière ceux-ci par
une articulation tout à fait libre. Il n'en est pas de même
dans le chirocentre; les deux os dentés qui bordent la
mâchoire sont unis si intimement, qu'ils se meuvent comme
une seule pièce, on n'aperçoit leur séparation qu'après une
macération assez prolongée; l'os de l'angle est, au contraire,
mobile, d'où il résulte, qu'au premier aspect la mâchoire
ressemble bien plus à celle d'un brochet qu'à celle d'un

hareng. Il faut analyser et disséquer avec soin la structure de la mâchoire du chirocentre pour reconnaître qu'il n'appartient pas à la famille des brochets. Il s'en rapproche davantage que de celle des clupes, par la simplicité de son canal intestinal et par l'absence de dentelures au ventre. On pourrait dire que le chirocentre est aux brochets ce que le *cyprinus cultratus* et les espèces d'ables étrangers (que certains ichthyologistes réunissent avec M. Cuvier sous le nom de *Pelecus*) sont aux cyprins. En le considérant comme type d'une famille spéciale, je ne vois pas la nécessité de créer pour elle un nom particulier. Celui du seul genre qui la forme la désigne d'une manière assez nette.

Nous ne savons dans quel genre Commerson aurait placé ce poisson : Forskal en fit une clupée ; M. de Lacépède, travaillant sur les matériaux de ces deux naturalistes, emprunta à Forskal son *Clupea dorab,* en même temps que, guidé par la vue du beau dessin de Commerson, il reproduisit la même espèce sous le nom d'*Ésoce chirocentre.* M. Cuvier prit cette épithète pour en faire un nom générique; mais il oublia, dans la diagnose de son genre, plusieurs traits importants qui eussent servi à le caractériser d'une manière plus nette.

On va voir dans la description suivante, combien de particularités importantes avaient échappé à ce grand naturaliste.

Le sabre ou sabran, comme l'appelait Commerson, a le corps allongé, et très-comprimé; l'épaisseur n'est que le tiers de la hauteur, qui est comprise huit fois dans la longueur totale; le dos est arrondi, le ventre, depuis la gorge jusqu'à l'anus, devient si comprimé qu'il est même caréné ou tranchant; il n'est pas dentelé en dessous, ce qui dépend de ce que le poisson manque de cette

suite de pièces osseuses imbriquées, pliées en V, et à carène dure
et pointue, qui caractérise d'une manière si remarquable le ventre
des clupes.

La longueur de la tête y est six fois et demie; la mâchoire
inférieure a des branches assez hautes, et dépasse de beaucoup la
supérieure; celle-ci est comme tronquée à l'extrémité, et un petit
lobule charnu triangulaire , qui s'avance entre les deux dents
horizontales, est le seul rudiment de lèvre que l'on observe dans
ce poisson. La mâchoire supérieure est formée par de courts intermaxillaires triangulaires, fortement soudés à une seconde pièce
arquée, constituant le bord extérieur de l'ouverture de la bouche:
ce sont les maxillaires; ils portent au dedans un second os, entièrement recouvert par la grande pièce du sous-orbitaire; un troisième
os, articulé avec celui-ci par une suture écailleuse, et avec la pièce
dentée du maxillaire par une suture linéaire, se porte en arrière
le long des branches de la mâchoire inférieure et dépasse de beaucoup la portion dentée du maxillaire. Il y a donc ici un maxillaire
denté et deux supplémentaires; le second de ces os est mobile sur
le premier, et la réunion du maxillaire denté avec l'intermaxillaire
est telle, qu'il faut étudier cette organisation sur le squelette; car,
sur le poisson recouvert de sa peau, rien ne serait plus aisé que de
considérer l'intermaxillaire et le maxillaire denté comme un seul os
et de prendre pour maxillaire le talon mobile de cette arcade osseuse. Les dents sont non moins remarquables que les os sur lesquels elles sont implantées; la mâchoire supérieure porte dans le
milieu de chaque côté une dent conique horizontale; à la base
interne de celle-ci en est une courte, assez grosse, entièrement recouverte par le lobule labial; puis on en compte cinq petites, et dont
la dernière est un peu plus longue que les quatre précédentes : le
maxillaire porte des dents coniques et pointues, dont on peut
compter les seize premières, parce qu'elles sont écartées et distinctes;
sur le reste du bord de l'os elles deviennent tellement serrées et
tellement petites qu'on ne peut plus les énumérer. Il n'y a point
de dents sur le chevron du vomer; mais les palatins, qui sont courts
et assez épais, portent en dedans d'une petite carène saillante, une

rangée oblique de cinq à six petites dents coniques; en arrière de
celles-ci il existe, sur le premier ptérygoïdien, un petit groupe oblong
de dents fines, et il y a plusieurs rangées de très-fines scabrosités sur
la grande aile ptérygoïdienne; le sphénoïde n'en a aucune. Toutes
ces dents de la voûte palatine sont si petites, que je ne m'étonne
pas qu'elles aient échappé à l'attention des naturalistes les plus
exacts; car M. Cuvier dit positivement, dans le Règne animal, que les
chirocentres n'ont de dents, ni aux palatins ni au vomer; ce qui
n'est exact que pour ce dernier os. Les dents de la mâchoire inférieure sont remarquables par leur grandeur ; il y en a sept à huit
sur un seul rang : les deux premières sont petites, puis il en vient
une troisième, longue et en crochet, la quatrième est un peu plus
courte, la cinquième revient grande; les deux autres se raccourcissent : toutes ces dents sont triangulaires, comprimées et tran-
chantes comme des lancettes; elles rappellent évidemment les dents
des brochets, et surtout celles du stomias. La langue est recouverte
par le voile membraneux, épais et large de la mâchoire inférieure,
de sorte que, dans l'état de repos, elle entre dessous, comme dans
une sorte de gaîne; en la retirant on voit sa surface hérissée de petites
dents en cardes: il y en a aussi sur l'os hyoïde et le long des râtelures
des branchies. L'œil est tout à fait sous le haut de la joue; la conjonc-
tive qui recouvre la cornée, s'épaissit en avant et en arrière et devient
adipeuse ; mais, comme elle ne se détache pas de la cornée transparente, on ne peut pas dire ici qu'il y ait une paupière semblable à
celle que nous observons dans un grand nombre de poissons des
familles suivantes, tels que les butirins, les mégalopes, et chez plusieurs autres poissons du groupe des clupéoïdes. Le sous-orbitaire
se trouve composé de cinq pièces : le premier os, qui est au-dessous
de la narine, est petit et placé sur le bord de l'intermaxillaire et du
maxillaire réunis; le second sous-orbitaire est très-grand et forme
une pièce mince comme une écaille, qui s'appuie sur le premier
maxillaire supplémentaire. Le bord supérieur de cette seconde pièce
sous-orbitaire est étroit et concave, il s'articule avec le sous-orbitaire
précédent du côté de l'œil; l'angle est arrondi en une espèce de
petite palette, de manière que ce bord postérieur a une profonde

échancrure dans laquelle vient se placer le troisième sous-orbitaire, qui est extrêmement petit; le quatrième, au contraire, aussi mince que le second, forme une grande plaque triangulaire à bord supérieur concave, pour suivre le contour du cercle de l'orbite; il s'étend sur le haut des muscles moteurs du préopercule, et il couvre ainsi la plus grande partie du haut de la joue; au-dessus de ce quatrième sous-orbitaire il en existe un cinquième, qui s'articule avec la tubérosité postérieure du frontal. Le bord orbitaire de ces os est un peu caverneux au-dessous de l'œil; nous voyons, comme dans les carpes et les brochets, un sourcillier qui s'élargit en avant en une petite palette à peu près quadrilatère, fournissant de son angle postérieur un stylet osseux et courbe par lequel il s'attache au bord orbitaire du frontal. Le préopercule est haut et étroit, parce que le jugal et le tympanal sont ici assez larges; l'opercule est grand et mince; au-dessous de son articulation avec le mastoïdien l'on voit une profonde échancrure; puis, en dessus l'os se prolonge en une languette coupée carrément, qui va rejoindre les surtemporaux. Le sous-opercule et l'interopercule sont minces et étroits; la peau qui les réunit et qui passe par-dessus toutes ces pièces, est enduite d'un pigment argenté des plus brillant, ce qui explique la couleur de toute cette partie de la tête.

Les ouïes sont très-largement fendues, les deux branches de la mâchoire sont réunies sous l'isthme et embrassent ainsi la membrane branchiostège et les rayons, qui restent entièrement cachés; comme la membrane branchiale ne dépasse pas le sous-opercule, il n'existe pas de bord membraneux. Quant à la membrane elle-même, elle est remarquable dans ce poisson, attendu que la grosse branche hyoïdienne qui les porte, a le bord inférieur sinueux; que trois rayons branchiostèges sont attachés en avant de la sinuosité rentrante; qu'un quatrième vient s'insérer dans le fond de la sinuosité, et qu'ensuite, quatre rayons minces, comprimés, et semblables par leur forme à l'interopercule, viennent se coller les uns contre les autres; il résulte de là, que les rayons sont disposés en deux paquets, et qu'une échancrure du bord de la membrane marque cette division.

Les branchies ont des peignes assez longs; la première branchie a des râtelures prolongées; les suivantes n'en ont que de très-courtes, les pharyngiens ont des dents en cardes. On voit derrière l'opercule une assez large ceinture osseuse, formée par un surscapulaire et par un scapulaire assez grêles, et par un huméral qui descend en formant une espèce de bouclier ou de large plaque en partie écailleuse.

En dessous de la gorge, des muscles épais, logés dans la gouttière de la ceinture humérale, se réunissent en une sorte de carène allongée, qui se continue avec le bord tranchant du ventre, sous le talon de l'huméral, et très-peu en arrière de l'opercule on remarque l'insertion de la pectorale : elle se fait obliquement, de sorte que, lorsque les deux nageoires s'écartent du corps, elles deviennent horizontales, mais qu'elles peuvent se coller contre le corps, de manière à ce que leur bord vienne suivre la carène du ventre.

Dans l'aisselle de la pectorale nous voyons une longue pièce osseuse triangulaire, très-pointue, recouverte d'une peau épaisse, qui elle-même est un peu écailleuse en dessous; plusieurs écailles viennent former le bord externe d'une gouttière, à l'extrémité de laquelle s'attache une plaque osseuse et fibreuse triangulaire, mais plus courte et moins pointue que la supérieure : ces deux parties sont les analogues de ce que nous observons chez les mégalopes et les butirins. Mais dans ces poissons les appendices de la nageoire sont simplement écailleux, et n'ont pas les stylets osseux qui sont propres aux chirocentres; il n'y a d'ailleurs rien de semblable dans l'aisselle des ventrales, ou du moins, si cela existe, elle est très-réduite, à cause de l'extrême petitesse des ventrales.

On ne peut pas comparer cet os au styléal de l'appareil huméral, car celui-ci existe à sa place ordinaire; c'est un os tout particulier aux chirocentres, et une de ces infractions si fréquentes aux lois de l'unité de composition.

Le premier rayon de la pectorale est large, aplati, simple, mais articulé; les autres rayons sont branchus; la dorsale est reculée au delà de l'anus, et répond par conséquent au commencement de l'anale ou au dernier tiers du tronc, en n'y comprenant pas la caudale; elle est courte, basse; son dernier rayon est très-peu prolongé. L'anale est aussi une nageoire basse, mais allongée, et dont la base est cachée dans une rainure à lame écailleuse; la caudale est profondément fourchue, ses deux lobes me paraissent égaux.

B. 8; D. 16; A. 33; C. 35; P. 14; V. 7.

Le corps est recouvert de très-petites écailles, fort minces, caduques; la ligne latérale est très-peu marquée. La couleur du poisson, conservé dans l'eau-de-vie, est bleu sur le dos, et argenté sur tout le reste du corps; sur le poisson frais on voit une bande dorée, séparant le bleu vert d'eau de la région dorsale du blanc, légèrement bleuâtre, des flancs et du ventre : les nageoires sont grises.

Les ressemblances extérieures que nous avons saisies entre le chirocentre et le stomias, sont encore confirmées par l'examen anatomique des viscères de notre poisson. Nous lui trouvons, en effet,

un vaste estomac conique, ouvert au pharynx, et continué jusqu'au delà de la moitié de la longueur de la cavité abdominale; vers le haut de l'œsophage, ou vers le dixième antérieur de la longueur du sac stomacal, s'ouvre en dessous le pylore sans aucun appendice cœcal, et qui se continue en un intestin simple qui se rend droit à l'anus, sans faire aucun repli ni circonvolution. En ouvrant l'intestin, on trouve une muqueuse très-remarquable par les replis excessivement nombreux et rapprochés, qui forment dans toute l'étendue du canal une suite de valvules conniventes, ou plutôt une lame interne enroulée sur une spirale très-serrée; la valvule du pylore est plus saillante que les lames de la muqueuse : dans l'œsophage et l'estomac il n'y a que des rides longitudinales.

Le foie a un seul lobe comprimé, plus épais à gauche qu'à droite, creusé en gouttière en dessus pour recevoir l'œsophage et une portion du commencement de l'intestin. Je ne vois pas de vésicule du fiel, mais un grand canal cystique qui débouche un peu au-dessous du pylore.

La rate est mince et oblongue, attachée entre l'intestin et l'estomac, son extrémité antérieure étant tout près du pylore. Les organes génitaux étaient étroits et oblongs; des épiploons graisseux, assez abondants, remplissaient le bas de la cavité abdominale; la partie supérieure de cette cavité contient, comme à l'ordinaire, la vessie aérienne, qui est étroite et en fuseau très-pointu à chaque extrémité, mais qui occupe en longueur presque toute la cavité abdominale; car son extrémité antérieure répond à la troisième vertèbre, et la postérieure tout à fait aux dernières vertèbres abdominales. Cette vessie communique avec l'estomac par un conduit pneumatophore, naissant en dessous vers le milieu de sa longueur, et qui se dirige en avant pour pénétrer par un petit trou entouré de plis vers le milieu de la longueur du grand sac de l'estomac. A travers la transparence des téguments de ses parois argentées on aperçoit des lignes transversales, ayant l'air de diviser la vessie en nombreux anneaux. Ces lignes répondent à des brides, ou demi-cloisons transversales de grandeur inégale, et qui divisent la vessie en un nombre considérable de petites cellules intérieures. J'en compte une centaine au moins dans la longueur de l'individu que j'ai disséqué, et entre ces grandes brides il y en a six ou huit plus petites, adhérentes au fond de la loge. Il faut avoir bien soin de remarquer que ces cloisons sont, en quelque sorte, disposées par paires, les unes à droite et les autres à gauche; car en dessus et en dessous il y a une bandelette longitudinale dépourvue de ces brides. C'est bien certainement une des plus curieuses et des plus singulières vessies aériennes du poisson. Les reins sont des petits rubans oblongs attachés de chaque côté sur la vessie, mais qui se réunissent un peu avant l'anus en un lobe plus épais, qui embrasse l'extrémité postérieure de la vessie aérienne. J'ai trouvé dans l'estomac d'un de ces poissons une sardine qui avait été engloutie tout entière.

Si, par l'absence de cœcums et par la simplicité du canal intestinal le chirocentre s'éloigne des clupes, il est évident qu'il s'en rapproche par la structure de son crâne, quoique cependant il y ait des différences fort sensibles et fort importantes.

Sur un interpariétal très-petit, nous retrouvons une crête interpariétale assez élevée, formant sur les côtés du crâne des fosses profondes et étendues avec la crête pariétale qui est aussi très-haute. On voit sous celle-ci un trou oblong qui communique dans l'intérieur du crâne, et derrière lui une cavité assez profonde qui s'étend jusque sous les occipitaux supérieurs, mais qui ne s'ouvre pas dans la fosse cérébrale. On observe cette ouverture et cette cavité dans les clupées. L'occipital et le basilaire ressemblent aussi à ceux des clupes; on trouve de même sous le mastoïdien un rudiment de cette callosité arrondie qui répond à l'oreille des Aloses; la colonne vertébrale a aussi, par le grand nombre de ses vertèbres, de ses côtes et par leur finesse, de très-grandes ressemblances avec les clupes : ainsi, je compte soixante-douze vertèbres, dont les vingt-sept dernières sont les caudales; il y a quarante-cinq paires de côtes, longues et grêles, dont la tête donne, en s'articulant avec les vertèbres correspondantes, une assez longue et grêle apophyse horizontale dirigée en arrière; disposition qui rappelle tout à fait les côtes des harengs ou des aloses; mais dans ces genres le nombre de ces apophyses horizontales est double : on voit, en outre, des arêtes articulées sur chaque vertèbre lorsque les côtes cessent d'exister ou de porter ces apophyses.

En décrivant l'intérieur de la ceinture humérale, j'ai fait connaître ce que l'on voit de la forme extérieure de l'os de ce nom. Sur le squelette on aperçoit qu'il se prolonge en avant, et se plie en dépassant la lame mince, mais très-large et très-haute, qui forme le cubital, lequel donne une longue apophyse styloïde et forte, qui monte à la face interne de l'huméral et s'articule avec lui. Le radial n'est pas bien grand, mais il est plus épais; son trou ovale est large.

Le chirocentre est un poisson répandu dans la mer des Indes, et il y occupe un assez grand espace.

Il doit être très-commun sur la côte de Coromandel et sur celle de Malabar, à en juger par le grand nombre d'individus que MM. Sonnerat, Leschenault, Reynaud, Bélanger, et surtout M. Dussumier en ont rapporté au Jardin des plantes : ce même naturaliste s'en est procuré de beaux exemplaires de l'Ile-de-France, et MM. Lesson et Garnot l'ont pris à l'île Bourou, dans les Moluques : les Malais l'appelaient *Ikan-Dentobou.* MM. Quoy et Gaimard l'ont trouvé à la Nouvelle-Guinée ; M. Rousseau, l'un des aides-naturalistes du Muséum, l'a pêché sur la côte de Zanzibar et à Mascate ; enfin, M. Botta l'a rapporté de la mer Rouge. Moi - même j'en ai obtenu un individu en fort bon état du Musée royal de Leyde, qui l'avait reçu de Java par MM. Kuhl et Van Hasselt.

Nos plus grands individus ont deux pieds de long. Ils ne paraissent pas devenir beaucoup plus grands à l'Ile-de-France et à la côte de Coromandel, d'après les notes que M. Dussumier nous à communiquées. Mais je trouve, dans les manuscrits de M. Quoy, que le chirocentre atteint à la Nouvelle-Guinée jusqu'à douze pieds de long.

Il faut rapporter à Commerson la connaissance du chirocentre ; il en a laissé parmi ses manuscrits un beau et grand dessin à la mine de plomb, dont M. de Lacépède a fait graver une réduction, et sur lequel il a établi son espèce de l'Ésoce chirocentre.

Commerson l'appelle le *sabre* ou *sabran.* Ces noms écrits de la main de cet auteur doivent nous faire supposer qu'il l'avait observé à l'Ile-de-France : ce document étant resté inédit jusqu'à l'époque de la publication de M. de Lacépède, il en résulte que Forskal est le premier auteur qui ait publié une description exacte et détaillée de cette espèce, sous le nom de *Clupea dorab,* cette épithète, étant la dénomi-nation arabe que les pêcheurs de Mohila lui donnent ; à Djedda, suivant le même auteur, les pêcheurs l'appelaient *Lysan ;* nom qui doit être remarqué, parce que c'est celui de plusieurs scombéroïdes du genre des Chorinèmes ou des

Cybium, qui ont quelques ressemblances extérieures avec le Chirocentre. Gmelin introduisit le *clupea dorab* de Forskal, que M. de Lacépède n'hésita pas à reproduire parmi ses clupes, sans songer qu'il venait d'inscrire, sur quelques pages plus haut du même volume, le même poisson sous le nom d'Ésoce chirocentre. Nous en trouvons aussi une assez bonne représentation dans Russel[1] : il le nomme *Wahlah.* Il faut dire cependant que l'auteur a eu un individu un peu altéré, et dont l'extrémité des côtes faisait saillie le long du ventre à travers les téguments ramollis, ce qui se rapporte tout à fait à la description qu'en a donnée Forskal, mais ce qui n'a pas lieu chez les individus en bon état. Si l'on ne faisait attention à cela, on pourrait croire que le ventre est dentelé.

Nous avons aussi retrouvé une grande et belle figure de ce chirocentre parmi les dessins de poissons pêchés dans le détroit de Malacca, et qui nous ont été communiqués par le major Farquar : il l'appelle, en malais, *Ikan Parang-Parang.* L'affinité de ce nom avec celui de Parring, que Renard[2] a donné à l'une de ses figures, semblerait justifier le rapprochement que M. Cuvier a fait de celle-ci avec notre chirocentre; cependant il faut ajouter que la figure de ce *parring* ou *chnees* me paraît ressembler à notre poisson beaucoup moins que celle d'un grand nombre de ces grossières figures. M. Ruppell ne fait que mentionner cette espèce, pour justifier quelques légères inexactitudes dont il s'est aperçu chez les auteurs précédents; enfin, M. Richardson vient tout récemment de l'inscrire dans

---

1. Russel, *Corom. fish.*, n.º 199.
2. Renard, fol. 8, n.º 55.

son travail sur les poissons des mers de Chine et de l'Inde, page 311.

M. Ehrenberg, qui a fait à Massawah une très-belle peinture, qu'il a bien voulu nous communiquer, nous a appris que les Arabes l'appellent *Aasa-Macha*. M. Rousseau m'a rapporté qu'il voyait venir les chirocentres se jeter avec une grande rapidité au milieu des bandes nombreuses des sardines de la côte de Mascate, qu'ils les dispersaient en les effrayant, et qu'ils en attrapaient toujours quelques-unes, qui étaient bientôt englouties dans leur large gueule si bien armée : ils annoncent aussi leur présence en faisant de grands sauts au-dessus de l'eau. Comme ils sont très-bons à manger, les Arabes se livrent à leur pêche avec ardeur et assiduité. Ils les prennent dans de grandes seines; plusieurs pêcheurs s'entendent entre eux en se faisant des signaux mutuels, soit de la côte, soit de leurs barques, pour rapprocher avec assez de promptitude leurs filets. M. Dussumier vante aussi le bon goût de la chair de ces poissons; mais Russel dit que, quoique les Wahlahs soient très-estimés par les Indiens de la côte de Vizagapatam, ils ne paraissent jamais sur la table des Européens. Les compagnons de M. le capitaine Duperrey disent, dans leurs notes, que la chair des individus pris à Bourou, était sèche. Il ne faut pas attacher une grande importance à cette différence dans la saveur des poissons; car on sait qu'elle varie beaucoup, suivant les saisons et par les différentes natures de la côte.

CHAPITRE II.

Des ALÉPOCÉPHALES, et en particulier de l'*Alepoce-phalus rostratus*, Risso.

On doit à M. Risso, que l'Ichthyologie vient de perdre, la connaissance de ce poisson et l'établissement de ce genre très-fondé.

Il l'a établi dès 1820 dans un mémoire lu à l'Académie des sciences de Turin, et imprimé la même année dans le tome XXV du Recueil des mémoires de cette société savante.

Les caractères qu'il a assignés à ce genre, ainsi que la description de l'espèce, laissent beaucoup à désirer: il n'a présenté aucune des particularités anatomiques si curieuses de la seule espèce connue dans ce genre; et comme j'ai compté sur les deux seuls exemplaires que possède le Cabinet du Roi, les nombres des rayons des branchies, je n'hésite pas à dire que l'ichthyologiste de Nice s'est trompé en les portant à huit; il n'y en a que six. Dans la seconde édition du Règne animal, M. Cuvier a placé ce genre dans sa famille des brochets, quoique M. Risso ait cru devoir, dans son Histoire naturelle de Nice, le considérer comme appartenant à la famille des clupées. Celui-ci s'est sans doute déterminé, à cause des nombreux cœcums qu'il a fort justement indiqués dans cet ouvrage : il me paraît étonnant que l'illustre auteur du Règne animal n'ait pas tenu compte de l'indication de ce caractère, et qu'il ait placé ce poisson dans une famille à laquelle il donne dans la diagnose un canal intestinal sans appendices pyloriques.

La plupart des ichthyologistes me paraissent partager

aujourd'hui l'opinion de M. Risso. Or, je ne saurais admettre l'existence de semblables affinités : le genre des Alépocéphales est séparé de tous les autres; il forme, comme la plupart de ceux dont je traite dans ce livre, un type de famille distinct et séparé : les maxillaires et les rapports de ces os avec l'intermaxillaire sont ceux de notre brochet. Comme dans l'alépocéphale le maxillaire n'a aucunes dents, cette disposition des os de la face justifie pleinement les rapports saisis par M. Cuvier; c'est une nouvelle preuve de la sagacité de ce grand zoologiste, qui a assis son jugement sur l'inspection d'un dessin que lui a communiqué M. Risso; car il n'a jamais étudié l'alépocéphale sur la nature. Une autre affinité, qui lie encore ce poisson aux brochets, se trouve dans la position relative de la dorsale au-dessus de l'anale. Mais examinons les autres caractères, de manière à ne pas nous appuyer sur un seul exclusivement à tous les autres, et alors nous verrons que ce poisson a un canal digestif, voisin de celui des clupéoïdes, et aussi de celui des *Amia,* à cause de la valvule en spirale du rectum, ou des chirocentres, qui en ont une dans toute la longueur du canal intestinal. Ces deux derniers genres n'ont point de cœcums; l'alépocéphale s'en éloigne par la présence d'un grand nombre. L'Amia et le Chirocentre ont une vessie aérienne remarquable : l'un, par ses petites cloisons internes; l'autre, par ses nombreuses cellules. L'alépocéphale manque de cet organe. Les clupéoïdes, tels que je les entends maintenant, ont la carène du ventre dentelée, formée par une série de pièces osseuses, dont l'alépocéphale n'a pas le moindre vestige. On peut juger par ces comparaisons de l'ensemble des caractères de ce genre : un corps comprimé, arrondi sur le dos et sous

le ventre; une tête longue et sans écailles; une bouche,
formée par de petits intermaxillaires courts, dentés; l'insertion des maxillaires en arrière de ceux-ci; point de dents
sur ces os; une rangée de très-petites aux palatins et sur la
mâchoire inférieure; la dorsale reculée sur le dos de la
queue et opposée à l'anale; un estomac sans cul-de-sac;
douze appendices pyloriques; un canal intestinal long et
replié plusieurs fois sur lui-même; un rectum muni d'une
valvule en spirale; point de vessie aérienne, constituent
l'ensemble de la diagnose générique. J'hésite à parler dans
ce résumé général de la division que j'ai trouvée dans les
organes génitaux.

Nous ne connaissons qu'une espèce de ce genre, que
M. Risso a nommée

ALÉPOCÉPHALE A BEC.

(*Alepocephalus rostratus*, Risso.)

Ce poisson est remarquable par son corps trapu et court, par
la longueur relative de sa tête, et par la brièveté de la queue, au
delà des nageoires du dos et de l'anus. La longueur de la tête est
comprise trois fois et deux tiers dans la longueur totale. La hauteur
est égale à la distance du bout du museau au bord montant du
limbe du préopercule, et est contenue cinq fois et deux tiers dans
la longueur totale; l'épaisseur fait le tiers de la hauteur. L'œil est
remarquablement grand; le diamètre mesure le tiers de la tête; le
bord antérieur est éloigné du bout du museau du tiers du diamètre,
et le diamètre entier comprend jusqu'à l'extrémité postérieure du
maxillaire. L'intervalle entre les yeux est étroit, plus sur le devant
qu'en arrière; à cet endroit la distance du bord d'un orbite à celui
du côté opposé égale la moitié de l'intervalle d'une tempe; le devant
ou travers des narines, l'intervalle est la moitié de la partie mesurée
à l'arrière de l'œil, et le museau va en rétrécissant jusqu'aux mâ-

choires. Le museau est pointu. Le dessus du crâne d'un individu
conservé depuis longtemps dans l'alcool est cannelé, et quelques
carènes sur l'arrière sont rugueuses et tuberculeuses. On observe
de ces carènes sur le sous-orbitaire. La fosse triangulaire, entre les
os supérieurs du crâne, les maxillaires et l'orbite, contient les deux
ouvertures de la narine rapprochées, et dont la postérieure est très-
grande et tout près de l'œil; les sous-orbitaires sont étroits et longs.
Comme les maxillaires et les branches de la mâchoire inférieure se
prolongent assez loin, la bouche s'ouvre largement, quoiqu'il n'y
ait pas cependant une grande mobilité des os des mâchoires. Les
deux intermaxillaires forment l'arc médian de la bouche par leur
réunion; les maxillaires, le reste du bord supérieur de la bouche,
sans contribuer beaucoup à la fente de la bouche. La symphyse de
la mâchoire inférieure est assez haute, l'angulaire très-élevé, et
l'articulaire est si allongé que la branche de la mâchoire entière
mesure tout près de la longueur de la tête. Les dents sont très-fines,
sur un seul rang aux deux intermaxillaires, à la mâchoire inférieure
et sur les palatins. Les maxillaires, le vomer et la langue n'en portent
aucune. Le préopercule est mince, a l'angle arrondi, le bord montant
oblique en arrière. L'opercule est en triangle, mince, comme foliacé,
strié à sa surface. Il adhère à la tempe par un large bord, continue
avec le bord membraneux et la membrane branchiostège, qui ne se
cache pas sous l'appareil operculaire, et qui est étroite, quoique
longue, ce qui rend la fente des ouïes très-grande. Je ne trouve que
six rayons branchiostèges. Je les ai comptés sur deux individus que
j'ai sous les yeux. M. Risso dit cependant qu'il y en a huit, mais
il s'est trompé. M. Cuvier a répété ce nombre dans la seconde
édition de son Règne animal, mais d'après les Mémoires de l'Académie de Turin. Les peignes des branchies sont courts, et les
râtelures internes sont presque aussi longues. Les dents pharyngiennes sont en cardes très-fines. Le surscapulaire et le scapulaire
sont minces et striés. Le premier de ces deux os est articulé longitudinalement sur le crâne; le second fait un angle presque droit
avec celui-ci, de sorte que sa partie supérieure est visible au-dessus
de l'opercule, tandis que la portion inférieure et le reste de l'arcade

humérale, formée par les os de l'avant-bras, sont cachés sous le bord membraneux de l'appareil operculaire. La pectorale est cependant articulée en arrière de l'ouïe. Elle est petite et pointue. La ventrale est insérée au milieu de l'intervalle qui sépare le bout du museau de l'attache des rayons de la caudale. La dorsale, reculée au-dessus de l'anale, est arrondie, celle-ci est coupée plus carrément : la base de ces deux nageoires est pédiculée et comme écailleuse; la caudale est fourchue.

B. 6; D. 14; A. 8; C. 27; P. 11; V. 7.

Je compte quarante rangées d'écailles entre l'ouïe et la caudale; elles sont minces, presque membraneuses; leur surface nue n'a aucune strie. La portion radicale est un rectangle oblong; il n'y a aucun rayon pour constituer l'éventail de la base; de nombreuses stries d'accroissement concentriques à un point placé près du bord sont seules visibles. Le bord radical est droit, sans aucunes crénelures. La tête du poisson est d'un bleu indigo si foncé qu'elle paraît noire. Une teinte bleu-clair s'étend sur tout le corps, mais dans les parties dénudées et où les écailles ont été enlevées, on trouve la peau aussi foncée que celle qui recouvre la tête. Le bord des écailles seul est plus foncé. Les nageoires sont brunes, très-foncées. Dans l'alcool le bleu de la tête devient chocolat, et le corps et les écailles du corps paraissent brunes, moins foncées au centre que sur leur bord.

L'anatomie de ce poisson offre des particularités aussi notables que les parties externes : on lui trouve un œsophage assez large, continué en un estomac courbe, mais sans cul-de-sac; la portion réfléchie analogue et la branche montante a des parois charnues; le pylore est rétréci, l'intestin commence tout près du diaphragme; il s'engage le long du bord inférieur du lobe droit du foie : à cette partie on compte facilement douze longs cœcums, dont la couleur blanche tranche sur le brun chocolat de l'estomac; l'intestin qui suit fait des circonvolutions courtes et nombreuses : on le voit d'abord descendre dans le côté droit pour se plier et passer en faisant une sinuosité dans l'hypocondre gauche, là remonter jusqu'à la pointe de l'estomac, se plier et descendre dans l'anse précédente, se recourber et remonter jusqu'auprès de l'estomac, revenir dans le côté gauche, descendre, en faisant des sinuosités, jusque vers l'origine du rectum, passer de nouveau dans le côté droit, se replier, revenir par une anse courte dans le côté gauche, remonter en restant sur la ligne médiane pour se plier au-dessus du pli précédent et se dilater alors pour fournir le rectum; intestin remarquable par la lame en spirale qui descend le long de ses parois, à peu près jusqu'à la moitié de sa longueur; la valvule de Bauhin est d'une telle épaisseur et d'une telle longueur, qu'elle fait saillie dans l'intérieur du rectum comme s'il y avait une invagination intestinale; la muqueuse de l'intestin grêle est plissée longitudinalement.

Le foie de ce poisson est petit; il se compose d'un lobe placé dans l'hypocondre droit le long de l'œsophage; il est tendu, pointu et ne dépasse pas la moitié de la longueur de l'estomac.

Je vois au-dessus du canal digestif, et dans chaque hypocondre, un organe génital double, c'est-à-dire, une laitance composée de chaque côté de deux lobes tout à fait distincts; les deux supérieurs s'étendent depuis le pylore jusque vers l'origine du rectum; les deux autres aussi larges, aussi gros, occupent le reste de la cavité abdominale; les deux antérieurs communiquent ensemble par un canal déférent et comme attaché à la face interne du bord supérieur. Ce canal unique se détache de cet organe et descend entre les deux pointes de la laitance postérieure, et après l'avoir dépassée, se bifurque pour fournir un canal transversal court, mais qui se prolonge ensuite le long du bord supérieur de chaque organe, se détache de la laitance, et se rend derrière le rectum pour s'ouvrir dans le cloaque : comme j'ai insufflé ces conduits, j'ai pu les voir avec la plus grande netteté. Je n'ai pas encore rencontré, dans les poissons, une semblable disposition.

Il n'y a point de vessie natatoire, les reins sont gros et occupent toute la longueur de la cavité abdominale. Le péritoine est d'un brun chocolat foncé.

L'un de nos exemplaires est long d'un pied, l'autre n'a

que dix pouces; c'est à peu près la grandeur de celui
qui a été décrit par M. Risso. Ils viennent de Nice, d'où
ils ont été rapportés par M. Laurillard.

La première figure publiée dans les mémoires de l'Académie de Turin, est petite et très-peu caractérisée. M. Risso
en a donné une nouvelle dans la seconde édition de l'Ichthyologie de Nice : elle est meilleure, quoique la forme
des nageoires impaires ne soit pas représentée avec toute
l'exactitude désirable. M. Risso ne sait rien des habitudes
de ces poissons, si ce n'est qu'ils vivent à plus de deux mille
pieds de profondeur dans les gouffres de la côte de Nice.
Il remarque que les écailles sont très-peu adhérentes; ce
qu'il croit, un peu à tort, être un caractère de tous les
poissons de fond très-bas. Il signale aussi la grandeur des
organes de la vue; il ajoute, par inadvertance sans doute,
que leur vessie natatoire est très-vaste.

CHAPITRE III.

Des Chanos *et des* Gonorhynques.

On peut réunir dans un même chapitre et pour en former une petite famille, que j'appellerai les Lutodeires, les deux genres des Chanos et des Gonorhynques. Ils se rapprochent, en effet, par la grandeur de leur membrane branchiostège qui enveloppe le dessous du cou. Ces deux genres n'ont point de dents; leurs caractères particuliers seront les suivants.

DES CHANOS, Lacépède.

M. de Lacépède a employé comme nom d'un genre qu'il n'a connu que par les travaux de Forskal, une dénomination vulgaire, latinisée par le savant élève de Linné. La description de Forskal, courte et incomplète sur beaucoup de points, a laissé pendant longtemps les naturalistes incertains sur les rapports et sur les affinités du poisson, très-singulièrement placé dans le genre des Muges. Il était, en effet, difficile de reconnaître ce que pouvait être ce Chanos à dorsale unique, associé à des espèces qui en ont deux. Lorsque l'on n'a pas vu le poisson, il est encore plus difficile de se rendre raison de la seconde partie de la diagnose du voyageur danois : *Pinna caudæ utrinque bialata.*

Aussi, les auteurs systématiques, comme Gmelin et Bloch, ont-ils inscrit ce *Mugil chanos* sous le nom que lui avait donné Forskal; ou, si M. de Lacépède en fait un genre particulier, il le place auprès des muges, contrairement à toute affinité naturelle. Lorsque M. Cuvier écrivit la pre-

mière édition du Règne animal, il ne porta aucun jugement
sur ces nombreuses et diverses espèces décrites d'une manière vague, et sur lesquelles il ne pouvait présenter une
opinion fondée. Par cette raison le genre des Chanos ne
parut pas dans cet ouvrage; une simple note fit connaître
que le savant illustre ne pouvait pas se prononcer sur les
différentes espèces inscrites par Forskal dans le genre des
Muges. Une autorité plus ancienne avait aussi parlé d'un
poisson du même genre; car J. R. Forster en avait observé
près de l'île de Tanna, l'une des Nouvelles Hébrides; et à
cause d'une légère ressemblance de la bouche avec celle
des muges, il laissa une description manuscrite du poisson
qui fera le sujet d'un de nos articles, sous le nom de
Mugil salmoneus. Elle a été reproduite par Schneider
dans l'édition posthume de l'Ichthyologie de Bloch; non-
seulement les nombres des rayons de la membrane branchiostège, mais les autres principaux traits de l'organisation,
sont présentés avec assez d'exactitude pour qu'il soit facile,
quand on a étudié la nature, de reconnaître notre poisson
dans la description de Forster. C'est ce que ne put faire
M. Cuvier, parce qu'il n'avait pas encore vu de chanos. Il
rapporta à l'Élops la description du *Mugil salmoneus,* en
l'interprétant mal, d'après le dessin de George Forster tiré
de la bibliothèque de Banks, et dont il jugeait par un
calque un peu incertain, qu'il recevait d'Angleterre. Antérieurement à Forster les naturalistes avaient une représentation reconnaissable, quoique moins bonne, d'un de
nos chanos indiens dans le recueil de Renard[1]; celui-ci
la tirait des dessins manuscrits de l'amiral Corneille de

---

1. Renard, Poiss. d'Amb., fol. 34, n.° 184, 1754.

Vlaming[1]. Gronovius[2], qui a cité cette figure, l'a rapportée mal à propos à son *Albula conorhynchus*, qui est un de nos Butirins; il gâtait par conséquent dès l'origine l'individualité de cette espèce par une synonymie erronée. M. Ruppell, qui a vu les chanos vivants dans la mer Rouge, jugea bien ce *mugil salmoneus* de Forster, en le rapprochant du chanos de Forskal; mais comme le savant voyageur de Francfort ne se doutait pas alors qu'il existât plusieurs espèces de ce genre, il se prononça trop vite sur l'identité spécifique du poisson de la mer Rouge et de celui de l'Océan pacifique. Cet habile zoologiste reconnut aussi que le poisson observé dans les mers de Java par MM. Kuhl et Van Hasselt, et désigné par le premier de ces naturalistes sous le nom de *Lutodeira,* était du même genre que le poisson de Forskal.

M. Cuvier n'a pas profité de ce travail dans la seconde édition du Règne animal, et je dois avouer que moi-même j'ai négligé d'y donner toute l'attention que méritent les travaux zoologiques de M. Ruppell, de sorte que j'ai reproduit les erreurs du Règne animal dans les généralités de la famille des mugiloïdes. Je n'avais pas encore décrit avec détail, à l'époque où j'écrivais sur les muges, l'organisation intérieure des Chanos, et préoccupé seulement des caractères de la forme extérieure et de l'absence de dents aux mâchoires, je croyais que ce poisson prendrait rang dans la grande famille des cyprins, que je ne limitais pas avec autant de rigueur que je le fais maintenant. M. Ruppell, en reconnaissant avec netteté le *mugil chanos* de Forskal,

1. Vlaming, mss., 1715.
2. Gronovius, *Zooph.*, p. 102, n.° 327.

n'a pas voulu adopter comme nom générique celui consacré par M. de Lacépède, et il a préféré celui que M. Kuhl créait à Java, pour exprimer la grandeur et la liberté de la fente branchiale étendue au-dessous du cou et paraissant laisser cette partie de l'animal plus libre qu'elle ne l'est ordinairement dans les autres poissons. Cette liberté n'est cependant qu'apparente ; car le haut de la membrane branchiostège adhère avec la peau qui passe sur l'extrémité postérieure de l'hyoïde. Russel avait donné, peu de temps après Forskal, deux figures d'espèces de ce genre, dont l'une me paraît avoir été confondue à tort avec celle de la mer Rouge, et l'autre est certainement distincte de toutes les autres.

Les ichthyologistes verront par cet exposé que le genre dont il s'agit ici, quoique méconnu par la plupart des naturalistes systématiques, se compose d'espèces indiquées depuis longtemps dans différents ouvrages, et qu'elles n'ont été négligées que parce que ces auteurs avaient cru devoir les comparer toutes aux mugils. L'échancrure de la mâchoire supérieure et le petit tubercule de l'inférieure se rencontrent cependant fréquemment chez un grand nombre de poissons de la famille des clupées.

Les chanos ont, en effet, de l'affinité avec les clupéoïdes, mais sans leur appartenir ; ils ont comme eux de nombreux cœcums autour du pylore ; ils s'en distinguent d'une manière très-tranchée par leur abdomen arrondi, si nous ne réunissons dans la famille des clupéoïdes que les genres dont les espèces ont le ventre dentelé et caréné. En étudiant leur forme générale, en tenant compte de leurs paupières épaisses et adipeuses, de leurs maxillaires sans dents, des appendices écailleux de leurs pectorales et de leurs ventrales, on reconnaît qu'ils avoisinent les gonorhynques, et aussi les

butirins. A la base de chaque lobe d'une caudale profondément fourchue, il existe une petite lamelle écailleuse qui
se redresse horizontalement de chaque côté du corps en
ces deux petites ailes signalées par Forskal et représentées
par M. Ruppell.

Aux caractères remarquables et saillants de la rondeur
de leur ventre sans aucun os pour former une carène dentelée, ajoutons que le canal digestif, extrêmement allongé,
replié nombre de fois sur lui-même, offre, dans son œsophage, un caractère qui a échappé à tous les naturalistes
qui viennent de les étudier récemment : il consiste dans
la présence d'une lame en spirale garnissant l'intérieur de
l'œsophage et dont l'insertion se fait remarquer en dehors
par une strie visible à l'extérieur des parois de l'intestin.

L'anatomie fait aussi découvrir une curieuse vessie
aérienne double, comme celle des cyprins, communiquant
aussi avec le canal digestif. Cette particularité semblerait
justifier les premières analogies que j'avais cru devoir établir
entre les chanos et la famille des cyprinoïdes, si nous ne
voyions pas la nature reproduire cette organisation dans les
érythrins et les macrodons.

Les espèces de ce genre ont, d'après Russel et M. Dussumier, une chair délicate, ce qui les a fait nommer poissons
de lait (*Milkfish*). MM. Quoy et Gaimard, qui ont observé
une espèce de ce genre à Bourou, disent aussi que la chair
est fort bonne, tendre et savoureuse.

Les individus doivent devenir très-grands; car j'en ai vu
au Musée de Leyde des exemplaires longs de trois pieds
quatre pouces.

Il semblerait aussi, d'après une simple note que MM. Gray
et Richardson ont insérée dans le catalogue des animaux

rapportés de la Nouvelle-Zélande par Dieffenbach, que ce voyageur aurait trouvé un poisson de cette espèce. Il a été considéré comme appartenant à la famille des cyprinoïdes et nommé *Leuciscus (Ptycholepis), Salmoneus*. Ces naturalistes donnent, comme synonyme, le *Mugil salmoneus* de George Forster, d'après la figure peinte de la bibliothèque de Banks, et auquel ils ajoutent, comme une synonymie douteuse, le *Mugil lavaretoides* de Solander.

M. Lichtenstein, dans les notes dont il a enrichi la publication des descriptions de Jean Reinold Forster, fait observer que l'on ne connaît pas encore de cyprins dans le grand Océan, et que par conséquent les naturalistes anglais ont eu tort de citer ainsi le *Mugil salmoneus* de Forster. Mais cette objection perd toute sa force, puisque ces poissons sont d'une famille particulière et marine.

Je crois d'ailleurs, d'après le peu de mots que je lis dans la description de Solander, que le *mugil lavaretoides* pourrait se rapporter tout aussi bien au butirin qu'au chanos, et, si je ne me trompe sur l'étymologie et la signification que M. Richardson aura attachée au mot *ptycholepis,* je serais tenté de croire qu'il examinait les écailles d'un butirin et qu'il a comparé les rayons des écailles aux lamelles pliantes de l'éventail.

Après ces considérations générales, je vais passer à la description des espèces.

Le CHANOS ARABIQUE.

(*Chanos arabicus,* Lacépède.)

Je commence par l'espèce décrite par Forskal[1], attendu

---

1. Forsk., *Faun. arab.*, p. 74, n.° 110.

que les explorations nombreuses que l'on fait maintenant avec tant de promptitude sur la mer Rouge, la rendent une des plus faciles à se procurer. Les naturalistes peuvent aussi trouver un moyen de la reconnaître dans l'excellente figure qui en a été publiée par M. Ruppell.[1]

La forme générale du corps ressemble à celle d'un de nos ables; on peut la comparer par exemple à nos gardons.

La queue, assez haute et courte, rend l'ensemble du corps un peu trapu : la hauteur du tronc, mesurée au devant de la dorsale, égale la longueur de la tête et est comprise quatre fois dans la distance du bout du museau à l'origine de la caudale; celle-ci prend le quart de la longueur totale.

L'œil est couvert d'une espèce de paupière adipeuse très-épaisse; son diamètre mesure à peu près le tiers de la longueur de la joue. Un assez grand sous-orbitaire, composé au moins de cinq pièces, cerne le cercle inférieur de l'orbite. Je trouve ensuite, sur les côtés de la joue, un préopercule arrondi, un opercule convexe et formant une sorte de grande pièce trapézoïdale dont le bord postérieur est arqué; un sous-opercule en parallélogramme rectangulaire et allongé, borde et agrandit la surface operculaire; l'interopercule est étroit et oblong. Près de l'œil, et presque sur le front, sont les deux ouvertures de la narine; l'antérieure est très-petite, la postérieure est beaucoup plus visible. La bouche est fendue transversalement et à l'extrémité du museau comme celle des muges; le bord supérieur est formé des deux intermaxillaires, laissant entre eux une échancrure assez marquée, au point de leur réunion, puis les deux maxillaires complètent le bord de la bouche. Les branches de la mâchoire inférieure courtes, mais hautes vers l'angle, constituent, vers la partie moyenne, deux espèces de petites palettes horizontales, au point de jonction desquelles se relève un petit tubercule correspondant à l'échancrure de la mâchoire supérieure : on ne voit à la

---

1. Ruppell, *Reise im nördl. Afr.*, p. 18, tab. V, fig. 1.

bouche aucune espèce de dents. Elle rappelle sous tous les rapports la mâchoire des muges. Il n'y a pas non plus de dents, soit au palais, soit aux pharyngiens. L'isthme de la gorge est très-large.

La membrane branchiostège qui s'y attache, comme dans les Butirins ou les Gonorhynques, est ici fort épaisse : elle forme une espèce de grande bourse qui embrasse en dessous tout l'appareil branchial ; mais qui laisse en arrière, le long des bords de l'opercule, une assez grande fente verticale. Les rayons branchiostèges sont larges, aplatis, et semblent placés à côté l'un de l'autre dans l'épaisseur de la membrane, mais sans se recouvrir mutuellement. Je compte quatre rayons branchiostèges.

Toute la ceinture humérale se trouve aussi cachée par la membrane branchiostège ou par le bord membraneux de l'opercule, qui se continue avec elle. La pectorale, qui s'insère tout près du bord de l'opercule, est étroite et pointue : un appendice écailleux et trèspointu existe dans son aisselle, comme nous le verrons dans le gonorhynque. Les ventrales, insérées vers le milieu de la longueur du corps, la caudale non comprise, sont aussi petites et pointues ; cependant le bord libre de la nageoire est coupé en croissant, parce que les rayons internes s'allongent un peu : il y a dans leur aisselle un très-long appendice écailleux, et un second en dessous, plus large, moins libre et moins pointu, forme une sorte de petit bassin triangulaire et écailleux, composé de deux pièces semblables attachées entre les deux nageoires. La dorsale répond à peu près aux ventrales, cependant elle les dépasse un peu : la base est garnie de chaque côté de lames écailleuses, formant une espèce de coulisse, dans laquelle les rayons de la nageoire peuvent se cacher quand ils sont abaissés, les dernières écailles se détachent du tronc et s'élèvent le long du dernier rayon, qui est un peu prolongé. Il résulte de cette disposition et de l'allongement des rayons antérieurs, que le bord de la nageoire est profondément échancré ou concave. L'anale est courte, presque entièrement écailleuse. La caudale est très - profondément fourchue, car les rayons mitoyens dépassent à peine les écailles du corps. A la base de chacun de ces lobes il existe une petite lamelle cornée, qui s'applique ou se redresse horizontalement sur les rayons de la nageoire ; les écailles qui s'avancent sur eux couvrent aussi un peu l'insertion de cette petite lame : il y a donc quatre lamelles disposées par paires de chaque côté de la queue. Forskal les avait déjà remarquées.

B. 4; D. 13; A. 10; C. 31; P. 15; V. 11.

La couleur est bleuâtre sur le dos, tout le reste du corps est brillant de reflets argentés et irisés très-vifs; les écailles sont de grandeur médiocre, striées longitudinalement à leur surface libre; la portion radicale n'offre que de très-fines stries concentriques : je ne vois pas même de rayons à l'éventail. Nous en comptons soixante-quinze rangées entre l'ouïe et la caudale.

La splanchnologie de ce poisson est curieuse à étudier; elle offre plusieurs particularités notables: en ouvrant l'abdomen, on est surtout frappé des replis nombreux de l'intestin. Pour les suivre, on détache un peu le mésentère, et après on trouve un peu vers la gauche de l'abdomen un œsophage à parois épaisses et charnues qui descend d'abord droit dans une longueur de quatorze lignes. On voit à l'extérieur des stries obliques et nombreuses qui correspondent à l'insertion d'une lame en spirale qui flotte dans l'intérieur. Je compte vingt tours de spire à cette valvule; les bords sont ciliés ou frangés de papilles libres dans l'intérieur de l'intestin; c'est une membrane spirale singulière, dont je n'ai vu aucun exemple dans l'économie des poissons; il ne faut pas la comparer à la valvule en spirale du gros intestin des raies ou des squales, car la simple inspection anatomique montre qu'elle n'est pas attachée de la même manière. Cet œsophage se dilate un peu en un canal cylindrique à parois plus minces que l'on peut considérer comme l'estomac. Il commence par se porter d'abord en travers pour gagner le côté droit, remonte vers le diaphragme en faisant quelques ondulations, puis redescend brusquement pour dépasser toujours en s'ondulant plus ou moins le premier pli de l'estomac; il se porte de nouveau vers le côté droit, ses parois s'épaississent et l'on trouve alors le pylore entouré d'une vingtaine au moins d'appendices cœcales souvent bifides, quelquefois même trifides. L'intestin remonte dans le côté droit en passant au-dessus du foie jusqu'auprès du diaphragme ; il redescend ensuite, repasse dans le côté gauche, dépasse le pylore, qui répond à peu près au tiers de la longueur de la cavité abdominale, l'intestin se replie ensuite et descend vers l'anus sans augmenter beaucoup de diamètre ; dans toute son étendue il fait de fréquentes ondulations qui expliquent comment il acquiert une longueur si considérable ; elle n'est pas moins de huit fois de la longueur totale.

Le foie est très-petit, réduit à un seul lobe triangulaire et fort pointu, ayant une vésicule du fiel à parois blanches, fibreuses et solides, dont le canal cholédoque est assez long, puisqu'il va s'insérer en arrière auprès du pylore. La rate est grosse et remplit l'anse formée par le premier pli de l'estomac contre l'œsophage. Les organes génitaux étaient tellement vides que je ne puis rien en dire. Ces viscères étaient enfermés dans une cavité tapissée d'un péritoine mince et noir : un large repli de cette membrane sépare au-dessus une grande et curieuse vessie aérienne : ses parois sont des membranes excessivement minces. Elle est d'ailleurs divisée en deux parties par un étranglement tubulaire long de quelques lignes, l'antérieure ne mesure que le tiers de la seconde. Celle-ci est bilobée en avant ; chaque lobe est assez pointu et il est logé dans une cavité conique formée par un repli fibreux du péritoine ; cette cavité est séparée de sa voisine par une cloison épaisse : elle s'avance jusque sous la base du crâne, de manière à s'étendre sous cette partie de la tête jusqu'auprès du chevron formé par la réunion des branchies supérieures ; mais j'ai plusieurs fois insufflé les lobes et je me suis assuré qu'ils ne sont point percés, et que la vessie ne peut avoir aucune communication avec quelque partie que ce soit de l'oreille. Le reste de l'extrémité postérieure de cette première vessie est arrondi. La seconde, plus étroite, se termine en une pointe conique vers l'anus. Elle donne de sa partie antérieure et inférieure un canal grêle qui va s'ouvrir dans l'estomac vers son premier pli. Les reins sont épais, d'un parenchyme noirâtre et paraissent réunis en un seul lobe ; le péritoine, qui les enveloppe, est blanc, fibreux et devient par conséquent plus épais entre eux et la vessie aérienne.

Je regrette de n'avoir pas pu faire l'ostéologie d'un poisson aussi curieux. Nous en avons de beaux individus longs de treize pouces, qui nous ont été apportés de la mer Rouge par M. Botta.

Forskal l'a observé à Djeddah, où les Arabes le lui ont donné sous le nom de *Anged,* dénomination qui signifie raisin ou vin. Il est à remarquer que le nom grec de Chanos (χάνος), ou turc de *Chani,* employé pour épithète spécifique, est celui de la variété *B,* qui différait par la seule grandeur de l'*Anged.* Je crains qu'il n'y ait eu, dans les manuscrits de Forskal, quelque confusion, dont son éditeur, Niebuhr, n'aura pas pu se rendre raison ; car le nom de *Chani* est celui de la plupart de nos percoïdes de la Méditerranée.

M. Ruppell a inscrit notre poisson sous le nom de *Lutodeira chanos* avec des synonymes tirés de Forster, de Russel ou de Van Hasselt, qui se rapportent à d'autres espèces : il en a observé des individus à Mohilah ou à Djeddah qui avaient jusqu'à deux pieds et demi de longueur : il a écrit pour nom arabe *Anged.* M. Ehrenberg a aussi, de son côté, observé le Chanos à Djeddah, il nous en a communiqué un fort élégant dessin, et c'est lui qui m'a fait voir à Berlin les premiers chanos de la mer Rouge. Il en a donné un exemplaire au Cabinet du Roi. Je les ai reconnus de suite pour être du genre des *lutodeira* de Kuhl que j'avais observés, quelques années auparavant, au Musée de Leyde.

Le CHANOS A MENTON NOIR.

(*Chanos mento*, nob.)

Nous avons reçu de l'Ile-de-France cinq exemplaires d'un Chanos,

qui a le corps un peu plus raccourci et un peu plus haut que celui de la mer Rouge : la tête semblerait être un peu moins longue : ce sont d'ailleurs les mêmes nombres de rayons aux nageoires, les mêmes écailles, d'où il résulte que les espèces sont extrêmement voisines.

D. 13; A. 10, etc.

La couleur est un peu plus plombée; les nageoires sont plus brunes; et il y a une tache noire assez large sous la mâchoire inférieure. Je l'observe sur tous les cinq individus, ce qui me montre la constance de ce caractère et les différences avec l'espèce précédente. Je trouve en outre des distinctions anatomiques plus appréciables; car le foie est quadrilatère : l'intestin est beaucoup moins long, ses ondulations sont moins fréquentes, les cœcums paraissent plus courts : les épiploons de cette espèce contenaient une grande masse de graisse.

Nos exemplaires ont six pouces de long; ils ont été envoyés par M. Julien Desjardins.

Le CHANOS A NAGEOIRES VERTES.

(*Chanos chloropterus*, nob.)

C'est auprès de cette espèce qu'il faut placer celle dont Russel nous a laissé une bonne description et une figure caractérisée. Il mettait avec doute ce poisson dans les cyprins : il lui donne

un corps lancéolé, comprimé, couvert de petites écailles arrondies, ciliées et adhérentes; une tête ovale, nue, à museau court, obtus, à bouche petite, à lèvres simples, à mâchoires sans dents et échan-

crées; le palais et la langue sont lisses; la dorsale est falciforme;
les pectorales, insérées au bas de la poitrine, sont pointues; l'anale
est très-petite, coupée en croissant comme la dorsale; la caudale
est profondément fourchue.

B. 4; D. 15; A. 9; C. 24; P. 15; V. 11.

La couleur de la tête et celle des nageoires est un vert jaunâtre;
les opercules et le tronc sont dorés.

Ce poisson, long de neuf pouces, se nomme *Tooleloo*.
Russel l'a reçu de Madepolam, où on le connaît sous le
nom de Muge des montagnes. On ne le trouve que dans
la partie de la rivière où les eaux sont tout à fait douces;
on ne le prend jamais dans l'eau saumâtre, ni par conséquent
dans la mer. Cette observation se rapporte à celle faite aux
Séchelles sur une autre espèce donnée par M. Dussumier.
Les chanos sont donc des poissons habitant à la fois les
eaux douces et marines. Celui-ci passe pour avoir une chair
excellente, mais trop remplie d'arêtes. Russel remarque
d'ailleurs que la couleur a pu être altérée par l'action de
l'esprit de vin dans lequel on avait conservé l'individu sujet
de sa description. Il observe déjà qu'il se distingue du
caractère générique des cyprins par la présence de ses quatre
rayons branchiostèges.

Le Chanos nuchal.

(Chanos nuchalis, nob.)

Russel donne aussi la figure d'un autre grand Chanos,
qui me paraît se distinguer de tous les précédents par les
grandes écailles qui couvrent sa nuque :

elles sont disposées par lignes obliques et on en compte huit à neuf
rangées : elles ne descendent pas au-dessous de la ligne latérale, puis
viennent les écailles des flancs du dos et du ventre, imbriquées et

rangées comme dans tous les autres poissons. Le corps est d'ailleurs lancéolé, comprimé et brillant; la tête, plus étroite que le tronc, est conique et nue; la bouche est petite, à lèvres minces, à mâchoire supérieure échancrée, avec une carène ou un tubercule correspondant sur l'inférieure; les membranes branchiales réunies sous la gorge, soutenues par quatre rayons; les pectorales et les ventrales ont de longues écailles pointues dans leur aisselle; la dorsale et l'anale sont coupées en croissant; la caudale est profondément fourchue.

B. 4; D. 14; A. 9; C. 28; P. 16; V. 11.

La couleur du dessus de la tête est verte, celle de la face et des opercules est nacrée; le dos changeant en vert foncé glacé de bleu; la dorsale et la caudale sont de la même couleur que le dos; les autres nageoires sont blanchâtres : tout le dessous du corps est blanc et nacré.

L'individu décrit par Russel avait dix-huit pouces. Les naturels le nomment *Palah Bontah*. On sert ce poisson fréquemment sur les tables des Anglais établis à Vizagapatam sous le nom de *Milk-Mullet*, quoique le docteur Russel le regarde comme infiniment inférieur pour le goût, au muge ordinaire de ces contrées. M. Ruppell a cru que ces Palah Bontah sont de la même espèce que les Chanos de la mer Rouge.

Le CHANOS ORIENTAL.

(*Chanos orientalis, Lutodeira orientalis*, Kuhl).

M. Temminck a bien voulu donner pour le Cabinet du Roi un des exemplaires de l'espèce du *Lutodeira orientalis*, envoyée au Musée de Leyde par MM. Kuhl et Van Hasselt. L'espèce se distingue de celle de la mer Rouge,

parce qu'elle a le crâne un peu plus large et un peu plus creux entre les yeux; que le corps est aussi un peu plus ovale; les écailles me paraissent plus petites et plus lisses. Les nombres sont :

D. 15; A. 10, etc.

L'individu est long d'un pied; je pense qu'il faut rapporter à cette espèce la figure de l'amiral Corneille de Vlamming, publiée sous le nom de *Dramdram* ou *Bantam*. Le dos est bleu verdâtre; le ventre jaunâtre, ainsi que les nageoires. Nous voyons cette figure reproduite dans Renard[1]. Nous avons déjà dit que Gronovius l'avait citée mal à propos sous son *Albula conorhynchus*.

Le Chanos cyprinelle.

(*Chanos cyprinella*, nob.)

Nous avons reçu des îles Sandwich une espèce voisine de la précédente; elle s'en distingue

parce que son corps est plus élevé, la hauteur n'étant que quatre fois et quelque chose dans la longueur totale; la tête paraît un peu plus courte; le dessus du crâne est aussi large et aussi concave; les écailles, un peu plus grandes, sont plus profondément striées.

D. 15; A. 10, etc.

La couleur est un argenté opalin, brillant comme de superbes perles.

Ce poisson a tout à fait la forme d'un de nos gardons. Il a été pris par M. Eydoux au port d'Onorourou pendant l'expédition de la Bonite. L'individu est long de quatorze pouces.

---

1. Ren. fol. 34, n.° 184.

Le CHANOS LUBINE.

(*Chanos lubina*, nob.)

Une nouvelle espèce, beaucoup plus distincte de la première que la seconde, a été rapportée des environs de l'île Bourou par MM. Quoy et Gaimard lors de la première expédition de l'Astrolabe.

Elle est surtout reconnaissable à la largeur de la tête : elle a d'ailleurs le corps trapu et semblable à celui de l'espèce de l'Ile-de-France. Après avoir signalé cette différence remarquable de la largeur du crâne, j'en trouve quelques-unes dans la forme des nageoires, mais elles sont moins sensibles. La dorsale me paraît plus pointue; elle est plus basse de l'arrière et son dernier rayon n'est pas prolongé; l'anale est plus longue, un peu plus haute, sa carène écailleuse plus arrondie; l'écaille inférieure de l'aisselle de la pectorale est plus large et plus pointue. Les nombres des rayons des nageoires sont différents.

D. 19; A. 15; C. 30; P. 15; V. 11.

Les écailles sont plus petites et surtout à la région pectorale j'en compte environ quatre-vingt-dix dans la longueur. La couleur est argentée et à reflets plombés.

Des différences anatomiques concourent avec les distinctions externes :

ainsi, l'estomac est beaucoup plus long, très-étroit; la branche pylorique, plus grêle, mais beaucoup plus longue, est entourée de cœcums plus longs et plus nombreux. Il me paraît au contraire que la lame spirale de l'œsophage fait moins de tours, car je n'en trouve que treize. Les replis de l'intestin sont aussi multipliés; le diamètre du canal digestif est d'ailleurs plus étroit; le foie pointu de l'arrière est large et presque quadrilatère en avant. La rate est beaucoup plus grosse.

M. Quoy, qui a observé ce poisson à Bourou, en a vu

des individus de deux pieds de long : celui qu'il a rapporté,
et qui a servi à cette description, n'a pas tout à fait quinze
pouces. Cette espèce est commune à Bourou : la chair du
poisson est blanche, délicate et de bon goût.

Depuis les recherches de ces naturalistes, M. Dussumier
a trouvé notre poisson aux Séchelles et à l'Ile-de-France ;
on l'y nomme dans les deux endroits *Lubine ;* on le prend
à l'embouchure des rivières et dans les mares d'eau saumâtre. Les pêcheurs des Séchelles prétendent même qu'il
ne quitte jamais les eaux douces. M. Dussumier en a vu des
individus longs de deux pieds. La couleur, quand ils étaient
frais, était verdâtre sur le dos et sur les deux nageoires,
dorsale et caudale.

Le Chanos salmoné.

(*Chanos salmoneus,* nob.; *Mugil salmoneus,* Forst.)

Il faut certainement distinguer des espèces précédentes
le poisson décrit par Forster, attendu que, d'après le dessin,
le corps me paraît plus allongé et la tête plus courte que dans toutes
les autres espèces ; c'est d'ailleurs aussi ce que me paraissent confirmer les paroles de Forster. Il dit de son poisson : que le corps est
oblong, couvert d'écailles rhomboïdales de grandeur médiocre, peu
adhérentes (*facile deciduæ*), que la tête est petite, un peu pointue,
triangulaire, et sans écailles ; ce qu'il ajoute sur le museau, les
mâchoires, leur échancrure, les lèvres et la paupière adipeuse, etc.,
convient à toutes les espèces de ce genre. Il décrit aussi d'une manière
très-nette la membrane branchiostège, qui apparaît sous la gorge
avec ses quatre rayons (*membrana branchiostega quadriradiata,
apparens, gularis*). Les nombres sont un peu différents des espèces
précédentes.

B. 4; D. 15; A. 8; C. 28; P. 16; V. 10.

La couleur est un argenté brillant avec le dos bleu.

Forster prit ce poisson sur les bords de l'île de Tanna pendant la traversée, entre la Nouvelle-Calédonie et Norfolk; les individus étaient assez nombreux pour qu'on puisse les pêcher au filet, et ils cherchaient à s'évader, comme nos muges, par des sauts répétés et fréquents.

DES GONORHYNQUES (*Gonorhynchus*, Gronovius).

On doit à Gronovius l'établissement du genre curieux et singulier dont nous possédons maintenant deux espèces. Le célèbre naturaliste hollandais, n'ayant eu à sa disposition qu'un individu desséché, n'a pu en observer les caractères avec autant de soin qu'il l'aurait lui-même désiré : la figure publiée dans le Zoophylacion offre plusieurs inexactitudes; et entre autres, le dessinateur n'a pas vu l'appendice attaché sous le bout du museau conique. Gmelin eut la malheureuse idée d'introduire ce poisson dans le *Systema naturæ,* en le plaçant parmi les cyprins sous le nom de *Cyprinus gonorhynchus.* Bloch, dans son édition posthume, ne changea rien aux erreurs de Gmelin; il donna, tab. 78, fig. 1, une assez mauvaise copie de la figure peu exacte du Zoophylacion. Schneider fit observer que cette espèce ne lui paraissait pas bien placée parmi les cyprins, et qu'il la croyait appartenir plutôt au genre des Pœcilies, tel qu'il pouvait le concevoir d'après les matériaux fournis par le mauvais compilateur dont ce célèbre savant éditait l'ouvrage.

M. Cuvier a rétabli, dès la première édition du Règne animal, l'existence du genre Gonorhynque, d'après l'examen d'un petit individu qu'il ne disséqua pas. Se fondant uni-

quement sur l'absence de dents aux deux mâchoires, il en
fit un genre de la famille des Cyprins. Si cet illustre zoologiste avait étudié avec plus d'attention les intestins de ce
poisson, il aurait vu les cœcums assez nombreux qui entourent le pylore, et alors il l'eût placé, sans aucun doute,
dans une autre famille de ses malacoptérygiens. Un autre
caractère aurait dû aussi l'empêcher de mettre les Gonorhynques parmi les cyprinoïdes : en effet, le maxillaire
concourt avec les intermaxillaires à former le bord supérieur
de la bouche.

Depuis la mort de M. Cuvier, les collections ichthyologiques du Jardin du Roi ont reçu deux nouveaux gonorhynques; l'un, de l'espèce du Cap, l'autre, d'une espèce différente et originaire de la Nouvelle-Zélande.

Lorsque l'anatomie de ces poissons m'a fait connaître la
présence des cœcums, je n'ai pas hésité à retirer les gonorhynques du groupe des Cyprins; et à cause de l'absence
de leurs dents, de la grandeur de la membrane branchiostège, des appendices écailleux des nageoires paires et de
leur forme générale, je ne doute pas de leurs affinités avec
les Chanos et avec les Butirins.

Les Gonorhynques ont la tête conique, terminée par un
museau avancé au delà de la bouche et soutenu par un
ethmoïde prolongé en avant, ainsi que cela a lieu dans les
Mormyres et les Butirins. La dorsale est insérée au-dessus
des ventrales, un peu avant l'anale : sous ce rapport les
Gonorhynques sembleraient se rapprocher des Cyprins;
mais les Butirins, qui ont la dorsale encore plus avancée,
peuvent très-bien retenir auprès d'eux les espèces du genre
dont nous traitons maintenant. En général, on doit très-
aisément conclure de cette discussion, que les genres dont

nous nous occupons sont de ceux qui ne peuvent entrer, ni dans la famille des Cyprins, ni dans celle des Brochets, ni dans celle des Clupes, quoique quelques-uns de leurs caractères avoisinent séparément ceux des trois familles que je viens de citer.

Le caractère des Gonorhynques consiste dans la forme allongée de leur corps, couvert d'écailles depuis l'extrémité du museau jusque sur les nageoires impaires; la tête est prolongée en un museau conique, pointu, au-dessous duquel pend un barbillon charnu; la bouche, petite, ouverte en dessous, est garnie de lèvres épaisses, comme membraneuses, et ciliées : on peut croire qu'elle est destinée à sucer; les mâchoires, et toute la surface du palais, n'ont aucunes dents : il y en a de petites, rondes et en pavés à chaque pharyngien. La membrane branchiostège, formant sous la gorge un isthme très-large, ne laisse le long de l'opercule qu'une petite fente verticale pour l'ouverture des ouïes : elle est soutenue par quatre rayons branchiostèges, je les ai comptés plusieurs fois. La dorsale est reculée sur le dos et au-dessus des ventrales; l'anale est petite, un long appendice écailleux se montre dans l'aisselle de la pectorale et de la ventrale; les écailles sont très-petites, rudes au toucher, parce qu'elles sont hérissées chacune de neuf petites épines cornées. J'ai compté neuf appendices cœcales au pylore; ils sont, comme tout le canal digestif, d'une couleur noire foncée très-remarquable : il n'y a pas de vessie aérienne.

Tels sont les caractères génériques d'un genre de poissons établi, avec raison, dès 1763 par Gronovius; mais que lui et ses successeurs ne firent pas bien connaître, à cause du mauvais état de conservation des individus soumis à leur

examen. Tout récemment, un des plus habiles ichthyologistes de notre époque, M. Richardson, qui a été chargé de
publier les matériaux des observations et des collections
ichthyologiques faites à bord des vaisseaux de S. M. britannique, l'*Erebus* et le *Terror*, sous les ordres du célèbre
capitaine sir James Clark Ross, vient de donner, dans la
septième livraison de cet ouvrage, la description et la figure
de l'espèce de la Nouvelle-Zélande, mais sans y reconnaître
le genre dont il s'agit ici. Cet ichthyologiste, croyant qu'il
devait faire entrer ces poissons parmi les Cyprins, les considéra comme d'un genre nouveau, qu'il nomma *Rynchœna*,
à cause de la saillie du museau. Ce nom ne sera point
conservé; mais j'ai eu soin de garder la dédicace qu'il a faite
de l'espèce de la Nouvelle-Zélande à Son Excellence le
capitaine George Grey, gouverneur de l'Australie occidentale, et qui a mérité la reconnaissance des naturalistes, à
cause des facilités d'exploration qu'il leur a fournies dans
ces pays.

Il faut toutefois faire remarquer que Forster, ce savant
naturaliste de la célèbre expédition de Cook, avait connu
le gonorhynque de la Nouvelle-Zélande au détroit de la
princesse Charlotte; il en a laissé un dessin, auquel ne
se rapporte cependant aucune description dans ses manuscrits.

Le Gonorhynque de Gronovius.

(*Gonorhynchus Gronovii*, nob.)

est un poisson

à corps cylindrique et allongé, un peu comprimé vers la queue
au delà de l'anale. L'épaisseur est égale à la hauteur du tronc et
comprise quatorze fois dans la longueur totale : la tête est étroite
et conique; elle est longue, et n'est contenue que cinq fois dans la

distance entre le bout du museau et la base de la caudale, ou cinq fois et demie dans la longueur totale. Elle a le museau très-pointu, on peut le considérer comme le sommet d'une pyramide à quatre pans, car les arêtes qui les séparent, quoique mousses et arrondies, sont cependant très-visibles, et les quatre côtés de la tête, à peu près égaux, sont légèrement convexes. L'œil est placé sur le haut de la joue, de manière à ce que le cercle de l'orbite touche à la ligne du profil plutôt qu'il ne l'entame; le diamètre est compris cinq fois dans la longueur de la tête, et il y a deux diamètres entre le bout du museau et le bord de l'orbite. L'extrémité de la lèvre supérieure répond à la moitié de la longueur de cet intervalle : cette bouche est petite, fendue en dessous : le bord supérieur est formé dans la partie mitoyenne par de très-courts intermaxillaires et sur les côtés par le talon des maxillaires. La mâchoire inférieure a des branches assez longues : l'articulation répond au milieu de l'œil; la lèvre supérieure est assez épaisse et ses bords sont frangés; l'inférieure est beaucoup plus large, bilobée, et sa surface est couverte de papilles assez fortes : il n'y a d'ailleurs aucunes dents, soit aux mâchoires, soit au palais, soit à la langue. Toute la muqueuse de l'intérieur de la bouche est très-fine, d'une couleur brune assez prononcée : cette muqueuse est d'ailleurs très-remarquable par les larges replis membraneux que l'on voit flotter sur sa surface au-devant des pharyngiens. Je trouve aussi au chevron du vomer un long appendice, en forme de tentacule, flottant dans l'intérieur de la bouche. Les pharyngiens supérieurs se montrent comme deux petites plaques elliptiques qui se dessinent d'une manière tranchée par leur couleur jaunâtre sur le fond rembruni du palais. Ces pharyngiens sont garnis de petites dents rondes et grenues, serrées les unes contre les autres. Tout près de l'extrémité du museau il y a un barbillon conique dont la pointe atteint au bord de la lèvre supérieure. Sur les côtés du museau et entre l'insertion du barbillon et l'ouverture de la bouche, on trouve les deux ouvertures rapprochées de la narine; l'antérieure est une fente longitudinale et l'inférieure est un simple petit trou rond. Sous la peau très-épaisse et écailleuse qui recouvre toute la tête on ne peut apercevoir ni le sous-orbitaire, ni les pièces de l'appareil operculaire : la fente des ouïes est petite et verticale. En dessous, l'isthme de la gorge est assez large et la membrane branchiostège est épaisse et écailleuse. On y trouve, avec l'aide du scalpel, quatre rayons grêles. Je me suis assuré plusieurs fois de ce nombre sur les différents exemplaires de l'espèce du Cap et sur celui de la Nouvelle-Zélande. J'ai répété ces vérifications, parce que Gronovius, puis M. Cuvier, qui n'a peut-être fait que le copier, et tout récemment M. le docteur Richardson, n'en ont compté que trois. Les branchies ont leurs peignes courts et serrés; les deux externes sont plus petits et reculés vers le fond de la gorge. Il faut un peu d'attention pour s'assurer de l'existence des quatre feuillets; les râtelures sont si courtes, que c'est à peine s'il y en existe. La pectorale est étroite et pointue; on trouve dans son aisselle un appendice écailleux assez long, car il égale presque la moitié de la longueur de la nageoire. Les ventrales sont reculées vers les deux tiers du corps; elles sont un peu plus courtes que les pectorales, et elles ont, comme celles-ci, un appendice écailleux qui a la même longueur proportionnelle; la dorsale répond aux nageoires abdominales. L'anale est au milieu de l'intervalle entre les ventrales et l'extrémité de la queue, la caudale est légèrement échancrée.

B. 4; D. 11; A. 10; C. 19; P. 11; V. 9.

Ces nombres s'accordent à peu près avec ceux de Gronovius. Nous sommes très-sûrs de l'exactitude de ceux que nous indiquons. Les écailles sont excessivement petites et très-nombreuses, car nous en comptons cent quatre-vingts rangées entre l'ouïe et la caudale; mais, comme nous l'avons déjà dit, il y en a jusque sur le bout du museau, et il y en a aussi sur la base des rayons des nageoires paires; ces écailles sont âpres et rudes au toucher. Une d'elles, isolée, se montre oblongue; le sommet de l'éventail est très-rapproché du bord libre et par conséquent très-excentrique, et je compte dix rayons très-longs à l'éventail. Vue à un fort grossissement, on aperçoit sur la base de la portion libre neuf épines assez grosses, une impaire sur la ligne mitoyenne et quatre de chaque côté, qui vont en décroissant à mesure qu'elles s'approchent du bord.

La ligne latérale est fine, mais bien marquée et va, comme à l'ordinaire, de l'angle supérieur de l'ouïe à l'extrémité, par le milieu du tronçon de la queue. La couleur est un brun roussâtre, plus foncé au-dessus de la ligne latérale et devenant argenté au-dessous. Je vois une tache noire sur la dorsale, l'anale, les deux lobes de la caudale et sur les ventrales; mais il n'y en a point de traces sur les pectorales.

La couleur noire de la muqueuse de la bouche se continue d'une manière très-remarquable dans toute la longueur du canal digestif; ainsi l'estomac, sa branche montante, les neuf appendices cœcales et tout l'intestin sont d'un noir profond. Des neuf cœcums, l'externe et l'interne sont beaucoup plus longs que les mitoyens. L'intestin se rend droit à l'anus sans aucune circonvolution. Le foie est cylindrique, réduit à un seul lobe dans le côté droit; les organes génitaux sont très-courts, car ils dépassent à peine la pointe de l'estomac; leurs conduits excréteurs sont donc très-prolongés. Il n'y a point de vessie natatoire. Le péritoine est très-mince, rosé, avec des reflets argentés. En soulevant la peau de la joue, j'ai trouvé un préopercule assez large, arrondi; un opercule uni à un sous-opercule membraneux et formant aussi une assez large pièce mince comme une écaille; l'interopercule est allongé, arqué, mince : on doit faire attention, en comptant les quatre rayons branchiostèges, de ne pas le confondre avec eux. Je n'ai pas d'ailleurs de squelette de cette espèce, mais je compte qu'il y a au moins quarante-quatre vertèbres abdominales.

Le Cabinet du Roi possède trois exemplaires de cette espèce : l'un d'eux vient positivement de la rade du cap de Bonne-Espérance; car il y a été pêché par feu M. Delalande. Cet individu, bien conservé, est long de huit pouces. Un autre, plus petit, car il n'a guère que quatre pouces et demi, est en moins bon état. Il a été acheté en Hollande par M. Cuvier, qui l'a donné à la collection du Muséum d'histoire naturelle. Enfin, le troisième, long de sept pouces, a été déposé au Muséum par M. Nivoy, à son retour de l'île Bourbon. Il y a tout lieu de présumer que ces deux derniers exemplaires viennent aussi du Cap.

Il n'y a pas à douter que ce ne soit ici le Gonorhynque de Gronovius, à cause de la longueur du museau, et aussi à cause de son origine. Nous avons donc dû commencer par décrire la première et la plus ancienne espèce connue de ce genre, puisque la suivante, dont nous allons parler, n'a été observée par Forster que dans l'expédition de 1769.

Le GONORHYNQUE DE GREY.

(*Gonorhynchus Greyi*; *Rynchœna Greyi*, Richards.)

En avançant vers le pôle austral, nous trouvons une seconde espèce de ce genre.

La forme générale du corps est la même, la hauteur n'est cependant contenue que treize fois dans la longueur totale. Ce gonorhynque est donc un peu plus trapu. La tête est plus courte, car elle est cinq fois et deux tiers dans la longueur totale du poisson. L'œil est plus grand, il n'est compris que quatre fois et quelque chose dans la longueur de la tête; le museau est plus court. Les nageoires paires, et surtout les pectorales, sont plus longues. A l'exception des nombres des rayons de l'anale, ceux des autres nageoires sont les mêmes que dans l'espèce précédente.

B. 4; D. 11; A. 8; C. 19; P. 11; V. 9.

Je compte à peu près le même nombre de rangées d'écailles entre l'ouïe et la caudale : il y en a cent quatre-vingt-dix, et les écailles étudiées isolément se montrent tout à fait semblables. Ses couleurs sont aussi les mêmes sur le corps et sur les nageoires; la pectorale seule offre une différence, sa face interne est tout à fait noire.

L'individu est long d'un pied : il a été rapporté de la Nouvelle-Zélande par les officiers de santé de la marine de service pendant l'expédition de M. le contre - amiral Dumont d'Urville. L'espèce est donc très-voisine de la précédente; on ne doit pas cependant hésiter à la distinguer, à cause des différences de proportions faciles à observer.

Elle vient d'être représentée avec beaucoup d'exactitude, et décrite avec non moins de soins par M. le docteur Richardson, quoique nous différions de lui en quelques points : ainsi, cet habile zoologiste ne compte que trois rayons à la membrane branchiostège; il dit qu'il y a environ cinq appendices cœcales : il laisse en doute l'existence de la vessie natatoire; mais, malgré ces petites différences, il est impossible de douter de l'identité de son *Rynchœna Greyi*, qui n'est certainement autre qu'une seconde espèce du genre de Gronovius.

Les individus ont la même taille que le nôtre : ils viennent de l'Australie occidentale, et ont été pris au Port-Nicholson du détroit de Cook à la Nouvelle-Zélande.

CHAPITRE IV.

De la famille et du genre des MORMYRES (*Mormyrus*, Linn.).

La lecture de différents passages des œuvres de Linné, me fait croire que ce grand naturaliste a eu connaissance des poissons dont il a fait le genre Mormyre, par les recherches de son élève, Fréderic Hasselquist : celui-ci publia, dans son Voyage en Palestine, une description très-détaillée de l'une des espèces de mormyres à museau allongé, confondue avec d'autres plus tard sous le nom de *Mormyrus oxyrhynchus.* Dans cette description, si détaillée et si exacte à tant d'égards, le voyageur parle de l'opercule comme étant composé d'une seule feuille irrégulière, terminée en dessous par un bord membraneux. Il mentionne aussi la membrane branchiostège nue, adhérente d'un côté à l'isthme de la gorge, et de l'autre au bord de l'opercule, et il la dit soutenue par un seul rayon : voilà ce que Hasselquist nous apprenait en 1757.

Mais ce voyageur avait probablement recueilli des notes sur deux autres espèces, qu'il avait communiquées à son célèbre maître, en lui envoyant peut-être aussi les poissons en nature : ces mormyres ont paru dans la dixième édition du *Systema naturæ* en 1758 sous le nom de *Morm. cyprinoides* et *Morm. anguilloides.* En les publiant, Linné commit plusieurs fautes; car en plaçant les Mormyres dans ses *branchiostegi,* il les considéra comme des poissons privés d'opercules, faute que le texte positif d'Hasselquist aurait dû lui éviter; secondement, il confondit avec une espèce, dont la dorsale n'a que vingt-six rayons, le Caschive

d'Hasselquist, qui en a quatre-vingts. Linné ajouta encore
à ces inexactitudes, dans le prodrome du second volume
de la description du Musée du prince Adolphe-Fréderic.
Il refusa, dans cet ouvrage, à ces deux Mormyres toute
espèce de membrane branchiostège.

Dans la douzième édition, l'illustre auteur du *Systema
naturæ* retira les Mormyres du groupe de ses poissons
branchiostèges, pour les placer parmi les abdominaux à côté
des clupées. Tout en continuant à méconnaître leur opercule, il leur accorde une membrane branchiostège soutenue
par un seul rayon. Ces erreurs de Linné restèrent longtemps
en ichthyologie : ainsi on les voit reproduites dans le
Tableau élémentaire du Règne animal de Cuvier et dans
l'Histoire naturelle des poissons de Lacépède. Ce n'est
qu'après le retour de l'expédition d'Égypte que M. Geoffroy
Saint-Hilaire rapporta un nombre assez considérable de
mormyres pour qu'il pût s'assurer par la dissection, et de la
composition de l'opercule, semblable à celui des autres
poissons, et du nombre des rayons de la membrane branchiostège, et qu'il fit représenter ces organes dans les
grandes et belles planches de l'ouvrage d'Égypte.

Sept à huit ans après Hasselquist, Forskal observait des
mormyres dans le Nil; mais on n'a de lui qu'une simple
note, qui se rapporte certainement à l'un des oxyrhynques,
et sans aucune observation tendant à relever les erreurs
de Linné.

Un peu avant M. Geoffroy, Sonnini avait visité l'Égypte.
On trouve dans son ouvrage deux figures assez mauvaises,
cependant reconnaissables de deux mormyres; mais dans
son texte aucune observation pour rétablir ce que Linné
avait laissé d'incomplet sur ces poissons. C'est donc à M.

Geoffroy d'abord, et ensuite aux publications de M. Cuvier, dans la première édition du Règne animal, que l'on doit l'expression vraie des caractères de ces poissons. L'on verra cependant dans la suite de cette monographie que, si M. Geoffroy a contribué à en rétablir les caractères génériques, il n'a pas déterminé avec une critique assez judicieuse les espèces qu'il aurait pu trouver au moins indiquées d'une manière reconnaissable dans les travaux de ses prédécesseurs. Ces observations s'appliquent aussi à la publication que M. Isidore Geoffroy Saint-Hilaire a faite des riches matériaux que lui confiait son père, et qui étaient encore augmentés de ceux accumulés dans la collection du Muséum d'histoire naturelle. Depuis que l'ichthyologie a fixé d'une manière plus spéciale l'attention des voyageurs et des naturalistes, des hommes instruits et zélés ont rapporté en Europe une assez grande quantité de mormyres. M. Ruppell, entre autres, a commencé à les étudier avec soin.

Il me paraît résulter de toutes ces recherches et de celles que je viens de faire, que les espèces de mormyres sont peut-être encore plus nombreuses dans le Nil et dans les autres fleuves de l'Afrique, que nous ne le croyons aujourd'hui; mais il en sera d'elles comme des différentes sortes de cyprins. Elles seront très-difficiles à distinguer les unes des autres; elles se fondront entre elles par des nuances si difficiles à apprécier, que, pour les déterminer, il faudra toujours un travail attentif et minutieux.

Lorsque dans le genre des Ables, parmi les cyprinoïdes, on est parvenu à reconnaître les caractères, en apparence légers et de petite valeur, assignés à chacun d'eux dans l'ordre de la nature, on ne tarde pas à reconnaître que cette haute et infinie puissance a cependant tout combiné pour maintenir ces espèces en éloignant, soit l'époque du frai, soit en limitant le séjour des petits après leur naissance, et en leur donnant à tous une très-grande activité de développement pendant les premiers temps de leur vie. Les voyageurs qui étudieront les mormyres, découvriront, sans aucun doute, des caractères de détail semblables, mais que nous sommes dans l'impossibilité d'énumérer aujourd'hui.

Nous pourrons encore faire un autre rapprochement entre les mormyres et les différentes espèces d'ables : malgré que je sois en dissentiment avec plusieurs ichthyologistes distingués de l'Europe, je n'ai pas hésité à considérer les ables comme un genre unique, depuis les Brèmes jusqu'au *Cyprinus cultratus*. On pourrait aussi subdiviser les mormyres, si on les étudiait avec les idées de ces savants naturalistes. En effet, rien ne paraîtrait plus naturel et plus nécessaire que de séparer génériquement le *Mormyrus oxyrhynchus* du *Mormyrus bane*. J'avoue que cela a été une des grandes préoccupations de mon esprit pendant que je faisais ce travail; mais la difficulté consiste à trouver des caractères distinctifs. Nous voyons bien, en effet, plusieurs espèces de la forme des oxyrhynques remarquables par la dorsale étendue sur toute la longueur du dos et par le prolongement de son museau, que je me garderai toujours de comparer à celui des mammifères fourmiliers, malgré l'autorité des noms illustres qui ont pensé à faire cette comparaison. Si on en faisait un genre opposé à celui du Bané et des espèces voisines, qui ont toutes la bouche aussi reculée en arrière, que les oxyrhynques l'ont projetée en avant, on ne pourrait trouver de caractère générique que dans ces différences de forme. Entre ces deux extrêmes la nature reproduit tant de combinaisons diverses avec les mêmes éléments, que l'on ne saurait où placer les espèces intermédiaires : ainsi, nous voyons à côté des oxyrhynques à longue dorsale le mormyre d'Hasselquist conserver sa dorsale étendue sur tout le dos, en prenant un museau qui se grossit et se raccourcit un peu. Cette structure de la tête se conserve dans le *morm. anguilloides,* dont la dorsale se raccourcit. Cette espèce nous conduit aux variétés de forme du *morm. cyprinoides,* et celle-ci nous amène vers le *morm. bane.* L'étude ostéologique du crâne de ces divers mormyres ne peut que confirmer dans cette opinion.

Cet article était entièrement composé, lorsque j'ai eu connaissance du travail de M. Muller, sur la classe des poissons, dans son beau mémoire sur les ganoïdes. Il sépare les mormyres en deux genres : 1.° les mormyres proprement dits, dans lequel il place le *morm. cyprinoides,* le *morm. oxyrhynchus,* le *morm. dorsalis* et le *morm. longipinnis,* et qu'il caractérise par une rangée de dents comprimées et échancrées, tandis qu'il sépare, sous le nom de MORMYROPS, les *morm. anguilloides* et *morm. labiatus,* qui ont les dents coniques. L'on verra que ces deux formes de dents se retrouvent à côté l'une de l'autre sur les mâchoires d'un même individu. Je suis entré dans ce détail pour prouver à mes lecteurs que je me suis adressé la question de la division du genre des Mormyres, et que l'étude des espèces m'a démontré l'impossibilité d'y arriver.

Il résulte donc de ces observations que les espèces de mormyres, malgré la variété de leur forme, ne constituent qu'un seul et même genre, dont les caractères sont les suivants : un corps plus ou moins allongé, couvert d'écailles oblongues, qui méritent une attention toute particulière; elles sont en général plus petites sur le dos et sur la poitrine

que sur la queue; la tête entière, c'est-à-dire, non-seulement
tous les os du crâne et de la face, mais encore les opercules
et la membrane branchiostège, enveloppée dans une peau
épaisse muqueuse sans aucunes écailles et criblée d'un
nombre considérable de cryptes et de pores; une bouche
petite, percée le plus souvent à l'extrémité du museau, mais
quelquefois en dessous; les deux intermaxillaires réunis en
une arcade commune, à pédicule fort court, se mouvant
par un mouvement de bascule dans l'échancrure de l'ethmoïde; une mâchoire inférieure à branches assez longues,
mais presque entièrement cachées sous l'épaisseur de la
peau; les intermaxillaires et la mâchoire inférieure portant
des dents; les maxillaires, peu mobiles, entièrement retirés
sous la peau et tout à fait lisses : d'ailleurs la bouche, malgré
sa petitesse, est assez bien armée, car les dents ont la couronne comprimée et échancrée et elles sont sur un seul rang;
une plaque oblongue de dents pointues sur l'os lingual,
correspondante à une autre plaque de même forme attachée
le long du vomer; les palatins et les pharyngiens n'en ont
d'aucune espèce; la langue est assez longue, charnue sur le
devant, creusée en gouttière : c'est un des genres de poissons
qui me paraît avoir la langue la plus libre. La peau, très-
épaisse, étendue sur la tête et sur toutes ses parties, ne
laisse derrière l'opercule et au-dessus de la pectorale qu'une
fente linéaire presque verticale, peu longue, pour la sortie
de l'eau qui a traversé les quatre feuillets branchiaux,
absolument semblables à ceux des autres poissons. En
soulevant cette peau on trouve un appareil operculaire
composé comme celui des autres malacoptérygiens, c'est-
à-dire, qu'un opercule et un préopercule assez grand cache
un interopercule et un sous-opercule, petit et adhérent au

bord interne : l'épaisseur de la langue est probablement cause de la largeur de l'isthme de la gorge. La membrane branchiostège, confondue, comme cela a lieu dans tous les poissons à isthme large, avec la peau de la gorge, est soutenue par six rayons, dont les quatre premiers sont grêles et styloïdes, et les deux externes sont plus larges et comprimés en une lame un peu courbe, qui suit le contour de l'opercule. A ces caractères extérieurs nous ajouterons, que le canal alimentaire se compose d'un estomac court et globuleux, d'un intestin peu replié; qu'auprès du pylore il y a, du côté gauche, deux appendices cœcales; que le foie, réduit à une seule masse, située en travers au-dessous de l'œsophage, est mince et échancré du côté gauche, tandis qu'il est épais et presque quadrilatère au côté droit; la vésicule du fiel est petite et globuleuse au-dessus et vers la pointe de l'estomac, et entre elle et les appendices cœcales, j'ai vu très-distinctement dans le *morm. caschive,* une rate oblongue; mais je n'en ai vu qu'une seule. Les organes génitaux sont allongés et occupent presque toute la longueur de la partie supérieure de la cavité abdominale; ils sont pairs, comme dans tous les autres poissons; mais il m'a paru que le plus souvent l'organe du côté gauche se développe et grossit beaucoup plus que celui de droite; au-dessus du repli d'un péritoine très-mince, on trouve une longue vessie natatoire pointue aux deux extrémités, et qui communique avec le canal digestif par un petit conduit pneumatique étroit et court, ouvert dans le haut de l'œsophage. Les reins sont oblongs et étendus tout le long des vertèbres abdominales.

Tous les mormyres sont remarquables par l'extrême abondance de graisse qui remplit leurs épiploons; il y en a quelquefois une telle quantité, qu'à l'ouverture de l'abdomen on n'aperçoit rien autre chose.

J'ai essayé l'injection des artères de ces mormyres; je n'ai rien trouvé de remarquable dans la disposition de ces vaisseaux, aucune anomalie qui puisse m'expliquer ce que M. de Lacépède aurait extrait des notes envoyées d'Égypte relatives à un vaisseau sanguin régnant de chaque côté de la colonne vertébrale, renfermé entre deux muscles rouges et dont les contractions produiraient des pulsations dans le vaisseau sanguin. Il n'y a rien chez ces poissons qui m'ait paru différent de ce qu'on observe généralement, quant à la couleur des muscles de la ligne latérale.

En comparant l'ensemble de ces caractères à ceux des genres qui composent la famille des brochets, il n'est pas difficile de se convaincre que les mormyres constituent un genre qui ne peut entrer dans cette famille telle que nous l'avons considérée; la forme de leur crâne et la présence de leurs cœcums les en éloignent certainement. Ces organes sembleraient devoir les rapprocher de la famille des clupées; mais comme ils n'ont pas de dents aux maxillaires, ils ne peuvent non plus appartenir à ce groupe. Les plaques de dents observées par moi sur le vomer, et avant moi sur la langue, m'ont fait sentir l'affinité qui existe entre les mormyres que M. Cuvier laissait en dehors de ses clupéoïdes, et les butirins que cet illustre zoologiste y plaçait, quoique ceux-ci n'aient pas de dents aux maxillaires : cette affinité reconnue, j'ai dû compléter ce que l'auteur du Règne animal avait déjà indiqué dans son ouvrage, en disant qu'il plaçait à la suite de la famille des ésoces un genre qui en diffère peu, et qui donnera lieu probablement à une famille particulière. En plaçant les Mormyres dans un groupe distinct et voisin des Butirins, on reconnaîtra que je ne suis pas ici copiste des naturalistes qui ont fait une famille sous le nom de *Mormyridæ*, ou une sous-famille sous celui de *Mormyrii*, qui se trouve placée, par des affinités que je suis inhabile à saisir, entre les Échénéis et les Épinoches. M. Muller, dans ses Essais sur la classification des poissons, les établit entre les cyprinodons, qui ne sont pour moi que des cyprins, et les ésoces. Je ne fais aucune observation sur le rang que cet habile anatomiste leur assigne; car ils sont bien dans le voisinage de leur affinité naturelle. Ce sont des physostomes abdominaux, puisqu'ils ont une vessie natatoire pourvue d'un canal aérien.

J'ai dit plus haut, que les espèces de mormyres étaient probablement plus abondantes dans le Nil que les descriptions des naturalistes ne sembleraient le faire croire. Nous savons maintenant que ce genre se trouve représenté par des espèces distinctes dans les grands fleuves de l'Afrique; nous en connaissons dans le Sénégal et dans la rivière Zaïre au Congo. Nous n'avons encore aucun exemple que les espèces de ce genre africain aient été observées dans d'autres parties du monde. Tous les voyageurs s'accordent à regarder leur chair comme délicate.

M. Geoffroy, qui a étudié avec beaucoup d'attention ces poissons, dit qu'ils se tiennent dans le fond du fleuve sur les fonds rocailleux; ce qui rend leur pêche au filet assez difficile : il ajoute qu'ils sont nocturnes et très-craintifs; ce n'est donc qu'avec grande peine que l'industrie de l'homme parvient à les attirer et à s'en emparer, et sans le prix assez élevé auquel ils se vendent en Égypte à cause de l'excellent goût de leur chair, personne, dit-il, ne voudrait se livrer à une pêche qui donne toujours de faibles résultats et qui exige à la fois beaucoup de précaution, d'adresse et de patience. M. Geoffroy assure qu'elle est faite au moyen de lignes armées de plusieurs hameçons amorcés avec des vers. Cette sorte de pêche paraît assez singulière; car on ne peut nier, que la petitesse de la bouche des mormyres et la forme de leurs dents, ne semblent s'opposer à mordre à l'hameçon; la pêche d'ailleurs est si peu profitable, que douze pêcheurs ne prennent communément dans une nuit qu'une trentaine d'individus.

Le nom de *Mormyrus,* que Linné a assigné à ce genre, n'est certainement pas celui sous lequel les anciens désignaient ces poissons, bien qu'il soit incontestable qu'ils aient connu ces poissons du Nil. Ce que l'on retrouve dans Oppien ou dans Ovide, montre que le *mormyrus* était un poisson de mer, peint de couleurs assez variées.[1]

Après ces observations prélimimaires, passons à la description détaillée des nombreuses espèces que j'ai sous les yeux.

Le MORMYRE CASCHIVE.

(*Mormyrus caschive,* Hasselq.)

Je commence la description des nombreuses espèces de mormyres par celle qui a été décrite la première par Hasselquist. Ce savant élève de Linné en a laissé une description détaillée sous le nom de *Caschive* : ce mot arabe est celui que les pêcheurs du Nil donnent à presque toutes les espèces.

Ce poisson a le corps comprimé, plus aminci vers le dos que près du ventre, qui est un peu arrondi; l'épaisseur fait un peu moins du tiers de la plus grande hauteur du tronc, qu'il faut

---

1. Voy. Cuv. et Val., Hist. nat. des poiss., t. VI, p. 200.

mesurer sous l'insertion du premier rayon de la dorsale. Cette hauteur est du quart de la longueur du corps, sans y comprendre la caudale. La ligne du profil supérieur descend par une courbe régulière et convexe depuis la dorsale jusqu'à l'extrémité du museau; il n'y a pas, sur le front et au-devant de l'œil, de dépression appréciable. A partir de la dorsale, la ligne du profil se porte vers l'extrémité du corps par une courbure convexe, très-peu sensible; une légère sinuosité concave marque la queue; la ligne se redresse au delà, en suivant le bord de la caudale. La ligne du profil inférieur est légèrement convexe sous la mâchoire inférieure; elle s'abaisse au delà de la tête pour devenir concave jusqu'à l'anale, où cette ligne se redresse très-légèrement jusqu'à la caudale. Le museau est, par suite de cette disposition, incliné vers le bas; il forme une sorte de bec arrondi, un peu moins prolongé que dans les espèces suivantes; la lèvre inférieure dépasse un peu la supérieure. L'œil est petit, sur le haut de la joue, mais étant encore loin d'entamer la ligne du profil; car il y a encore au-dessus du bord de l'orbite une fois le diamètre de l'œil.

Je compte au moins sept de ces diamètres dans la longueur de la joue. Le bord postérieur de l'orbite répond à la moitié de cette longueur; au-devant de l'œil, à peu près à un diamètre de distance, se trouvent les narines; les deux ouvertures sont fort petites; l'antérieure est au-dessus de la postérieure, qui est en même temps reculée un peu obliquement. Le front et la nuque sont convexes; la plus grande largeur entre les deux tempes surpasse de très-peu l'épaisseur du tronc. Sous la peau, épaisse et sans écailles, qui recouvre toute la tête, on n'aperçoit point de sous-orbitaire; mais on peut suivre le bord du préopercule et l'os du nez. Le dessous de la gorge ou l'isthme branchial est assez large, arrondi, mais tellement épais et uni à la peau, qui passe sur les opercules, que l'on ne peut distinguer la membrane branchiostège confondue avec les autres téguments généraux, et que l'on ne voit rien de rayons. Ces organes, ainsi que tout ce qui dépend de l'appareil operculaire, ne peuvent être vus et décrits qu'après une dissection. Quant à la fente de l'ouïe, elle est linéaire et en partie cachée sur le poisson frais par le bord membraneux de l'opercule.

La bouche est très-petite, parce que l'ouverture est bordée supérieurement par de très-petits intermaxillaires, seuls dentés ; les maxillaires, cachés dans l'épaisseur du museau, sont sur les côtés de la joue et près de l'angle de la commissure ; ces os ne portent aucunes dents. La peau embrasse aussi les branches de la mâchoire inférieure, de manière à les cacher et à rendre l'ouverture de la bouche fort étroite ; mais les branches s'articulent sur le préopercule à la hauteur de la narine ; elles sont, par conséquent, assez longues pour que la bouche fût large et bien fendue, sans l'obstacle de la peau adipeuse qui les embrasse. La lèvre, et surtout l'inférieure, est assez épaisse. Les dents sont petites, peu nombreuses, mobiles sur la mâchoire ; ces dents, comprimées, ont la couronne entaillée, de sorte que chaque dent porte deux petites pointes latérales : c'est la structure que nous avons déjà observée dans plusieurs autres poissons, et entre autres, dans le *Sparus crenidens*, un des poissons les plus abondants à Suez. Les palatins n'ont aucunes dents ; le vomer seul en porte un groupe, disposé sur une bandelette ovoïde, étroite et pointue en avant, se terminant un peu en pointe en arrière et n'occupant guère que la moitié de la longueur du palais. L'os lingual en porte aussi une bandelette plus étroite, et les dents me paraissent un peu plus pointues ; elle répond à la plaque vomérienne. La muqueuse, qui recouvre toutes les parties, est garnie de nombreuses papilles ; elle s'étend jusque sur les pharyngiens, entièrement édentés. La langue est assez libre en avant, charnue, creusée en gouttière et semblable à celle de plusieurs oiseaux palmipèdes. La ceinture humérale, entièrement cachée par le bord membraneux de l'opercule et par la peau qui passe au-dessus d'elle, ne se voit pas non plus assez à l'extérieur pour être décrite sans le secours du scalpel. La pectorale qui y est attachée s'écarte horizontalement de chaque côté du corps ; l'aisselle est grande et sans écailles. Cette nageoire, d'ailleurs, peu pointue, est comprise huit fois dans la longueur totale ; les ventrales sont attachées en avant de la moitié du corps ; elles sont petites : la dorsale commence au tiers de la longueur totale, et son étendue fait la moitié de cette même longueur ; elle est basse et diminue très-peu à ses derniers rayons; l'anale, qui est courte, trapézoïdale, commence à la moitié de l'intervalle, entre le bord du préopercule et l'extrémité de la caudale.

B. 6; D. 85; A. 19; C. 33; P. 14; V. 6.

Le corps est couvert de petites écailles très-fortement enfoncées dans la peau. Nous en comptons cent soixante à cent soixantedix rangées entre l'ouïe et la caudale.

La ligne latérale est assez fine, un peu concave; elle commence sur le haut du scapulaire et se rend à la caudale en suivant un tracé un peu concave.

La couleur des poissons conservés dans l'eau-de-vie, est roussâtre sur le dos et argenté sous le ventre. D'après Hasselquist, on doit dire que le poisson frais a le dos glauque et le ventre d'une couleur de chair pâle. Le sommet de sa tête est d'une belle couleur dorée. Suivant M. Geoffroy, la base des nageoires est rouge.

L'examen des viscères de ce poisson m'a montré un foie peu volumineux, composé d'un grand lobe plié sur lui-même, embrassant, comme à l'ordinaire, l'œsophage et même l'estomac dans sa gouttière supérieure. La portion gauche du foie est étroite et donne en arrière, et de sa partie supérieure, une pointe trièdre qui recouvre l'extrémité de la vessie natatoire. Vers le bas, le foie se porte un peu au-dessous de l'estomac, de manière à former une grande échancrure entre la pointe supérieure dont je viens de parler et le bord inférieur de l'estomac, et dans laquelle nous verrons tout à l'heure le pylore et ses dépendances. Le foie, dans l'hypocondre droit, est beaucoup plus large et recouvre presque en entier l'estomac. Ce viscère est arrondi et petit; sa pointe se porte peu au delà du foie et n'atteint guère qu'un quart de la longueur de la cavité abdominale. Deux gros faisceaux musculaires, revêtus d'une aponévrose, assez semblable par son épaisseur à un petit ligament, vont s'insérer sur la seconde ou la troisième vertèbre, et donnent un puissant soutien à l'estomac. Le pylore est vers le haut et du côté gauche. On trouve au commencement de l'intestin deux appendices cœcales, réunies par un épiploon grais seux, très-épais, qui les recouvre presque entièrement. Ces deux cœcums sont droits et se portent au delà de l'estomac. L'intestin, placé au-dessus des deux appendices, descend le long de la vessie natatoire, sans atteindre tout à fait la moitié de la longueur de la cavité abdominale; là il se plie de manière à s'appuyer sur les parois inférieures, et à former une anse dans laquelle sont arrêtées les deux extrémités des cœcums. Avant d'avoir atteint l'estomac, l'intestin se plie de nouveau pour descendre droit jusqu'à l'anus. La rate est étroite, assez longue, repliée sur elle-même autour du second pli de l'intestin, et placée entre lui et l'estomac. Dans l'individu que j'ai disséqué, j'ai trouvé l'ovaire du côté gauche formant un tube assez long, rempli de très-petits œufs. Cette portion de l'organe génital était très-facile à observer; mais je ne puis mettre en doute qu'il n'y ait dans l'hypocondre droit un second sac ovarien, à la vérité moins développé. Je ne saurais dire si c'est une disposition organique, ou s'il ne pourrait pas arriver que cet ovaire droit ne vînt à une autre saison du frai se développer de préférence à celui du côté gauche. Quoi qu'il en soit, j'ai cru devoir insister sur cette duplicité de l'ovaire parce qu'on lit dans l'ouvrage de M. de Lacépède que les mormyres n'auraient qu'un seul ovaire.

La vessie natatoire est simple, grande et étendue dans toute la longueur de la cavité abdominale. Ses deux extrémités sont pointues. Les reins, placés au-dessus d'elle, comme c'est l'ordinaire dans tous les poissons, forment deux bandelettes étroites.

L'aorte m'a paru rester plus longtemps libre dans la partie antérieure de la cavité abdominale que dans les autres poissons; cependant, je ne présente cette observation qu'avec doute, parce qu'il faudrait la répéter sur des poissons frais.

Quant au squelette, ce que j'en ai pu étudier sur ces individus m'a montré des frontaux se portant en avant de l'orbite et contribuant à former la base du cône, qui caractérise l'extrémité pointue de la face de ces animaux. Au-devant d'eux est un ethmoïde long et étroit, constituant l'extrémité antérieure du museau; il est échancré en avant pour recevoir les deux petits tubercules des intermaxillaires, qui n'ont que très-peu de mouvements. Sur les côtés on voit les deux maxillaires placés en arc de cercle, et dont l'extrémité est élargie en une petite palette oblongue, à bord arrondi. La mâchoire inférieure est remarquable par l'allongement des apophyses de l'angulaire; c'est à cela que cet os doit sa longueur, et par conséquent la mobilité nécessaire pour l'ouverture de la bouche; ouverture qui reste toujours fort étroite, puisque tous ces os sont enveloppés dans une peau épaisse. En arrière des frontaux nous voyons deux petits pariétaux se toucher comme dans les carpes et comme dans les aloses, pour former une espèce de plaque impaire sur la voûte du crâne; en arrière, on trouve l'interpariétal surmonté de sa petite crête impaire. Il n'y a pas au-devant de la base de cette crête le trou que nous avons décrit dans les carpes; mais, comme dans celles-ci, l'interpariétal commence à former la face postérieure et verticale de l'occiput. De chaque côté je vois les occipitaux supérieurs qui viennent se placer aux angles de cette face occipitale; ils donnent en arrière une petite saillie, au-dessous de laquelle l'os se plie pour descendre verticalement et pour s'articuler avec les occipitaux latéraux; ceux-ci sont très-grands dans le mormyre; ils se réunissent par une suture verti-cale au-dessus du trou occipital; puis une suture oblique les unit à l'interpariétal, et une autre aux occipitaux supérieurs; mais une seconde portion de ces occipitaux latéraux part du basilaire et s'étend sur les côtés pour former le plancher inférieur du crâne, et va se réunir au mastoïdien. La face postérieure des occipitaux laté-raux est percée d'un petit trou qui correspond au grand que nous avons signalé dans les carpes. Le mastoïdien est également assez grand dans les mormyres; il s'avance, comme à l'ordinaire, vers le frontal postérieur; mais au-dessus de la seconde crête du crâne il se porte en avant pour s'articuler avec le frontal principal, et en dessus, pour aller rejoindre le petit pariétal, d'où il résulte que cette lame du mastoïdien occupe une assez large surface sur les côtés du crâne à la suite des frontaux. Nous venons de voir que les grands trous des occipitaux latéraux de la carpe sont devenus très-petits dans les mormyres. Dans ces poissons nous trouvons des trous latéraux extrêmement grands, formés par l'échancrure du mastoïdien en avant, en dessous et en arrière par l'occipital latéral. Ces trous laissent donc sur les côtés du crâne deux très-larges ouvertures, proportionnellement beaucoup plus grandes que les trous de la carpe. Nous verrons, dans les aloses, des trous latéraux; mais qui ne sont pas cernés par les mêmes os. Les trous latéraux des mormyres sont fermés par une petite plaque osseuse, fournie par le surtemporal, et dont nous parlerons tout à l'heure.

Le basilaire est petit dans ce poisson. Un sphénoïde court donne sur les côtés deux ailes assez larges, ou les grandes ailes sphénoïdales. Le vomer est étroit; les palatins sont petits; ils sont sans dents, ainsi que les ptérygoïdiens et les deux autres os de la face qui complètent les systèmes palatin, ptérygoïdien et temporal des poissons.

La ceinture humérale se compose, comme à l'ordinaire, d'un scapulaire et d'un surscapulaire; celui-ci fournissant une apophyse styloïde grêle qui remonte sur l'occiput pour se perdre dans les muscles de cette région du cou, le long de la crête pariétale et mastoïdienne. Au-devant de ce surscapulaire il existe, dans tous les mormyres, un surtemporal, qui est ici très-remarquable par son grand développement : c'est un os mince, comme une membrane ou comme une très-fine écaille, triangulaire et appliqué sur les côtés du crâne, immédiatement sous la peau, pour fermer le grand trou latéral.

En le soulevant, on trouve dans ce grand trou latéral le sac membraneux de l'oreille interne, lequel est divisé en deux parties : l'une, plus grande et antérieure; l'autre, petite et profonde, et qui contient un petit osselet de l'oreille. Au-devant du sac il y a, comme à l'ordinaire, les trois canaux semi-circulaires de l'oreille interne des poissons. Dans le mormyre caschive l'otolithe est ovoïde, pointu en avant et mousse en arrière. Cette disposition de l'oreille des mormyres est une des plus remarquables que je connaisse dans les poissons; elle est toutefois très-différente de ce que l'on observe dans le *lepidoleprus;* aussi je trouve que M. Müller n'a pas assez nettement distingué, dans sa physiologie, l'observation de M. Otto de celle de M. Heusinger.

Les autres parties de la ceinture humérale, ainsi que les os pelviens, ne m'ont offert aucune autre particularité importante à signaler. La colonne vertébrale est composée de cinquante-deux vertèbres, dont les vingt et une premières portent des côtes. Les interépineux de la dorsale répondent à la huitième vertèbre, et les deux dernières n'en ont pas. Il y a donc, à cause du grand nombre des rayons, un certain nombre de ces interépineux qui ne touchent pas aux vertèbres. Les deux premières vertèbres caudales soutiennent seules les interépineux et l'anale.

Je ne possède que trois individus de cette espèce, longs de sept pouces. Ils se rapportent parfaitement à la description d'Hasselquist. Ils ont été pris dans le Nil par M. Geoffroy Saint-Hilaire. Je les regarde comme le *mormyrus caschive* du voyageur suédois, à cause des quatre-vingts rayons de la dorsale. La forme de leur museau a été convenablement exprimée dans la phrase suivante : *Rostrum admodum declive ante verticem capitis acutius-culum cylindricum.* On ne peut s'expliquer la singulière association que Linné a faite de la description de son élève avec le *morm. anguilloides* décrit dans le Musée du prince Adolphe - Fréderic, qu'en admettant une erreur typographique de la dixième édition ; faute qui a été reproduite dans les éditions suivantes, et qui n'a pas man-qué d'être ensuite copiée par tous les successeurs de ce grand homme. Il indique, en effet, vingt rayons à la dor-sale, au lieu de quatre-vingts. Quoique le premier de ces nombres se rapprochât un peu de celui de la dorsale de son anguilloïde, qui en a vingt-six, ceux de l'anale de chacun de ces poissons sont trop éloignés l'un de l'autre pour que je ne me demande pas encore comment ils n'ont pas frappé l'attention de Linné, et comment ils ne lui ont pas fait éviter le rapprochement de deux espèces si distinctes; car l'une n'a que dix-neuf rayons à l'anale, tandis que l'autre en a quarante et un. Il n'en est pas moins vrai que, faute de remonter aux sources originales, c'est-à-dire à la description d'Hasselquist, le *mormyrus caschive* a été tout à fait méconnu. Ainsi, M. Geoffroy l'a donné comme synonyme d'une espèce nouvelle qu'il découvrit dans le Nil. Elle n'a que soixante-dix rayons à la dorsale, et elle en diffère par plusieurs autres caractères.

Si dans une note du Règne animal M. Cuvier fait observer que la description d'Hasselquist ne se rapporte pas au poisson figuré par M. Geoffroy sous le nom de mormyre d'Hasselquist, mon illustre maître ne détermine pas l'espèce anciennement décrite.

Je ne saurais admettre avec M. Geoffroy, que les expressions caractéristiques d'Hasselquist puissent être appliquées à l'espèce que ce savant naturaliste a dédiée au disciple de Linné, et qu'il a figurée sous ce nom dans le grand ouvrage d'Égypte. C'est une espèce nouvelle, certainement différente de celle dont nous traitons ici. M. Isidore Geoffroy Saint-Hilaire a paru croire [1] que le *morm. kannume* de Forskal était de la même espèce; mais on verra dans la description suivante, que non-seulement le nombre des rayons de la dorsale diffère beaucoup trop pour admettre une identité spécifique, mais les différences que j'y reconnais sont encore fondées sur des proportions et des formes assez distinctes.

Dans ces derniers temps M. Ruppell [2] a retrouvé l'espèce décrite dans cet article, et il l'a appelée *Mormyrus longi-*

---

1. Descript. des poiss. du Nil, p. 110, note.
2. *Beschr. und Abbild. neuer Fische im Nil*, p. 7, pl. 1, fig. 2.

pinnis, parce qu'il l'a tout simplement comparée à l'oxy-rhynque de M. Geoffroy, dont la dorsale est, en effet, beaucoup plus courte. Cet habile zoologiste a observé ce poisson sur les marchés du Caire pendant le mois de mars. Il en a vu des individus de trente pouces. Il écrit leur nom arabe un peu autrement et de la manière suivante : *Kisch-Oue.* Il ne regarde pas leur chair comme très-délicate.

Le MORMYRE DE GEOFFROY.

(*Mormyrus Geoffroyi,* nob.)

Je trouve parmi les individus de M. Geoffroy un second mormyre, qui diffère du précédent par plusieurs traits qui me paraissent en justifier la séparation spécifique. Le plus apparent consiste

dans une saillie plus considérable du museau, qui, au lieu de s'abaisser comme celui du précédent, s'avance plus horizontale-ment dans la direction de l'axe du corps. La ligne du profil des-cend de la dorsale par une ligne à petite courbure, jusqu'à une saillie assez forte de l'occiput; de là le profil devient concave pour atteindre jusqu'à l'extrémité du museau. Il résulte de cette dispo-sition que la courbure entre la dorsale et le devant du front est beaucoup moins convexe que dans l'espèce précédente; que la nuque paraît plus saillante au-dessus de l'œil et que le museau est plus étroit. La hauteur du tronc, mesurée sous le premier rayon de la dorsale, est contenue quatre fois et plus qu'une demie dans la longueur du corps, en n'y comprenant pas la caudale. Cette hauteur est plus courte que la tête, tandis que dans la précédente la hauteur du tronc est plus longue. La saillie du crâne est plus arrondie, de sorte que l'intervalle entre les deux yeux est plus large. La mâchoire inférieure dépasse un peu la supérieure. Les dents sont semblables à celles de l'espèce précédente, soit aux mâchoires, soit sur le vomer et sur l'os lingual. Cependant la

bandelette qui porte ces dernières dents est plus longue et moins
étroite en arrière. La pectorale est un peu plus allongée; les ventrales répondent au quinzième rayon de la dorsale; la caudale,
fourchue, a les deux lobes assez sensiblement séparés; l'anale est
un peu plus courte, car elle a deux rayons de moins.

D. 84 ; A. 17.

Les écailles me paraissent un peu plus petites. Quant à la couleur,
je n'ai sous les yeux que des individus décolorés par l'alcool; mais
ils ne montrent rien qui soit différent de notre *Caschive*.

J'ai deux individus très-semblables de cette espèce ou
variété; l'un est long d'un pied, l'autre, qui a servi à faire
un squelette, est un peu plus petit. Les différences que
nous offre ce squelette tiennent à celles que nous avons
signalées dans la description extérieure.

Cette espèce me paraît se rapporter parfaitement à la
figure que Bloch[1] nous a donnée d'un mormyre, qu'il
plaçait dans un genre avec lequel ces poissons n'ont aucune
affinité, celui des *Centriscus,* et sous le nom spécifique de
C. niloticus. La saillie de la nuque, la direction du museau, ne peuvent laisser de doute sur l'exactitude de ce
rapprochement. Ainsi, je ne partage pas l'opinion émise
par M. Cuvier dans sa note du Règne animal, et qui
consiste à regarder la citation de Bloch comme synonyme
du mormyre oxyrhynque de M. Geoffroy.

Le MORMYRE KANNUME.

(Mormyrus oxyrhynchus, Geoffr.)

Cette troisième espèce, dont M. Geoffroy a donné une
figure parfaitement reconnaissable dans le grand ouvrage

---

1. Bloch, *edit. Schn.*, pl. 3o, fig. 1, p. 113.

d'Égypte, est le *mormyrus oxyrhynchus,* différent des deux précédentes par les nombres des rayons; et, ce qui est plus important encore, par les formes du museau.

Dans cette espèce le museau se dirige vers le bas, comme dans notre premier mormyre; mais il est aussi long que celui de la seconde espèce. La ligne du profil descend depuis la dorsale jusqu'à l'extrémité du museau par une courbe régulière. C'est à peine s'il y a une légère sinuosité vers l'extrémité du bec. La hauteur est contenue quatre fois et demie dans la longueur du corps, la caudale non comprise. La longueur de la tête égale, à très-peu de chose près, la hauteur du tronc.

Les dents ressemblent à celles des deux autres espèces; toutefois, il faut remarquer que la bandelette vomérienne, plus étroite que celle du précédent, ressemble davantage à celle du Caschive.

La dorsale commence plus en arrière sur le tronc, car elle s'élève ici à la fin du premier tiers du corps. Les ventrales, qui sont placées dans le mormyre de Geoffroy et dans le *M. Caschive,* à la même distance du museau, répondent ici au cinquième rayon de la dorsale. La pectorale me paraît aussi un peu plus longue; car elle approche davantage de l'insertion de la nageoire du ventre. La caudale est divisée en deux lobes profondément séparés. L'anale est plus longue que celle de l'espèce précédente, et elle a le même nombre de rayons que celle du Caschive.

D. 60 à 64; A. 19, etc.

Les écailles sont petites sur la partie antérieure du tronc; mais elles grandissent au delà de l'anale, de sorte que celles de la queue sont à peu près quatre fois aussi grandes que celles de la poitrine; elles sont un peu plus grandes que celles des espèces précédentes. Nous en comptons cent quatre-vingt-cinq rangées entre l'ouïe et la caudale.

M. Redouté a rapporté d'Égypte une fort belle peinture de ce poisson faite d'après le vivant; il l'a représenté d'un brun verdâtre uniforme. Je trouve dans l'opuscule de M. de Joannis, inséré dans le Magasin de zoologie de M. Guérin, une figure coloriée qui diffère très-peu de celle de M. Geoffroy; le verdâtre du corps est rembruni sur le dos par du bleu foncé et irisé de violet au-dessous de la ligne latérale; le dessous de la tête est tacheté de points rouges; il y a du jaune sur la ceinture de l'épaule, et la caudale est orangée. Cette figure est d'ailleurs peu soignée; la grandeur des écailles sur le tronc en avant de l'anale et des ventrales, montre avec quelle négligence elle a été faite; et dans son texte M. Joannis n'ajoute rien à ce que M. Geoffroy nous avait appris sur ce poisson.

Ce voyageur a donné à la collection du Jardin du Roi un exemplaire fort bien conservé, long de treize pouces et demi. Depuis, M. Darnaud en a rapporté de beaucoup plus grands de son expédition au Nil blanc; car les individus ont dix-huit à dix-neuf pouces de longueur.

Je regarde cette espèce comme celle décrite par M. Isidore Geoffroy Saint-Hilaire sous le nom de *Mormyre oxy-rhynque*, parce qu'elle n'a que soixante-trois rayons à la dorsale. Si j'examine la figure du grand ouvrage d'Égypte, je trouve le dessin de la tête, et surtout du museau, d'une telle exactitude, que je n'aurais eu à faire aucune obser-vation, si M. Redouté n'avait porté le nombre des rayons de la dorsale à soixante-quatorze; nombre qui n'existe pas dans aucun des dix mormyres à museau pointu réunis dans la collection du Jardin du Roi.

Il est évident que nous décrivons ici le véritable *Mor-myrus kannume* de Forskal; nous avons trouvé les mêmes nombres que lui à la dorsale et à l'anale. Il faut faire atten-tion à cette détermination; car M. de Lacépède, en mettant à profit, dans son chapitre sur les Mormyres, les notes que M. Geoffroy lui envoyait du Caire, a établi un *mormyrus kannume* d'après M. Forskal, et une seconde espèce de *mormyre oxyrhynque* d'après M. Geoffroy. Cette détermination détruit donc les doutes qui restaient à M. Cuvier sur la courte notice de Forskal, quand il disait, dans la note de son Règne animal, que la description de la Faune d'Arabie ne lui paraissait pas pouvoir s'accorder avec aucun des mormyres qu'il citait précédemment.

Il me paraît que M. Riffault a aussi dessiné cette espèce que j'ai trouvée dans ses manuscrits sous le nom d'*Améie Zeray*.

Les trois descriptions qui précèdent et celles qui vont suivre, prouvent qu'il y a plusieurs mormyres remarquables par le prolongement de leur museau. M. Geoffroy, qui a cherché dans un mémoire resté manuscrit, mais dont il a donné lecture à l'Institut en 1802, à déterminer les poissons du Nil nommés par Élien, Strabon ou Hérodote, a cru que l'on pouvait retrouver dans l'une de ces espèces l'*oxyrhynchus* du Nil, révéré des Égyptiens.

Je ferai observer que, sans qu'il y ait d'objection très-forte à faire à cette manière de voir, je suis obligé de répéter ici les mêmes doutes que j'ai exprimés relativement à l'*Alabes* : on voit, en effet, par plusieurs passages d'Élien, que le nom d'Oxyrhynque était appliqué par eux à tous les poissons à museau pointu. Ainsi, dans le livre XI, page 24, ce naturaliste parle d'un Oxyrhynque de la mer Rouge, qui me paraît être, autant qu'on en peut juger par une description aussi vague que celles de cet ancien naturaliste, une espèce de Gomphose. Ce même auteur, livre XVII, page 32, parle des Oxyrhynques de la Caspienne, que Gessner a déjà reconnus pour des esturgeons. Tous les poissons qui avaient le museau pointu, étaient donc pour eux des Oxyrhynques. Maintenant, doit-on appliquer ce nom au Caschive et aux autres mormyres à museau prolongé? On ne sera guidé dans cette détermination que par la seule signification du mot; car aucun trait caractéristique ne vient asseoir le jugement des naturalistes, et je dirai plus, la facilité avec laquelle leur Oxyrhynque mordait à l'hameçon, me semble contraire à ce que M. Geoffroy a observé lui-même sur la pêche de ces poissons, et encore plus contraire à la conformation et à l'extrême petitesse de la bouche de ces animaux.

Si toutefois nous admettons, avec réserve, que ces espèces de mormyres aient été désignées par les anciens Grecs en Égypte sous le nom d'oxyrhynque, nous ne pouvons douter par les sculptures conservées dans nos collections archéologiques, que les mormyres à museau pointu n'aient été connus des anciens Égyptiens : ils en ont laissé des figures parfaitement reconnaissables. Il existe dans le Musée égyptien de Paris, sous le n.° 434 de la collection de Salt, un petit bronze, représentant avec une telle exactitude un de nos mormyres oxyrhynques, que l'on ne peut douter qu'il ait été fait d'après nature; il est d'ailleurs surmonté de l'emblême mythique du disque cornu. Outre ces figurines d'une ressemblance parfaite, on voit que le mormyre oxyrhynque était chez eux l'emblême d'une forme toute vulgaire; car ils la donnaient grossièrement aux petites momies qu'ils composaient souvent de plusieurs poissons différents, même des mormyres.

Je retrouve avec grand plaisir la confirmation de mes opinions dans le bel ouvrage de sir John Gardner

Wilkinson[1] qui a donné la figure de deux représentations en bronze de nos mormyres oxyrhynques. La figure 1.re n'est pas aussi exacte que la figure 2; celle-ci se rapporte parfaitement au bronze du Musée du Louvre dont j'ai parlé tout à l'heure.

M. Wilkinson croit que cet oxyrhynque est le *Mizdeh* de l'Égypte moderne.

Le Mormyre bachique.

(*Mormyrus bachiqua*, nob.)

M. Riffault avait aussi le dessin d'un autre mormyre, voisin du kannume (*Morm. oxyrhynchus*), mais qui me paraît en différer

par une coloration qu'aucun de ceux que j'ai observés jusqu'à présent ne nous a offert.

Ce poisson, à en juger par le dessin, a le museau parfaitement semblable à celui de notre oxyrhynque. Sa dorsale, étendue le long du dos, est courte, comme celle de cette dernière espèce, et n'est soutenue que par une soixantaine de rayons. Les ventrales et l'anale paraîtraient plus grandes. La couleur est verdâtre sur le dos, jaunâtre au-dessous de la ligne latérale; tout le corps est teinté de larges marbrures fauves; le rouge domine vers la queue; la dorsale porte, à travers son milieu, une bande longitudinale fauve; la caudale, fauve, est mêlée de rougeâtre. Toutes les nageoires inférieures, c'est-à-dire, les pectorales, les ventrales et l'anale, sont également fauves et traversées par trois ou quatre lignes de taches rouges; la bouche est entourée de fauve. Ces couleurs sont tellement différentes de celles indiquées par tous les auteurs qui ont écrit sur les mormyres, que j'ai cru devoir signaler cette espèce.

Le dessin représente un poisson de quinze pouces, et

---

1. J. Gardn. Wilk., *Mann. of anc. Egypt.*, vol. II, p. 250, seconde série.

portait pour dénomination arabe le nom d'*Améie ba-chiqua*.

Le Mormyre Roumé.

(*Mormyrus Rume*, nob.)

M. Jubelin, gouverneur du Sénégal, que nous avons cité déjà plusieurs fois dans cet ouvrage, a envoyé au Cabinet du Roi une grande et belle espèce de mormyre, voisine du Caschive par le nombre de ses rayons, mais que la forme du museau et la petitesse des dents font distinguer des précédentes.

Le corps est comprimé, elliptique, et plus haut qu'aucun des précédents. Sa plus grande hauteur mesure, à très-peu de chose près, le quart de la longueur totale. La ligne du profil est courte et saillante entre la dorsale et la nuque. Depuis cette région de la tête jusqu'à l'extrémité du museau le profil est presque droit et incliné vers le bas; il n'y a pas de bosse sur la nuque. La ligne du profil inférieur est très-convexe sous la mâchoire, au-devant de l'œil; puis elle descend par une grande courbe concave et régulière sous la poitrine et jusqu'à l'anale. La hauteur de la queue est un peu plus du sixième de celle du tronc. L'œil est petit, et sur le haut de la joue, sans entamer cependant la ligne du profil, il est au milieu de la longueur de la tête. Les deux ouvertures de la narine sont petites, rapprochées, et plus près de l'œil que du bout du museau. La bouche, très-petite, est fendue transversalement. La mâchoire inférieure est plus avancée que la supérieure, et terminée par une lèvre épaisse, papilleuse et un peu arrondie en bouton. Leurs dents sont d'une excessive petitesse; celles implantées sur les bandes vomériennes ou linguales sont aussi petites, et la bande est plus étroite que celle des précédentes espèces. La dorsale commence au tiers du corps; son étendue surpasse la moitié de la longueur totale; les ventrales répondent au douzième rayon de la nageoire du dos. L'insertion de la pectorale est au milieu de la distance, entre le bout du museau et l'attache de la nageoire du ventre. La nageoire de la poitrine est large, arrondie, et n'atteint guère qu'à la moitié de l'intervalle, qui sépare son origine de celle de la ventrale. L'anale est courte; la caudale est fourchue et bilobée, comme celle des autres mormyres.

D. 83; A. 18, etc.

Les écailles sont petites sur le dos, et sous le ventre un peu plus grandes; sur les côtés elles vont en grandissant, à mesure qu'elles s'approchent de la queue; mais je ne les trouve pas proportionnellement aussi grandes sur cette partie du corps que dans les mormyres du Nil. J'en compte cent douze rangées entre l'ouïe et la caudale.

La couleur paraît avoir été un plombé verdâtre uniforme sur tout le corps. Je ne vois aucun vestige de taches sur les nageoires.

L'examen des viscères de ce poisson montre que les mormyres s'engraissent dans le Sénégal comme dans le Nil; car les épiploons de cet individu sont remarquables par la quantité de graisse qu'ils renferment. Je trouve, d'ailleurs, que ces viscères ressemblent beaucoup à ceux des espèces précédentes; ainsi, c'est toujours un estomac globuleux ayant l'ouverture du pylore du côté gauche; deux très-longues appendices cœcales à l'orifice pylorique; un intestin faisant très-peu de replis. J'ai vu les ovaires doubles; mais le gauche infiniment plus developpé que le droit; une vessie natatoire oblongue, à parois fibreuses et argentées.

L'individu qui sert à ma description est long de près de vingt pouces. M. le contre-amiral Jubelin nous a transmis le nom sous lequel les pêcheurs du Sénégal le lui ont apporté: c'est celui de *Roumé*, que nous avons conservé comme dénomination spécifique de l'espèce.

En la comparant à celle du Nil, on trouve que la longueur du museau la rapprocherait du *mormyrus oxyrhynchus*; ce serait aussi, à très-peu de chose près, la forme générale du corps; mais elle a le museau moins abaissé et le nombre des rayons de la dorsale beaucoup plus considérable. Elle ressemble sous ce rapport, comme je l'ai dit plus haut, au *morm. caschive.*

Le Mormyre de Jubelin.

(*Mormyrus Jubelini,* nob.)

Nous dédierons au contre-amiral de ce nom, qui a eu la complaisance de nous faire recueillir tant de curieux poissons du Sénégal, cette seconde espèce de mormyre, envoyée de cette colonie par ses soins.

Elle a le museau plus incliné vers le bas et plus court que celui de ce dernier, et plus long que celui du caschive. La nuque est arrondie, saillante, et proportionnellement aussi grosse que celle de notre seconde espèce (*M. Geoffroyi*); mais son bec est beaucoup plus court et plus incliné. Le corps est, en général, plus étroit; la ligne du profil descend plus obliquement de la tête à la nuque que dans le caschive. La queue est plus grêle; elle l'est aussi davantage que celle du *M. Rume.* Les lobes de la caudale sont plus étroits; les ventrales répondent au douzième rayon de la dorsale; la pectorale, pointue, touche presque à l'insertion des nageoires abdominales; elle est donc plus longue que celle de l'espèce précédente. Les nombres des rayons de la dorsale et de l'anale diffèrent très-peu des rayons de celle-ci; par conséquent, l'espèce actuelle avoisine aussi, sous ce rapport, le *M. caschive* et le *M. Geoffroyi.*

D. 85; A. 19, etc.

Les écailles du tronc sont petites. Nous en comptons cent quarante-cinq entre l'ouïe et la caudale, par conséquent, plus que dans le *M. Rume,* mais moins que dans le *M. caschive;* celles de la queue sont certainement plus grandes que celles de celui-ci, j'en compare deux individus de même grandeur.

La ligne latérale est tout à fait droite. La couleur est un plombé plus ou moins noirâtre sur tout le corps.

La grandeur de l'individu est de sept pouces et demi.

Le Mormyre d'Hasselquist.

(*Mormyrus Hasselquistii*, Geoffr.)

Après ces espèces d'oxyrhynques, j'arrive à un mormyre dont la dorsale est encore longue et étendue sur tout le dos.

Il a le museau gros et obtus. La mâchoire supérieure dépasse un peu l'inférieure. La ligne du profil est convexe et soutenue depuis l'extrémité du museau jusqu'à la dorsale. L'œil, placé sur le haut de la joue, est au tiers antérieur de la longueur de la tête, laquelle surpasse un peu la hauteur du tronc, et est comprise quatre fois dans la longueur du corps, en ne comptant pas la caudale.

Les dents sont petites, à couronne échancrée, et mobiles dans l'espèce de gencive épaisse qui les porte. Cette muqueuse de la bouche, renflée derrière les dents, est couverte de papilles molles et tuberculeuses que l'on confondrait très-aisément avec une bande étroite de dents, différentes des véritables. Les palatines et les linguales paraissent un peu plus saillantes que celles des autres espèces. Les narines sont très-petites; les deux ouvertures sont situées obliquement. Toute la peau de la tête est criblée de petits pores. La dorsale commence vers le tiers antérieur du corps; elle est plus haute que celle des oxyrhynques. L'anale est courte; la pectorale atteint à peu près à la moitié de l'espace qui la sépare de l'insertion des ventrales; celles-ci répondent au quatorzième rayon de la dorsale.

D. 70; A. 18; etc.

Les écailles sont plus grandes le long des flancs, au-dessous de la ligne latérale que sur le dos ou sous le ventre. Nous en comptons cent quinze rangées entre l'ouïe et la caudale. La couleur est un plombé uniforme sur le corps, prenant quelques teintes verdâtres sur la nageoire et sur la tête. La dorsale est rayée obliquement de petits traits plombés. Les joues sont châtoyantes et irisées de jaune et de bleu avec des reflets dorés.

Dans ce mormyre je trouve encore des viscères semblables à ceux du précédent, en ce qui concerne la forme du foie, celle de l'estomac; mais les deux cœcums sont proportionnellement beaucoup plus longs. La vessie natatoire est grande, résistante et à parois fibreuses.

Quant au squelette, c'est encore la même composition du crâne. L'allongement du museau, de forme cylindrique, est dû à l'ethmoïde saillant au-devant des angles antérieurs des frontaux. Les os du nez, pliés en cornet, sont, comme les sous-orbitaires, un peu plus larges. Ils rendent le museau plus gros. Les surtemporaux forment ici un feuillet squamiforme plus allongé. Le nombre des vertèbres n'est pas très-différent de ceux des espèces précédentes; car j'ai compté cinquante vertèbres, dont vingt et une sont abdominales.

Nous avons plusieurs individus qui ont de douze à quatorze pouces de longueur.

Cette espèce a été parfaitement gravée dans le grand ouvrage d'Égypte, d'après une belle peinture que Redouté en avait faite en Égypte. M. Geoffroy eut avec raison le sentiment que ce mormyre était nouveau, et il eut la généreuse pensée de le dédier à Hasselquist. S'il s'en était tenu là, cette espèce nouvelle, très-facile à caractériser, eût été parfaitement établie; mais il a cru pouvoir retrouver en elle le *mormyrus caschive* de cet auteur, qui a, comme nous l'avons déterminé, quatre-vingts rayons au moins à la dorsale : celui-ci n'en ayant que soixante-huit ou soixante-dix; M. Isidore Geoffroy les compte comme nous. Il avait d'abord pensé en Égypte que ce pouvait être le *hersé* de Sonnini; mais il a reconnu depuis que le poisson décrit par son prédécesseur était différent. On en acquiert la preuve par la lecture de l'article rédigé par M. Isidore Geoffroy Saint-Hilaire. Cependant M. de

Lacépède, employant sans critique les notes que son confrère lui envoyait du Caire, a introduit parmi ses espèces un *morm. hersé*, qui n'est autre que celui décrit dans cet article, et un *M. Hasselquistii*, indiqué comme n'ayant que vingt rayons à la dorsale et dix-neuf à l'anale et qui est un être tout à fait imaginaire, car il a pour synonyme le *M. caschive* d'Hasselquist : pour compléter la confusion, les nombres sont copiés de Linné, et sont le résultat de cette faute d'impression échappée à ce grand homme dès la dixième édition du *Systema naturæ*, et qui s'est retrouvée copiée dans la douzième, et ensuite dans celle de Gmelin.

M. Isidore Geoffroy a donné, sous les dénominations que lui transmettait son père, la description de cette espèce; mais il est juste de dire qu'il cite Hasselquist avec des doutes qu'il puise dans les notes du Règne animal. M. Cuvier dit, en effet, que le *mormyrus caschive* d'Hasselquist lui paraît différer du précédent par plusieurs points essentiels.

Je trouve un dessin de cette espèce dans les collections de M. Riffault : c'est au n.° 27, sous le nom de Caschive; il avait coloré le tronc par de grandes et larges membranes verdâtres et rosées; la tête, un peu plus verte, portait sur le bas des joues quelques taches roses. Il ne serait pas impossible que ces légères différences dans la coloration ne fussent une conséquence d'une diversité spécifique; mais il faut attendre que l'on ait étudié le poisson sur nature pour asseoir un jugement plus certain.

Le Mormyre nacra.

(*Mormyrus nacra*, nob.)

Le même M. Riffault a rapporté le dessin d'une espèce remarquable, en ce qu'elle est intermédiaire entre le *mormyrus Hasselquistii* et le *M. denderah* Geoffroy.

Cette espèce a le museau prolongé et cylindrique, mais sans être, à beaucoup près, aussi étroit que celui de nos oxyrhynques. La dorsale est étendue sur tout le dos, et les ventrales, un peu plus rapprochées de la tête que dans le précédent, répondent au quatrième ou au cinquième rayon de cette dorsale. La pectorale, large et courte, atteint à l'insertion des nageoires paires abdominales. On voit donc ici une répétition des proportions que nous avons déjà observées entre le *M. caschive* et le *M. kannumé*. La couleur de cette espèce est jaune verdâtre, marbré ou teinté de fauve. La tête est pointillée de noirâtre; ses lèvres sont roses; les nageoires, grises, sont lavées de nuances rosées; les lobes de la caudale me paraissent plus pointus que ceux des espèces précédentes.

Ce poisson porte pour nom vulgaire *Mese Nacra*.

Le Mormyre de Denderah.

(*Mormyrus anguilloides*, Linn.)

Voici l'une des deux espèces connue de Linné, et dont il a laissé une description fort abrégée dans le *Museum Adolphi-Frederici*: toute courte qu'elle est, on la reconnaît à plusieurs traits que Linné a saisis avec une grande sagacité; c'est bien certainement la seule espèce dont on puisse comparer le museau à celui de l'anguille; et comme les nombres des rayons de la dorsale et de l'anale sont aussi indiqués d'une manière très-précise, il ne peut rester de doutes sur la détermination de cette espèce;

c'est bien elle qui a été la première conception du *mormyrus anguilloides*. Outre la forme particulière du museau, celui-ci se distingue de tous les précédents par la brièveté de sa dorsale.

Le corps de ce poisson est allongé. La plus grande hauteur se mesure aux ventrales et est comprise cinq fois et trois quarts dans la longueur totale. La tête est longue; le museau est arrondi; la mâchoire supérieure plus longue que l'inférieure; l'œil est placé à la fin du premier tiers de la longueur de la joue; le bord de l'orbite n'entame pas la ligne du profil; l'organe, couvert d'une peau épaisse, est petit; les deux ouvertures de la narine sont rapprochées l'une de l'autre et du bout du museau, et répondent au-dessus au maxillaire, lequel est sur les côtés de la bouche, et ne porte aucunes dents, comme tous ses congénères; celles qui bordent les deux mâchoires sont aplaties, et ont leur couronne échancrée. Quand elles ne sont pas usées, on remarque surtout l'échancrure de la couronne sur les dents latérales. Je la vois aussi sur quelques-unes des dents mitoyennes dans les différents exemplaires que je puis étudier; mais il faut y regarder avec soin; car, après un premier examen rapide, il arriverait très-aisément de dire que les dents de cette espèce sont coniques. La plaque des dents vomériennes est petite, ainsi que celle de la langue. La nuque est légèrement soutenue et se redresse tout doucement vers la ligne du dos, de sorte que ce profil est concave dans la région supra-oculaire.

La peau qui recouvre la tête est épaisse, criblée de pores, et va s'attacher sur la ceinture humérale, de manière à ne laisser qu'une fente oblique, étroite pour l'ouverture de l'ouïe, que Linné aurait mieux fait, suivant moi, de comparer à celle des anguilles qu'à l'ouverture branchiale des ostraciens. La dorsale est non-seulement reculée sur l'arrière du dos, mais même au-dessus de la ventrale, de manière à ce que son premier rayon ne corresponde qu'au quatorzième de cette nageoire. La nageoire du dos se termine aussi avant la fin de celle de l'anus, de manière que ce dernier rayon correspond au trente-quatrième ou au trente-sixième de celle-ci. La caudale a les deux lobes fourchus et assez nettement séparés; les ventrales sont insérées en avant de la moitié du corps; elles sont petites; les pectorales courtes, arrondies et loin de les atteindre.

B. 6; D. 26 à 28; A. 39 à 42, etc.

Les écailles sont plus grandes que celles des espèces précédentes; il n'y en a que quatre-vingt-dix rangées entre l'ouïe et la caudale. La ligne latérale, tracée par le milieu du côté, est un peu convexe.

Les couleurs sont plombées, verdâtre sur le dos, en passant au bleu sur la queue et sur le dessous du corps. La tête est irisée de verdâtre, de bleu, de rose et de jaune. Les nageoires sont vertes et d'une teinte uniforme. Suivant Sonnini, les teintes seraient plus noires. Nous jugeons de ces couleurs par une belle peinture, faite en Égypte par M. Redouté, et qui se rapporte tout à fait aux notes conservées par M. Geoffroy, et publiées par son fils.

Les plus longs exemplaires de cette espèce ont un pied dix pouces de longueur. Outre ceux rapportés par M. Geoffroy, nous en avons encore d'autres, dus aux recherches de M. Joannis et aux expéditions dans le haut Nil de M. Darnaud.

La description détaillée que je viens de donner, prouve que nous retrouvons ici le *mormyrus anguilloides* du Musée d'Adolphe-Fréderic. L'on voit que Linné, dès la dixième édition du *Systema naturæ*, l'a confondu à tort avec le *morm. caschive* de Hasselquist. Cette erreur a été copiée par Gmelin, et aussi par Bonnaterre dans l'Encyclopédie méthodique : c'est là ce qui explique comment on trouve dans M. de Lacépède un *mormyrus caschive* de Daubenton et de l'Encyclopédie parmi les synonymies du *morm. denderah* de M. Geoffroy, en même temps que l'on voit plus bas dans cette même ichthyologie le *mormyrus caschive* de Hasselquist comme synonyme du *mormyrus Hasselquistii*.

Sonnini nous a fait connaître le *mormyrus anguilloides* sous le nom de *Hersé*; la figure, quoique médiocre, est encore reconnaissable, et la description vient confirmer ce que la faiblesse du trait pourrait laisser d'incertain. Il dit que le nom de *Hersé* signifie belette, nom qui lui est donné par les Arabes à cause du prolongement de son museau. M. Ehrenberg a observé et dessiné cette même espèce de mormyre à Dongola. Il m'en a communiqué un dessin parfaitement reconnaissable.

Je trouve aussi dans les dessins de M. Riffault une figure que je rapporte à notre poisson, quoique les couleurs soient indiquées d'une manière assez différente de celles que nous ont assignées jusqu'à présent les autres naturalistes : le dos est peint en vert olivâtre assez foncé, éclairé par des teintes rougeâtres disposées par bandes; les flancs et le ventre, blanchâtres, portent de grandes marbrures rougeâtres; la dorsale et l'anale, toutes deux grises mêlées de verdâtre, ont l'une le bord rougeâtre, l'autre, c'est-à-dire la dorsale, le bord rosé; les nageoires paires sont rougeâtres, et le dessus de la tête est vert olive avec de petites taches brunes; le dessous est rougeâtre. Le nom arabe est *Gamour* ou *Maus*. Je ne m'étonnerais pas que le poisson de M. Riffault ne devînt un jour le type d'une espèce particulière. Si l'on se rappelle maintenant ce que nous avons dit du *morm. nacra*, d'après le dessin fait par M. Riffault, on verra comment cette dernière espèce à dorsale étendue sur toute la longueur du dos et à museau gros et court, concave sur la tête, lie les groupes des morm. oxyrhynques à celui de l'anguilloïde, et comment nous arrivons par ce dernier aux espèces à dorsale courte.

Le Mormyre de Tuckey.

(*Mormyrus Tuckeyi*, nob.)

Le docteur Leach a indiqué dans l'appendice de la
relation de la malheureuse expédition anglaise sur le Zaïre,
désigné plus communément sous le nom de fleuve du
Congo, un mormyre très-voisin de l'anguilloïde, et que
j'ai eu occasion d'examiner et de dessiner dans le Musée
britannique, grâce aux libérales communications que m'en
a faites M. Gray; je ne pourrais sans cela parler d'une
espèce, dont le docteur Leach n'a laissé qu'une notice beaucoup trop courte, sans caractères, et sous le nom d'*Oxyrhynchus deliciosus.*

La tête de ce poisson fait le quart de la longueur du corps, la
caudale non comprise. L'œil est au quart de la longueur de la tête.
J'ai compté vingt-six dents à chaque mâchoire; la dorsale n'a guère
que la moitié de l'étendue de l'anale; elle a moins de rayons que
l'espèce précédente, et l'anale en a davantage.

D. 24; A. 48; C. 25; P. 10; V. 6.

La dorsale est plus haute de l'avant et plus pointue de l'arrière que
celle du *M. anguilloides.* L'anale est plus haute et plus arrondie
de l'avant. Les écailles du dos sont beaucoup plus petites que
celles des côtés. J'ai compté quatre-vingt-quinze rangées de
celles-ci dans la longueur, et dix-neuf dans la hauteur. La couleur
est verdâtre sur le dos, avec une vingtaine de traits longitudinaux
fins et noirs sur chaque flanc.

L'individu que j'ai décrit et dessiné à Londres est long
de vingt-huit pouces.

Le docteur Leach avait eu, comme moi, l'idée de
distinguer ce poisson du *morm. anguilloides.* Les notes
de l'expédition lui ont fait savoir que ce poisson est com-

mun dans la rivière, et que sa chair est d'une saveur des plus exquises : c'est là ce qui lui a fait désigner cette espèce sous le nom d'*Oxyrhynchus deliciosus*; mais je ne sais vraiment où ce savant Anglais a trouvé un genre *Oxyrhynchus* dans les OEuvres d'Athénée; d'ailleurs, tous les mormyres ont la chair savoureuse. En rétablissant ce poisson dans le genre sous lequel il doit être décrit, j'ai cru plus juste de lui donner le nom du chef courageux de l'expédition qui nous l'a fait connaître.

Le Mormyre de Saleheyeh.

(*Mormyrus cyprinoides*, Linn.)

Il est évident que nous avons ici sous les yeux le *morm. cyprinoides* de Linné. La description du Musée du prince Adolphe-Fréderic ne peut laisser aucun doute à ce sujet; c'est la seule espèce dont Linné ait pu dire : *Corpus facie rutili ovatum, dentes nonnulli acuti,* etc. C'est, en effet, le seul de nos mormyres qui ressemble à nos gardons, et le seul qui ait un très-petit nombre de dents pointues. Comme Linné travaillait avec les notes ou avec les individus qu'il tenait probablement de Hasselquist, et qu'il avait, ainsi que son élève, remarqué les dents échancrées de l'anguilloïde et du caschive, il opposait avec raison à ce caractère celui qu'il puisait dans la forme conique des dents de notre mormyre actuel, le seul qui les ait ainsi. Ajoutons que les nombres de rayons de la dorsale et de l'anale ont été indiqués avec la plus sévère exactitude.

Le *mormyrus cyprinoides* a donc le corps en ovale assez régulier, depuis la tête jusqu'à la naissance de la queue, qui sort étroite en arrière de cet ovale. La hauteur du tronc fait le quart de la longueur totale; celle de la tête est les deux tiers de cette hauteur. La cour-

bure monte régulièrement et insensiblement depuis le bout du
museau jusqu'à la dorsale, et une courbure concave symétrique
à la première dessine le contour inférieur. Il y a une légère saillie
du front au-devant des yeux ou des deux ouvertures de la narine,
lesquelles sont petites et très-rapprochées l'une de l'autre. L'œil est
placé sur le devant de la face, éloigné du bout du museau seulement
du quart de la longueur de la tête. L'ouverture de la bouche est
très-petite, la lèvre inférieure fait une saillie épaisse et papilleuse
au-devant de cette ouverture; c'est ce que M. Redouté a très-
bien fait sentir dans son dessin gravé dans l'ouvrage d'Égypte, et
M. Geoffroy avait parfaitement saisi ce caractère remarquable en
désignant l'espèce sous le nom de *M. labiatus*.

Les mâchoires ne portent qu'un très-petit nombre de dents. Je
n'en vois que quatre à la mâchoire supérieure et six à l'inférieure;
mais ces nombres doivent être variables, car ces organes tombent
facilement. J'ai des exemplaires qui n'en ont plus conservé une seule.
La plaque vomérienne est oblongue, pointue en avant et arrondie
en arrière; celle de la langue, un peu plus étroite, lui correspond
parfaitement.

La dorsale, reculée sur l'arrière du dos, commence très-peu en
arrière de l'anale. Son premier rayon répond au dixième rayon de
cette nageoire. La dorsale est, d'ailleurs, assez haute de l'avant, et le
dernier rayon est un peu plus long que ceux qui précèdent; l'anale
est beaucoup plus étendue que la dorsale; les ventrales sont un peu
en avant du second tiers du corps; les pectorales, assez pointues,
touchent ou même dépassent l'insertion des autres nageoires paires.

D. 26; A. 32, etc.

Les écailles sont beaucoup plus égales que celles des précédentes
espèces. Nous en comptons de quatre-vingt-quatre à quatre-vingt-
huit rangées entre l'ouïe et la caudale. La couleur ressemble à celle
des autres mormyres : c'est un plombé plus ou moins bleuâtre et
rayé sur le dos. Les nageoires sont verdâtres.

Dans ce mormyre on trouve des frontaux beaucoup moins
prolongés sur le devant, des os du nez plus larges et plus courts, des

sacs orbitaires caverneux ; entre ces os s'avance encore l'ethmoïde,
qui forme toujours, comme dans les précédents, l'extrémité du
museau, et qui reçoit les intermaxillaires. Le raccourcissement de
la tête est donc dû ici en partie à celui des os du crâne. Je ne vois
plus de trous dans les occipitaux supérieurs. Quant aux grands trous
latéraux, ils sont ici plus larges, triangulaires et recouverts par un
surtemporal naturellement plus haut, mais moins long. Le raccourcissement du corps se trouve ici en rapport avec la diminution dans
le nombre des vertèbres; car il n'y en a plus que quarante-cinq,
dont seize seulement portent des côtes. Le premier interépineux de
la dorsale répond à la dix-septième vertèbre.

Nos plus grands exemplaires ont environ dix pouces
de long; mais le dessin gravé dans M. Geoffroy en a jusqu'à
treize. Puisque je crois pouvoir établir que l'espèce dont il
s'agit ici est le *morm. cyprinoides* de Linné, j'en conclus
qu'elle a été deux fois citée dans M. de Lacépède : une
première sous le nom linnéen, et l'autre sous le nom de
Mormyre saleheyeh, que M. Geoffroy lui avait envoyé
d'Égypte ; ce savant zoologiste, ayant rapporté la dénomination linnéenne à une tout autre espèce, qui restera une
de ses découvertes.

M. Ehrenberg a retrouvé récemment cette espèce dans
le Nil, et il a bien voulu en céder un exemplaire pour le
Cabinet du Roi. Peu après, M. Ruppell a donné une
figure de la même espèce sous le nom qui lui avait été
consacré par M. Geoffroy.

M. Riffault a aussi dessiné cette espèce. Sa figure porte
pour nom arabe *Aboué fué fé* : le corps y est nuancé de
jaunâtre et de roux ; les nageoires sont roussâtres : l'opercule
seul est teinté de verdâtre.

Le nom de *Saleheyeh*, que M. Geoffroy a donné à ce
poisson, vient de l'endroit où il l'a d'abord observé. Il en

a trouvé aussi un grand nombre d'individus desséchés et morts sur le sable du désert après le retrait du Nil. Cette observation a été heureusement consignée par M. Geoffroy; car il y a lieu de croire que des fouilles exécutées dans ce bassin de l'Égypte, inondé régulièrement par la crue du Nil, feront découvrir un nombre assez considérable de poissons fossiles, disposés par couches aussi régulières que dans le célèbre gisement du Monte-Bolca.

Le Mormyre allongé.

(*Mormyrus elongatus*, Rupp.)

Je trouve dans les collections faites dans le Nil par M. de Joannis une espèce dont le corps est proportionnellement beaucoup plus long que celui qui vient d'être décrit d'après l'exemplaire observé par M. Geoffroy.

Les nombres des rayons diffèrent aussi très-peu, car nous les avons comptés de la manière suivante :

D. 27; A. 33, etc.

Les couleurs, comme on s'y attend, et les autres parties ressemblent tout à fait à celles du précédent; mais comme les nombres des rayons de l'anale, et ce qui est plus important encore, les proportions s'accordent parfaitement avec les observations faites par M. Ruppell,

nous croyons pouvoir considérer ces poissons comme représentant le *mormyrus elongatus* de ce savant et habile voyageur; je ferai seulement remarquer que les derniers rayons des deux nageoires impaires sont un peu plus longs que les autres dans le *mormyrus cyprinoïdes*, tout aussi bien que dans celui sujet de cet article; par conséquent ce caractère ne peut convenir à une espèce en particulier.

Le Mormyre raccourci.

(*Mormyrus abbreviatus*, nob.)

Des raisons tout à fait inverses de celles qui ont engagé M. Ruppell à distinguer son *elongatus* du *morm. cyprinoides* Linn., me conduisent à distinguer le poisson que j'ai sous les yeux des deux précédents.

Celui-ci, comparé à un individu de même taille, a le corps plus haut et plus court; la tête un peu plus large et plus renflée d'un œil à l'autre.

D. 26; A. 32, etc.

Les couleurs me paraissent un peu plus plombées, et celles de la dorsale et de l'anale plus rembrunies.

La longueur de l'individu est de huit pouces. Nous l'avons observé parmi les collections de M. de Joannis, qui a rapporté en même temps un individu du *morm. cyprinoides* tout à fait semblable à celui de M. Geoffroy.

Nous remarquerons que ces espèces ne sont peut-être que des variétés l'une de l'autre. Cependant nous avons déjà exprimé la pensée que ces mormyres peuvent offrir dans le Nil les mêmes variations que nos cyprins présentent dans nos rivières. Or, si les espèces de notre pays nous venaient de fleuves éloignés, et que nous ne les connussions que par l'examen de quelques individus isolés, si nombreux même qu'ils nous paraîtraient dans nos collections, nous confondrions ensemble les différentes espèces de leucisques, dont nous établissons la distinction spécifique non-seulement par les légères différences que nous offrent les formes, mais par les observations que nous sommes en état de faire sur la diversité de leurs mœurs, les époques plus ou moins éloignées de la ponte et du frai.

C'est aux voyageurs qui se rendront de nouveau sur les bords du Nil, à examiner ces diversités de mormyres, à apprendre des pêcheurs, que l'habitude instruit beaucoup plus que nous, à saisir les caractères réels de ces espèces ou de ces variétés.

Le Mormyre de Behbeyt.

(*Mormyrus dorsalis*, Geoffroy).

Nous avons maintenant à parler d'une espèce qui a été désignée scientifiquement par M. Geoffroy Saint-Hilaire sous le nom de *M. dorsalis*. Si l'on voulait continuer la comparaison que Linné avait faite du *mormyrus cyprinoides* avec le gardon, on dirait que celui-ci doit être comparé à la brème ou aux cyprins voisins de celui-ci, tel que la sope (*L. sopa*), ou à la vimbe (*L. vimba*), et alors on pourrait dire que les caschives ont la longue dorsale des carpes; que les oxyrhynques ont le museau pointu de certains barbeaux; mais il faudrait étendre encore ces comparaisons, et l'on trouverait plus de justesse à rapprocher le denderah des anguilles et les oxyrhynques du *silurus longirostris*.

Toutes ces comparaisons ne sont qu'une manière de répéter ce que nous avons déjà dit tant de fois dans ce livre, que la nature, d'une fécondité inépuisable dans la variété de ses formes, trouve souvent moyen de les reproduire dans les êtres les plus éloignés en apparence les uns des autres. Quand on analyse sévèrement l'ensemble des caractères qui fixent les affinités naturelles des êtres, on voit bientôt que ces similitudes extérieures ne sont que superficielles. On acquiert aussi la conviction que les organes employés par la nature pour reproduire une forme semblable, dans deux espèces de genres différents, ne sont souvent plus comparables.

Je fais ici cette observation, afin de remarquer que M. de Lacépède, probablement d'après les souvenirs de M. Geoffroy, a comparé le museau conique et allongé des mormyres oxyrhynques à celui des fourmilliers dans la classe des mammifères. M. Cuvier a lui-même répété, dans le Règne animal, cette comparaison, qui ne peut soutenir en aucune manière l'examen anatomique par la comparaison des pièces. Dans les Mirmécophaga les os de la face sont excessivement allongés; les maxillaires et les os du nez ont pris un accroissement considérable; dans les mormyres, au contraire, l'allongement du museau est dû aux os du crâne; les frontaux antérieurs, qui se portent beaucoup au delà des yeux, forment la base de ce cône, qui est prolongé par un ethmoïde long et saillant, tandis que les os du nez, les maxillaires ou les intermaxillaires sont restés excessivement petits.

Ces remarques prouvent, selon moi, le peu de fondement de ces comparaisons que l'on décore souvent du titre pompeux de philosophie naturelle ou scientifique, qui sont toujours le résultat de comparaisons forcées, et qui sont loin de constituer la véritable science de l'anatomie comparée; celle-ci devant, au contraire, arrêter, dans la sévérité de ses principes, les écarts de l'imagination, à laquelle l'homme se plaît le plus souvent à s'abandonner. Mais revenons à notre poisson.

Ce mormyre a le corps allongé et comprimé. La hauteur est comprise quatre fois et demie dans la longueur totale. Le museau est gros, obtus et arrondi; le dessus de la tête, entre les yeux, est bombé et comme bossu. La ligne du profil du dos se continue ensuite par une ligne courbé, mais très-surbaissée, jusqu'à la caudale ; celle du ventre est beaucoup plus concave jusqu'à l'anus, d'où cette ligne se redresse par une ligne droite, servant de base à l'anale jusqu'au tronçon de la queue, dont la hauteur n'est guère que le quart de celle du tronc. L'œil est petit, près du bout du museau, au quart antérieur de la longueur de la joue, contenue cinq fois et demie dans celle du corps entier. Tout près de l'extrémité du museau on trouve les deux ouvertures de la narine. La bouche est petite, avec des lèvres épaisses, arrondies, égales entre elles et chargées de papilles assez grosses. Les dents, semblables à celles des autres mormyres, sont comprimées et échancrées. La dorsale, qui est ici très-courte, est rejetée sur l'arrière, au commencement du dernier tiers du corps ; l'anale, devenue très-longue, commence à peu près à la moitié du corps, et son étendue égale à peu près le tiers de la longueur totale. A ne considérer que ces deux nageoires, on pourrait presque dire que la nature a ici renversé un oxyrhynque. La ventrale est petite et insérée au tiers de la distance, mesurée entre le bout du museau et l'origine de la caudale ; elle est très-petite ; la pectorale, étroite et pointue, atteint beaucoup au delà de l'insertion de la nageoire du ventre.

Les nombres des rayons de la dorsale et de l'anale varient un peu dans cette espèce. J'ai examiné les différents individus de la collection, et je ne crois pas que ces légères variations dans les nombres dépendent de différences spécifiques.

D. 14 à 16 ; A. 56 à 60, etc. [1]

Les écailles sont petites, assez régulières le long des flancs. J'en compte cent huit rangées entre l'ouïe et la caudale. La ligne latérale est tracée par les deux cinquièmes de la hauteur du tronc. La couleur est un plombé varié de reflets rosés, prenant une teinte noirâtre sur

---

1. M. Isidore Geoffroy a compté jusqu'à soixante-trois rayons à l'anale d'un de ses exemplaires ; mais j'avoue n'avoir pas retrouvé ce nombre, quoique je les ai comptés dans cinq individus.

le dos, qui est couvert de petites taches noires irrégulières. Les nageoires sont d'un vert jaunâtre.

M. Geoffroy, qui a nommé cette espèce sous le nom de Mormyre de *Behbeyt,* en avait donné communication à M. de Lacépède, qui a altéré cette dénomination dans son ouvrage en la publiant sous le nom de *Bébé.* La figure gravée dans l'ouvrage d'Égypte est, à cause de sa belle exécution, très-facile à reconnaître. Peu d'années avant, Sonnini[1] avait représenté cette même espèce sous le nom de *Kaschoué.* La figure, petite et d'une chétive exécution à côté de celle de l'ouvrage d'Égypte, n'en est pas moins très-reconnaissable.

M. Riffault a aussi rapporté une peinture de ce poisson faite pendant son voyage en Égypte; elle porte le nom de *Çava.* Le fond du dos est verdâtre avec des taches noires, et celui du ventre jaunâtre mêlé de roussâtre : la tête et les nageoires sont rousses.

Outre les individus que le Cabinet tient de M. Geoffroy, on en a encore d'autres, qui proviennent des collections faites par M. de Joannis.

Le MORMYRE BANÉ.

(*Mormyrus bane; Mormyrus cyprinoides,* Geoffroy, mais non de Linné).

En examinant les nombreux individus rapportés d'Égypte par M. Geoffroy sous le nom de Bané, et en les comparant avec ceux que les différents voyageurs nous ont procurés depuis l'expédition d'Égypte, nous avons remarqué six

---

1. Sonnini, Voyage en Égypte, pl. 21, fig. 3.

espèces ou variétés bien tranchées, que l'on a réunies sous le nom de Mormyre bané. Nos observations présentent un caractère de certitude; car nous n'avions pas moins de vingt-cinq exemplaires réunis et placés à côté les uns des autres pour les comparer.

Le trait le plus saillant de la conformation de tous ces Bané est d'avoir le museau saillant au delà de la bouche; mais l'avance du museau, l'éloignement de l'œil et la forme générale du corps, offrent des caractères différentiels que l'on peut assez facilement saisir pour en conserver le souvenir de manière à reconnaître ces différentes espèces.

Pour mettre les naturalistes à même d'apprécier les observations que nous avons faites sur nos différents exemplaires, nous allons commencer par donner la description détaillée de l'espèce que M. Geoffroy a observée et qu'il a parfaitement bien représentée dans l'ouvrage d'Égypte.

Ce poisson a le corps ovalaire. La hauteur, mesurée entre le commencement de la dorsale et de l'anale, est contenue quatre fois dans la longueur totale. A partir de la saillie du museau, le profil monte un peu obliquement jusque sur la crête occipitale, qui est élevée et qui rend la nuque un peu saillante; puis la ligne du profil monte droite, mais un peu obliquement, jusqu'au pied de la dorsale; à partir de là elle descend jusqu'à la queue. La ligne du profil du ventre est plus régulièrement concave, depuis la bouche jusqu'à la queue, au delà de l'anale. La hauteur de cette portion du corps est le cinquième de la hauteur précédente; la longueur de la tête, mesurée depuis la saillie du museau jusqu'au bord de l'opercule, est à très-peu de chose près, le cinquième de la longueur totale. Le profil inférieur qui se dessine depuis le museau jusqu'à l'ouverture de la bouche, est une ligne droite; elle est plus longue que dans aucune autre espèce. L'œil, dont le bord antérieur répond à l'ouverture de la bouche, est éloigné de la tubérosité terminale, d'une longueur égale au cinquième de celle de la tête. Cet œil est petit, car son diamètre n'est guère que du sixième de cette même longueur. Un peu au-dessous de l'œil et près du bord du museau existe la cavité nasale, dont les deux orifices sont très-petits et rapprochés l'un de l'autre. La bouche est une fente presque linéaire et transversale; les lèvres sont moins épaisses et moins garnies de papilles que celles des autres mormyres. Les dents sont d'ailleurs comprimées et à couronne échancrée comme celles de toutes les espèces précédentes. La dorsale de cette espèce est de moyenne grandeur, et, à très-peu de chose près, aussi étendue que l'anale. La hauteur des premiers rayons de la nageoire du dos est un peu plus considérable que les correspondants de la nageoire de l'anus. Les ventrales sont petites; les pectorales touchent à leur insertion.

D. 31; A. 34, etc.

Je suis parfaitement d'accord avec M. Isidore Geoffroy pour cette énumération. Les écailles de cette espèce sont assez égales et plus grandes que dans aucune autre espèce. Je n'en compte que soixante-huit entre l'ouïe et la caudale. La ligne latérale est droite et tracée à peu près par le tiers de la hauteur du tronc. Quant aux couleurs, le fond est un plombé à reflets bleuâtres, sans aucunes taches sur le corps ou sur les nageoires.

Les viscères du Bané sont semblables à ceux des autres mormyres. Je trouve seulement leurs cœcums plus longs et courbés autour de l'estomac.

Quant au squelette, s'il ne présente pas de différences génériques, on ne peut nier que le crâne ne soit en apparence fort différent de celui des autres mormyres. En effet, dans cette espèce la saillie du museau n'est plus faite par l'ethmoïde; cet os, donnant au contraire la hauteur de cette partie de la face au-dessus de l'ouverture de la bouche. Les os du crâne paraissent, d'ailleurs, comme caverneux. Si j'osais me permettre des comparaisons que je regarde comme forcées, je dirais que les Banés sont en quelque sorte aux autres mormyres ce que les sciènes sont aux perches. Nous avons pour frontaux des os courts, étroits, surmontés d'une crête mitoyenne, donnant naissance, au-dessus de l'orbite, à une petite arcade osseuse qui va se perdre sur les crêtes sourcilières, ce qui laisse un trou ou une sorte de petite caverne au-dessus de l'orbite. Le frontal antérieur s'avance ensuite en un os étroit, ayant une crête moyenne et deux petites latérales. L'ethmoïde s'articule presque à angle droit sous cet os, et vient recevoir dans son échancrure les branches de l'inter-maxillaire. De chaque côté de l'ethmoïde sont d'abord les os du nez; os assez longs, arqués, pliés sur eux-mêmes en demi-cornets, et formant ainsi une sorte de gouttière, qui se continue avec celle des frontaux. Les sous-orbitaires sont de même pliés en gouttière, de sorte que tous les os de cette partie de la face ont l'apparence caverneuse de plusieurs de nos sciènes. En arrière et au-dessus des frontaux sont deux très-petits pariétaux, dont la ligne moyenne est relevée en une petite crête qui va se continuer avec la grande crête impaire de l'interpariétal, de chaque côté de laquelle on voit s'élever les petites crêtes mastoïdiennes, qui portent vers les bases externes de la région occipitale. Le trou mastoïdien latéral est très-grand, triangulaire et recouvert par un surtemporal oblong, qui est pro-portionnellement le plus grand de toutes les espèces de mormyres. Je trouve ici les deux trous des occipitaux latéraux de nos autres espèces. Nous n'avons plus que quarante-deux vertèbres, dont onze sont abdominales.

Telle est la description détaillée du mormyre Bané, faite sur un individu long de neuf pouces, qui a également servi au travail de M. Geoffroy. Il s'est trompé, quand il a cru que ce pouvait être le *mormyrus cyprinoides* de Linné; car l'auteur du *Systema naturæ* compte à la dorsale vingt-six rayons et à l'anale quarante et un; nombres que nous avons retrouvés dans une des espèces précédentes. Nous devons regretter aussi que M. Cuvier ait adopté, sans vérification préalable, la détermination de M. Geoffroy.

Le MORMYRE DEQUESNÉ.

(*Mormyrus Dequesne*, nob.)

Nous avons un second Bané,

dont la hauteur entre la dorsale et l'anale est trois fois et demie
dans la longueur totale. Il a donc le corps plus trapu que le précédent. L'extrémité du museau est plus grosse et plus arrondie parce
que le profil inférieur de ce museau est plus courbe. Le dos paraît
plus régulièrement convexe, et le ventre est plus droit jusqu'à l'anus.
L'œil paraît un peu plus grand; la tête est un peu plus courte; la
pectorale paraît plus pointue; les écailles un peu plus grandes, car
je n'en compte que soixante rangées le long du côté. Les nombres
sont un peu différents de ceux du précédent.

D. 32; A. 36, etc.

Les couleurs sont un plombé uniforme sur le dos, rembruni sur
les nageoires, qui sont beaucoup plus foncées que le tronc. Le
museau est presque noirâtre, avec des reflets dorés; ces teintes
rembrunies s'étendent sous la gorge.

Je possède de cette espèce un exemplaire rapporté par
M. Geoffroy: il est long de sept pouces. Un autre, de même
taille et très-bien conservé, d'après lequel j'ai fait ma
description, provient des collections de M. de Joannis;
enfin, j'en ai un troisième, long d'un pied, qui a été pris
dans le Nil pendant l'expédition de M. Darnaud. Je rapporte
à cette espèce un dessin fait par M. Riffault, qui a bien,
comme le nôtre, le museau saillant et arrondi; le corps est
d'un gris teinté de brun sur le dos et de rose sous le ventre.
Il porte le nom que j'ai donné à notre espèce.

Le MORMYRE DE JOANNIS.

(*Mormyrus Joannisii*, nob.)

Cette troisième espèce de Bané

a le corps beaucoup plus haut que toutes les précédentes; car la hauteur, entre les deux nageoires impaires, est le tiers de la longueur totale. Le museau est gros et arrondi; le dessous est plus large que dans les précédentes. L'œil est plus grand que dans aucune autre espèce.

D. 30; A. 34, etc.

Les écailles sont plus petites, car j'en compte soixante-sept rangées sur un corps beaucoup moins long.

La couleur est plombée sur le dos, argentée sous le ventre et sous le museau. Les nageoires sont grises, à reflets verdâtres très-pâles.

La longueur de l'individu est de sept pouces; il nous vient aussi de M. de Joannis.

Le MORMYRE D'EHRENBERG.

(*Mormyrus Ehrenbergii*, nob.)

Celui-ci a le corps plus étroit que les précédents;

la hauteur est comprise quatre fois dans la longueur totale; sous ce rapport il ressemblerait à notre première espèce; mais il en diffère parce qu'il a le museau plus arrondi, surtout en dessous; que l'œil est un peu plus avancé, de telle façon que la bouche paraît plus reculée par rapport à cet organe; il est aussi plus grand que dans le Bané de M. Geoffroy.

D. 30 ou 32; A. 33 ou 35, etc.

Les couleurs sont plus argentées que dans aucun des précédents. Les nageoires sont pâles. La dorsale seule est teintée de noirâtre sur les premiers rayons.

L'individu que j'ai reçu de M. Ehrenberg a cinq pouces

de long. J'en ai un second, un peu plus grand et long de six pouces et demi, qui nous vient de M. Darnaud. Enfin, je trouve encore un individu, semblable par ses formes et les nombres de rayons, mais défectueux à cause de son ancienneté, dans les collections de l'expédition d'Égypte.

Le Mormyre de Bové.

(*Mormyrus Bovei*, nob.)

Dans toutes les espèces dont j'ai parlé jusqu'à présent, les nombres des rayons de la dorsale et de l'anale différaient très-peu; dans celle que je vais décrire

je trouve une dorsale courte, ayant de vingt à vingt-trois rayons, tandis que l'anale reste longue comme dans les précédentes, car je lui compte de trente et un à trente-trois rayons, avec ces différences de nageoires impaires, je trouve un corps étroit et allongé. La hauteur entre les deux nageoires verticales est un peu au-dessous du quart de la longueur totale. La saillie du museau est très-courte, ce qui le rend plus arrondi que chez aucun autre. La fente de la bouche répond au milieu de l'orbite, parce que l'œil est encore plus avancé que dans les précédents.

D. 23; A. 31 ou 33.

Les couleurs sont argentées, un peu plombées sur le dos. Les nageoires sont blanches; la caudale a cependant quelques teintes grises, ainsi que les premiers rayons de la dorsale.

J'ai examiné un grand nombre d'individus de cette espèce rapportés du Nil par M. Geoffroy, qui sont tous de même taille et qui n'ont que quatre pouces et demi. M. Bové en a procuré au Muséum deux exemplaires parfaitement bien conservés et de même taille, qui ont servi à ma description.

Le Mormyre d'Isidore.

(*Mormyrus Isidori*, nob.)

Je vois dans cette espèce l'anale se raccourcir, ainsi que la dorsale, comme dans l'espèce précédente;

elle n'a plus que vingt-quatre rayons. Le corps est d'ailleurs plus court, car la hauteur est trois fois et quelque chose dans la longueur totale. La circonscription du corps forme un ovale plus régulier, et le museau, arrondi en dessus comme en dessous, confond son profil dans celui de l'ovale général. La bouche est petite, sa fente répond au bord antérieur de l'œil; celui-ci est donc plus reculé sur la joue que dans les espèces précédentes. La pectorale est pointue, et elle atteint presqu'à la fin de la nageoire ventrale.

D. 20; A. 24, etc.

Ce poisson, de couleur plombée, a le ventre plus gris et moins brillant que les deux ou trois précédentes espèces. La dorsale et la caudale sont un peu noirâtres; les autres nageoires restent grises.

Ce petit poisson, long de près de quatre pouces, faisait partie des collections de M. Geoffroy, et était considéré comme un jeune du Bané; mais les nombres sont tellement différents, que les deux espèces ne peuvent pas même être rapprochées. Son profil, sa pectorale, sont tout à fait différents de ceux du petit individu qui a été figuré sur la planche de l'ouvrage d'Égypte, et qui représente effectivement un jeune Bané. Je n'ai pas besoin de dire par quel souvenir j'ai donné à l'espèce le nom qu'elle porte.

CHAPITRE V.

De la famille des **HYODONTES** et des genres OSTÉOGLOSSE, ISCHNOSOME et HYODON.

Je réunis dans un même groupe les ostéoglosses, les ischnosomes et les hyodons, qui ont tous trois le corps comprimé, le ventre comprimé sans dentelures, et des cœcums au pylore.

Sans la présence de ces organes ces genres iraient avec les chirocentres; car ceux-ci ont la joue cuirassée, quoique les sous-orbitaires soient moins gros. Le développement de ces os chez les *Osteoglossum* a fait penser à quelques naturalistes que ces poissons devaient être réunis aux genres *Erythrinus* et *Sudis;* mais ceux-ci, comme on le verra à leur article, s'en éloignent par la forme arrondie de leur corps et par d'autres détails anatomiques. Les deux genres dont je traite ont de l'affinité avec les autres familles que je forme pour arriver à les caractériser. De tous ces poissons, ceux dont le canal intestinal ressemble le plus aux Ostéoglosses, sont les mormyres. Les formes extérieures ne m'auraient pas fait songer à ce rapprochement. En joignant à cette similitude celle qu'ils ont avec les Chirocentres par la forme du corps, on comprend pourquoi je place les Hyodontes à la suite des Mormyres, et que je les éloigne par conséquent des Érythrins.

DES OSTÉOGLOSSES (*Osteoglossum*).

On doit à un voyageur portugais, M. Fereira, les premières indications de l'existence d'un poisson de l'Amazone, brillant des plus belles couleurs, aussi remarquable par ses formes que par ses caractères; il a été décrit et dessiné avec beaucoup de soins au commencement de ce siècle par ce naturaliste, disciple du professeur Vandelli de Lisbonne. Ce voyageur l'avait observé dans le Rio - Négro du Para, et il avait envoyé ses observations à son maître; celui-ci les publia dans un Recueil scientifique portugais vers 1808, et la gravure qui accompagne cette notice, est certainement une des représentations les plus fidèles qu'un naturaliste puisse demander d'une espèce de poisson. M. Fereira avait joint à l'envoi de ses notes manuscrites la langue osseuse et dentée d'un autre grand poisson, vivant aussi dans les affluents de l'Amazone. Cet os provient d'un Vastrès; mais j'ai tout lieu de penser que le naturaliste portugais a cru que la langue osseuse appartenait à l'espèce qu'il avait dessinée. C'est ce qui lui a fait imaginer le nom générique d'*Osteoglossum*. Il a aussi observé dans sa note que le poisson est appelé *Pyrarucú,* parce que la langue est employée à l'extraction de la fécule d'une plante connue des Indiens sous le nom d'*urucú.* Nous avons déjà remarqué, depuis longtemps, que dans les idiomes de ces peuplades américaines un poisson est appelé *Pyra.* Nous verrons plus loin que M. Spix et tous les autres voyageurs ont appliqué le nom de *Pyrarucú* au grand poisson de l'Amazone, désigné par M. Cuvier sous la dénomination de Vastrès géant.

Nous avons eu connaissance des travaux de M. Fereira par la correspondance de M. Vandelli, retrouvée dans les papiers de M. de Lacépède. La planche envoyée à ce savant représente parfaitement le poisson que je vais décrire; elle porte le nom d'*Osteoglossum minus.* Cela indique-t-il que ce professeur avait distingué, dans son mémoire, une espèce plus grande? Je n'ai pas pu malheureusement me procurer ce travail.

Les naturalistes de France et d'Allemagne connaissaient à peine ces documents, et n'avaient jamais observé le poisson, lorsque MM. Spix et Martius, de retour de leur grande et savante exploration de l'Amazone, rapportèrent un exemplaire bien conservé d'une espèce très-voisine de l'*Osteoglossum* de M. Fereira : il est conservé dans le cabinet d'histoire naturelle de Munich.

M. Spix, qui avait préparé les planches ichthyologiques de son voyage, en a laissé une grande figure élégamment coloriée. Ne connaissant pas le travail sur ce poisson du professeur de Lisbonne, il avait eu l'idée de faire un genre particulier de ce poisson, que l'on trouve indiqué sur la planche par le nom de ISCHNOSOMA. Après la mort de Spix, M. Martius nous avait envoyé toutes les épreuves de cette belle collection ichthyologique, et nous avons pu lui communiquer nos observations sur leur nomenclature. Ce travail a été fort habilement employé par le célèbre ichthyologiste, à qui M. Martius eut le bonheur de confier la publication de ce travail, quoiqu'il fût encore, pour ainsi dire, élève de l'université de Munich. Tous les naturalistes ont déjà nommé mon ami M. Agassiz. Ce savant a rétabli dans son texte le nom d'*Osteoglossum,* et a donné à la fin de l'ouvrage, parmi les planches anatomiques, des figures détaillées de la tête et de l'intérieur de la bouche de ce curieux poisson. Ce travail date de 1829. Toutefois, l'on va voir, par les détails dans lesquels je vais entrer, que le genre *Ischnosoma* de MM. Spix et Martius peut être conservé, parce qu'il n'est pas parfaitement identique au véritable *Osteoglossum* que j'ai sous les yeux.

Ce genre, découvert en Amérique, vient d'être, dans ces derniers temps, augmenté d'une seconde espèce des eaux douces de Bornéo. La description en a paru dans le grand ouvrage descriptif de l'Histoire naturelle des possessions hollandaises dans l'Inde, publié par ordre du gouvernement des Pays-Bas en 1836, par l'influence et sous la direction du célèbre directeur du Musée de Leyde, M. Temmink.

MM. Müller et Schlegel ont donné une description très-détaillée de cette acquisition, aussi nouvelle qu'inattendue.

Tels sont les matériaux que nous ont fournis nos pré-décesseurs pour traiter. d'un genre rare dans les collections, curieux par les détails de l'organisation des espèces que nous avons pu étudier nous-mêmes d'après nature sur des individus conservés dans le Cabinet du Roi.

Les caractères consistent dans la forme comprimée et en lame de sabre du corps ; la tête, qui partage aussi cette compression générale, a le dessus du crâne osseux et les joues cuirassées par la grandeur des dernières pièces sous-orbitaires et par celle des pièces de l'appareil operculaire ; la gueule, très-fendue, a de petites dents coniques sur de courts intermaxillaires et sur des maxillaires grêles, étroits, peu mobiles et cachées en partie par les sous-orbitaires ; des dents semblables sont à la mâchoire inférieure, qui porte sous la symphyse deux barbillons charnus. Le vomer, les palatins, les ptérygoïdiens, la base du sphénoïde, l'os lingual et le corps de l'hyoïde, sont couverts de petites dents serrées ; une rangée de dents coniques, plus longues, suit le bord interne des ptérygoïdiens ; les ouïes, très-largement fendues, sont protégées par un large bord membraneux de l'opercule ; la membrane branchiostège est soutenue par dix rayons ; la dorsale plus ou moins étendue sur le dos ; l'anale

longue et séparée d'une petite caudale; les pectorales pointues; les ventrales prolongées en filet; les écailles grandes,
minces, réticulées; le ventre, par suite de la compression
du corps, est tranchant, mais sans aucunes dentelures.
A ces caractères extérieurs nous joignons ceux d'un canal
intestinal simple, dont l'estomac arrondi n'a point de cul-
de-sac; il y a deux cœcums au pylore; la vessie aérienne
est grande, simple, sans aucunes divisions ni cornes; les
parois sont très-minces. Elle communique avec le haut de
l'œsophage par un canal court dont l'orifice est excessivement étroit.

Les caractères génériques que nous venons d'exposer
établissent les rapports nombreux qui lient l'*Osteoglossum*
aux différents genres de poissons traités dans ce livre. Il
n'est pas sans avoir une ressemblance générale avec le
Chirocentre, car l'*Osteoglossum* de l'Inde confirme cette
affinité par la brièveté de sa dorsale. Nous trouvons ces
ressemblances dans la forme comprimée du ventre sans
dentelures, dans l'insertion des pectorales, dans la longueur
de l'anale, et même dans la saillie de la mâchoire inférieure
au-devant d'une bouche fendue presque verticalement.
D'un autre côté, la grandeur et la solidité des sous-
orbitaires lient ce poisson à presque tous les genres de ces
diverses familles, et surtout aux Érythrins et aux Vastrès;
enfin, il n'est pas jusque dans la simplicité du canal intestinal, dans le nombre des cœcums, dans leurs rapports de
longueur et d'insertion avec l'intestin, que nous ne trouvions
une ressemblance fort notable entre nos ostéoglosses et les
mormyres, malgré qu'ici les différences extérieures soient
très-grandes. Il m'a paru important de signaler les nombreux
rapports, qui font mieux apprécier l'ensemble de ces diverses
familles.

L'Ostéoglosse de Vandelli.

(*Osteoglossum Vandellii*, Agassiz).

Nous commencerons par traiter de l'espèce américaine, puisque c'est elle qui a été découverte la première; je la trouve indiquée sur la planche de M. Vandelli[1] sous un nom que j'ai peine à m'expliquer : il l'a appelée *Osteoglossum minus;* et je trouve dans le manuscrit de M. Fereira que le poisson atteint à une longueur de six pieds.

Lorsque M. Agassiz eut étudié les notes que nous avions mises sur les planches de Spix, il fit paraître l'*Ischnosoma bicirrhosum*[2], en lui conservant l'épithète de son prédécesseur, avec une description détaillée sous le nom d'*Osteoglossum bicirrhosum*[3], qu'il changea lui-même, dans les explications des planches anatomiques, où il fit connaître les détails ostéologiques de la tête. Cette dénomination d'*Osteoglossum Vandelli* est peut-être impropre, parce que, s'il avait pu comparer la figure de Vandelli au poisson de Munich, il eût trouvé, dans la séparation de l'anale avec la caudale, un caractère qui s'opposait à cette identité spécifique.

J'ai douté longtemps de l'exactitude des planches de M. Spix, et malgré les expressions formelles de M. Agassiz, *pinna analis latissima cum pinna caudali conjuncta,* je n'ai pu croire à l'exactitude de ce caractère, qu'après l'avoir fait vérifier de nouveau sur l'original du Musée de Munich.

---

1. *Mem. act. Lisb.*
2. Spix, *Pisc. Bras.*, pl. 25.
3. Agassiz *apud* Spix et Martius, *Pisc. Bras.*, p. 47, et p. 5, tab. anat. expl., tab. A, fig. 8.

M. Martius et son gendre, M. le professeur Erld, ont eu la complaisance de faire cette vérification à ma prière, et m'ont confirmé cette disposition. Dans ce cas l'on ne doit plus confondre le poisson de M. Spix et celui de Vandelli : c'est celui-ci que nous avons reçu de la rivière de l'Amazone, le seul que je possède, et d'après lequel je vais donner la description suivante. Il est le seul qui mérite le nom d'*Osteoglossum de Vandelli*, à cause de sa parfaite ressemblance avec la figure donnée par ce savant, je n'hésite pas à le lui laisser, quoique MM. Schlegel et Müller aient, dans leur description, appliqué cette dénomination à l'espèce de Spix, parce qu'une simple citation dans un article destiné à faire connaître avec beaucoup de détails l'espèce de Bornéo, ne peut servir de règle aux ichthyologistes. Il faut aussi se souvenir qu'elle a été empruntée à une note presque inaperçue de M. Agassiz, qui a fait sa description complète et détaillée sous le nom d'*Osteoglossum bicirrhosum*. Il demeure bien entendu que mon *Osteoglossum Vandelli* n'est pas le même que le sien.

Ce poisson a le corps comprimé. L'épaisseur est trois fois et demie dans la hauteur. Le profil supérieur est rectiligne, tandis que l'inférieur suit une courbe qui remonte fortement vers la queue, laquelle a très-peu de hauteur; car elle est comprise quatre fois et demie ou cinq fois dans toute la hauteur du corps, laquelle n'est que le sixième de la longueur totale. La tête, mesurée depuis la saillie de la mâchoire inférieure jusqu'à l'extrémité du bord membraneux de l'opercule, est quatre fois et demie dans la longueur totale. Le dessus du crâne est aplati; la portion nue de la nuque ne correspond pas même au bord postérieur des sous-orbitaires. L'œil est d'un diamètre médiocre, car il ne mesure que le sixième de la longueur de la tête; il est tout à fait sur le haut et sur le devant de la joue, ce qui rend la face très-courte;

il est séparé de son congénère par un intervalle qui égale une fois
et demie son diamètre. Le museau est cependant un peu allongé
par la saillie de la mâchoire inférieure, qui dépasse de toute son
épaisseur la supérieure; la gueule est grande et très-largement
fendue. Les intermaxillaires sont très-courts; ils ne dépassent pas,
sur les côtés, les ouvertures de la narine; le maxillaire est long,
grêle, étroit, caché presque en entier sous le bord des sous-orbitaires : il a très-peu de mobilité. Ces deux os ne portent qu'une
seule rangée de dents courtes, qui sont en partie cachées dans
l'espèce de gencive qui embrasse l'os; car on ne peut pas dire
qu'il y ait de lèvres. Les dents de la mâchoire inférieure ne sont
pas beaucoup plus longues; elles sont sur un seul rang le long des
branches, et sur deux, derrière la symphyse : c'est à la mobilité
seule de cette pièce et à la longueur de ses branches, restées libres
jusqu'à l'articulation, qu'est due l'amplitude de la gueule. Il existe
une petite plaque de dents pointues sur le chevron du vomer, sur
les palatins, sur les deux ptérygoïdiens; mais ici, le long du bord
interne de la grande aile ptérygoïdienne, l'on voit une carène sur
laquelle les dents sont plus longues que celles du reste de la plaque.
Ces deux carènes, rapprochées l'une de l'autre, forment une gouttière renversée tout le long du palais, dont la voûte est formée
par le sphénoïde; lequel, lisse et sans dents sur presque toute son
étendue, en porte un petit groupe auprès de l'attache des arceaux
des branchies. La langue est libre, large, ovale, assez charnue en
avant; elle est longue et remplit l'intervalle assez grand que laissent
entre elles les deux branches de la mâchoire. Son os lingual, prolongé en arrière jusqu'entre les branchies, se confond avec le corps
de l'hyoïde. Il est un peu concave et couvert de dents excessivement
petites, ressemblant tout à fait, par leur disposition en quinconce,
aux âpretés d'une râpe fine. Les râtelures des branchies ne sont
pas très-longues; elles sont aussi couvertes d'âpretés. Il ne me
paraît pas que les pharyngiens supérieurs aient des dents. A cause
de la mobilité de toutes les pièces de l'ouïe et des deux branches
de la mâchoire inférieure, la membrane qui forme l'isthme de la
gorge et qui se réunit à la membrane branchiostège, est assez large;

mais, dans l'état de repos, elle reste antérieurement cachée entre
les branches de la mâchoire qui se rapprochent assez pour se toucher à la hauteur de leur articulation. On voit pendre sous la
symphyse deux barbillons charnus, coniques, à pointe fine et
déliée. Leur longueur égale celle de la moitié des branches. La
joue est osseuse, parce qu'elle est presque entièrement recouverte
par les sous-orbitaires postérieurs et par les pièces de l'appareil
operculaire. Toutes ces pièces sont finement ciselées et grenues; le
préopercule seul et la mâchoire inférieure sont plus rugueux. Nous
comptons cinq osselets sous-orbitaires : le premier est situé entre
l'œil et la narine; aussi est-il profondément échancré en avant pour
laisser la place à l'organe olfactif. Cet os est petit; mais cependant
il l'est beaucoup moins que le second et le troisième sous-orbitaire,
qui sont réduits à de simples arceaux osseux, tout à fait styli-
formes; le quatrième sous-orbitaire est une très-large plaque irrégulièrement quadrilatère, dont le bord postérieur offre une sinuosité
en S : son angle descend jusqu'à l'extrémité du maxillaire et sur
l'articulation de la mâchoire inférieure; le cinquième sous-orbitaire
a une forme plus régulière et presque rectangulaire; il va du bord
postérieur de l'orbite à l'extrémité supérieure du bord montant
du préopercule. Cet os se montre comme une pièce triangulaire,
élargie en arrière et en bas par une sorte de bord membraneux.
L'opercule est très-grand; son bord postérieur est largement arrondi,
et il couvre à lui seul toute cette dernière partie de la joue; car
le sous-opercule ne contribue en rien à augmenter la surface de
l'os précédent, parce qu'étant très-petit, il est caché sous l'angle
postérieur du préopercule. On peut en dire à peu près autant de
l'interopercule, qui est recouvert par une peau épaisse. La membrane
branchiostège est assez libre, assez large, et elle se continue en
un bord membraneux operculaire, qui est un des plus épais et
des plus développés que l'on puisse trouver dans les poissons. Il
cache toute la ceinture humérale et s'étend jusque sur la seconde
ou la troisième rangée d'écailles, qui sont elles-mêmes très-grandes.
Le dessous de cette ceinture humérale est comprimé en une carène,
qui se continue avec celle du ventre, en passant entre les ventrales

jusqu'à l'anus. Cette carène n'offre, comme le chirocentre, aucunes dentelures ni aucunes de ces écailles osseuses qui constituent le caractère général de toutes nos vraies clupéoïdes. Les pectorales sont longues et pointues, insérées tout à fait sous le bas de la poitrine, s'étendant et se cachant en quelque sorte le long des flancs lorsqu'elles sont fermées, mais s'écartant du corps à angle droit. Malgré leur petit nombre de rayons elles ont assez de largeur, parce que l'éventail de ceux-ci a de l'étendue. On trouve dans leur aisselle une écaille libre et plus large que les autres, sans qu'elle soit cependant pointue. On voit donc que la pectorale ressemble aussi, sous presque tous les rapports, à celle des chirocentres. J'en dirai de même des ventrales, bien qu'elles soient beaucoup plus petites. L'anale, qui est très-étendue et qui suit le contour en lame de sabre, caractérisant la forme générale du corps, commence beaucoup en avant du milieu de la longueur totale; elle se continue jusque tout auprès de la caudale, sans cependant y toucher et se confondre avec elle. Il faut, pour observer cette distinction, y regarder avec soin, et écarter légèrement les deux nageoires, en mettant le poisson sur un plan lisse; rien n'est plus facile que de croire à la réunion des deux nageoires. J'ai examiné les trois individus de la collection sous ce point de vue, pour m'assurer de la séparation de l'anale et de la caudale. La dorsale est basse, un peu plus courte que l'anale, quoiqu'elle finisse aussi tout près de la caudale. Il résulte de cette disposition des deux nageoires verticales que le tronçon de la queue est excessivement court; la caudale elle-même, qui est arrondie, est petite.

B. 10; D. 43; A. 50; C. 12; P. 7; V. 6.

La ligne latérale part, comme à l'ordinaire, de l'écaille mastoïdienne, et s'infléchit vers le ventre en suivant à peu près la courbure du profil; elle est formée d'une suite de tubulures simples, qui deviennent, après le desséchement, de petits sillons ou enfoncements sur toutes les écailles de la ligne latérale. Les écailles sont grandes; j'en compte trente-cinq rangées entre l'ouïe et la caudale; une d'elles, examinée avec soin et à la loupe, montre que toute

sa surface est couverte d'un réseau à mailles ordinairement qua-
drangulaires et que toute la surface est finement granuleuse. On
sait que les couleurs de ces poissons sont très-brillantes; mais les
individus que j'ai sous les yeux sont entièrement décolorés. Nous
pouvons en juger par le beau dessin de Spix, qui représente toutes
les écailles du corps d'un bel orangé rougeâtre et bordé d'une large
bande d'un beau bleu. Les nageoires sont d'un brun plus ou moins
jaunâtre.

L'étude anatomique des viscères m'a montré un œsophage extrêmement large, sans plis, donnant dans un grand estomac, arrondi
en arrière et sans cul-de-sac; deux longs cœcums auprès du pylore;
l'intestin se continue en un tube simple et étroit, ne faisant point
de circonvolutions, se dilatant au rectum. La vessie aérienne est
très-grande, à parois minces et membraneuses; elle me paraît simple
et arrondie vers le haut, et elle communique avec l'œsophage par
un canal court, dont l'entrée me paraît excessivement étroite.

Le foie est de longueur médiocre, étroit et réduit à un seul lobe,
situé entièrement dans l'hypocondre droit.

Un individu a été envoyé de l'un des affluents de
l'Amazone de l'intérieur du Brésil par M. le comte de
Castelnau : il a près de deux pieds. Le Cabinet du Roi
en possède deux autres exemplaires, qui ont été pris dans
la rivière de l'Amazone par l'un des officiers distingués de
la marine, M. Tardy de Montravel, connu par son beau
travail hydrographique sur le cours de ce grand fleuve.

Il me paraît évident que l'*Osteoglossum arowana* de
M. Schomburgk appartient à notre espèce; on trouve, en
effet, dans sa description de trop nombreux détails parfaitement semblables avec nos individus, pour ne pas croire
à une identité spécifique. Il dit que ce poisson n'est pas
rare dans le Rupununi; qu'on le trouve aussi dans le Essequibo. Il l'a vu aussi en abondance dans le Rio Branco,
un des affluents du Rio Négro; mais ce poisson est plus

rare dans ce fleuve. Il aime les eaux vaseuses, et se nourrit, suivant M. Schomburgk, de substances végétales. On le voit souvent nager près de la surface de l'eau, ce qui permet aux Indiens de le tuer à coups de flèche. Les noms vulgaires que l'on trouve cités dans cet ouvrage, sont ceux de *Macusi* et d'*Arowana*. Je n'ai pas accepté le nom d'*Osteoglossum Arowana*, parce que je n'ai pas voulu laisser tomber dans l'oubli, par cette innovation, le nom du naturaliste de Lisbonne, qui a publié le premier une figure si correcte de notre poisson.

L'Ostéoglosse élégant.

(*Osteoglossum formosum*, Müll. et Schlegel.)

Je ne connais l'espèce de Bornéo que par la description et la figure des naturalistes hollandais que je viens de citer.

Cette espèce diffère de la précédente par un corps beaucoup plus trapu et surtout plus haut entre la dorsale et l'anale. A cet endroit du corps la hauteur mesure le quart de la longueur totale. Le profil supérieur du corps est rectiligne jusqu'à la dorsale; l'inférieur est courbe. Les dents, surtout celles du vomer, me paraissent plus fortes. Je crois aussi que celles de la langue sont plus grosses. L'os lingual est d'ailleurs plus pointu. Les sous-orbitaires couvrent de même toute la joue; il y a aussi deux barbillons sous la symphyse de la mâchoire inférieure. La dorsale est courte, reculée tout à fait sur l'arrière du dos; elle est arrondie; l'anale, plus longue que la dorsale, est haute, et a une étendue proportionnelle beaucoup plus courte que dans l'espèce américaine. La pectorale est pointue et dépasse l'insertion des ventrales. Les écailles sont plus grandes et moins nombreuses sur le corps que dans l'espèce américaine. Je n'en compte guère que vingt-cinq rangées entre l'ouïe et la caudale. A ces formes si distinctes nous ajoutons une différence très-notable dans les couleurs. Ce beau poisson a le corps d'un vert brillant, avec une bordure violette à chaque écaille. La tête, de la couleur du tronc, a la mâchoire inférieure blanche et des taches lilas, sous forme de traits oblongs, éparses sur ces diverses parties. Toutes les nageoires sont d'un bel orangé. MM. Müller et Schlegel ont compté quinze rayons à la membrane branchiostège. Cette différence assez considérable entre les nombres du poisson de Bornéo et ceux de l'espèce d'Amérique ne me paraît pas, cependant, devoir faire distinguer génériquement le premier, parce que je ne vois aucune autre différence essentielle indiquée dans la description. Je ferai même remarquer que l'anale est séparée de la caudale comme dans le poisson que j'ai décrit.

Voici les autres nombres indiqués dans la description hollandaise.

D. 18; A. 27; C. 16; P. 7; V. 5.

Les habitants de Bornéo à Kœwala-Pattai nomment ce poisson *Tangalasa.* La chair est très-sèche.

De l'Ischnosome (*Ischnosoma,* Spix), et en particulier de l'Ischnos. bicirrhosum, Spix.

(Osteoglossum bicirrhosum, Agassiz.)

Ainsi que je l'ai dit plus haut, j'ai longtemps douté de la réunion de la caudale et de l'anale dans le poisson figuré par Spix, tab. 25, sous le nom de *Ischnosoma bicirrhosum.* Cependant, les expressions de M. Agassiz sont si positives, qu'avant de prendre un parti définitif, j'ai consulté de nouveau sur ce sujet M. Martius. Cet illustre botaniste a bien voulu examiner, à ma prière, le poisson conservé dans le cabinet de Munich. Il s'est de plus fait aider dans cette recherche par son gendre, M. le professeur Erdl, habile physiologiste, si connu par ses beaux travaux sur le développement de l'œuf humain et sur celui du poulet, et qui vient de prendre un rang recommandable en ichthyologie par ses intéressantes recherches sur le *Gymnar-chus niloticus;* ils m'ont confirmé de la manière la plus positive cette réunion des deux nageoires.

Comme j'ai examiné trois exemplaires de l'Ostéoglosse de Vandelli, que tous les trois se ressemblent parfaite-ment, je crois que le caractère de la séparation de l'anale et de la caudale est constant et normal dans cette espèce de l'Amazone; et comme ce même caractère se retrouve dans le poisson des eaux douces de Bornéo, il faut aussi ajouter que la division des deux nageoires est le caractère normal et constant du genre *osteoglossum.*

Si le poisson de M. Spix n'est pas une de ces déformations accidentelles qui constituent une variété, le caractère du genre établi par M. Spix, reposera sur la réunion des deux nageoires, anale et caudale. J'incline à croire que l'individu du Musée de Munich est une de ces variétés accidentelles; mais n'en ayant pas de preuve suffisante, je laisse aux observateurs qui se trouveront à même de vérifier cette question, le soin de la résoudre complétement. Je pré-fère, pour éviter toute confusion, traiter dans un article, sous le nom d'*Ischnosoma,* de celui sur lequel il me reste les doutes que je viens d'exprimer; car il est bien certain que mon *osteoglossum* ne diffère en rien de celui de M. Vandelli, tandis que l'*ischnosoma* ne lui ressemble pas entièrement.

A part le caractère que je viens de signaler, on peut dire briève-ment de ce poisson que sa tête, son corps, sa dentition, les barbillons qui pendent sous la symphyse de la mâchoire, les écailles, les couleurs ressemblent tellement à notre *osteoglossum,* autant du moins qu'on en peut juger sur une figure et d'après la description détaillée que M. Agassiz en a donnée, qu'il est inutile de revenir ici sur ces détails. Il me semble, cependant, que le premier rayon de la pectorale et celui de la ventrale de l'*ischnosoma* sont plus courts et moins prolongés en filaments que ceux de l'*osteoglossum*.

L'exemplaire du Musée de Munich est long de deux pieds : il vient aussi de la rivière des Amazones.

DU GENRE HYODON (*Hyodon*, Lesueur).

Le genre Hyodon a été établi par M. Lesueur[1] pour classer un poisson de l'Ohio et du lac Érié, connu des habitants sous le nom de Hareng. Il ressemble, en effet, aux clupes par la forme comprimée du corps, par les rapports des intermaxillaires et des maxillaires, par la grandeur des yeux, par celle des écailles et même par la couleur : mais il s'en distingue à l'extérieur par l'absence de la carène dentelée du ventre, par la grandeur des dents en crochets que porte la langue, et qui rappelle tout à fait celle des truites. Il y en a de plus au vomer, aux palatins : cette dentition montre les affinités des hyodons avec les ostéoglosses. On peut encore la trouver dans la grandeur des sous-orbitaires très-minces qui couvrent cependant toute la région préoperculaire de la joue. Nous saisissons encore une autre affinité dans les formes du canal intestinal, puisque le docteur Richardson nous apprend que l'espèce disséquée par lui n'a qu'un seul cœcum roulé sur lui-même; que l'estomac est arrondi sans cul-de-sac; que la veloutée n'a aucun repli veloutaire et saillant dans l'intérieur du tube digestif.

Les hyodons ont une grande vessie aérienne à parois

---

1. Lesueur, *Journ. of ac. nat. sc. of Phil.*, vol. I, p. 364.

minces et communiquant avec l'œsophage. Je ne comprends pas trop ce que veut dire M. Lesueur de deux autres petites vessies à air, subglobulaires, placées chacune dans une cavité creusée de chaque côté de la base du crâne. Il me semble que cela doit indiquer une bifurcation de la vessie aérienne, comme je l'ai souvent observé dans d'autres poissons voisins de celui-ci; cependant je ne vois pas que le docteur Richardson ait trouvé une semblable conformation. La dorsale est courte et au-dessus d'une longue anale. Cet ensemble de caractères me semble justifier le rapprochement que j'établis entre les ostéoglosses et les hyodons.

M. Lesueur a fait d'abord connaître deux espèces de ce genre : elles ont été adoptées par M. Dekay, et M. Richardson en a ajouté une troisième, qui a beaucoup d'affinité avec l'une des deux décrites par M. Lesueur, puisqu'il l'avait d'abord confondue avec l'une d'elles.

M. Rafinesque a aussi un genre Hyodon, qu'il divise en trois autres sous-genres, savoir : les Hyodons de Lesueur, et les Glossodons et Amphiodons.

J'ai étudié avec tout le soin possible les trop vagues descriptions laissées par cet infatigable voyageur, qui a malheureusement travaillé sans méthode. Il m'est impossible de caractériser les espèces dont il parle et de les placer dans cet ouvrage fait sur nature.

Ce que je dis de ces sous-genres est applicable aux poissons désignés dans cet écrit sous les noms de *Pomolobus, Dorosoma* et *Notemigonus* : je laisse aux observateurs qui explorent l'Ohio, le soin de nous faire connaître ces poissons et de débrouiller cette partie de l'Ichthyologie.

L'Hyodon tergisse.

(*Hyodon tergisus*, Lesueur.)

M. Lesueur nous a envoyé deux exemplaires de l'espèce nommée par lui *Hyodon tergisus*. Ces deux individus sont très-bien conservés. Mais, comme ils sont préparés en peau, nous ne pouvons parler, dans la description suivante, que des caractères extérieurs. Nous allons présenter ce que nous avons observé sur ces poissons de la manière suivante.

Le corps de l'hyodon est assez haut et comprimé. La ligne du profil supérieur est droite; celle du ventre est fort arquée jusqu'à l'anale; elle se redresse ensuite en devenant plus droite jusqu'au tronçon de la queue. La plus grande hauteur se prend aux ventrales, et fait, à très-peu de chose près, le quart de la longueur totale. La tête est courte, car elle n'est que le sixième de celle du corps. Le museau est très-court, parce que l'œil, dont le diamètre mesure le tiers de la longueur de la joue, est rapproché des maxillaires, et cela dépend de la petitesse des trois premières pièces du sous-orbitaire; car la chaîne de ces osselets ressemble beaucoup à celle de l'*osteoglossum*. Il y a, en effet, entre l'œil et la narine, un premier sous - orbitaire, fortement échancré en avant; puis en vient un second, qui est très-petit; lequel est suivi d'un troisième, d'abord très - étroit, mais se dilatant un peu pour se réunir au quatrième; celui-ci et le cinquième forment une très-grande plaque excessivement mince, étendue sur presque toute la joue. L'os est ovalaire et en partie recouvert, sur le poisson frais, par une espèce de paupière adipeuse, mais qui n'avance pas sur la cornée; elle ressemble donc plus à celle du chirocentre qu'à celle de l'alose. Le préopercule ne laisse voir que la partie inférieure de son limbe, dont l'angle est arrondi, et qui recouvre presque entièrement l'interopercule. L'opercule et le sous - opercule, réunis ensemble, forment une plaque à bords arqués, qui laissent à découvert presque toute la ceinture humérale. La bouche est grande et bien fendue. La mâchoire inférieure dépasse entièrement la supérieure en remontant obliquement au-devant d'elle; celle-ci est formée par de courts intermaxillaires et par des maxillaires grêles et étroits, presque entièrement cachés par le sous-orbitaire. Leur talon est un peu plus large que celui de l'*osteoglossum*; il avance aussi un peu plus sur la branche de la mâchoire inférieure. Les dents des mâchoires sont coniques, sur une seule rangée à la supérieure et sur deux à l'inférieure; puis il y en a deux rangées le long du vomer, et ensuite sur les palatins et sur les ptérygoïdiens. La langue, libre et longue, a aussi deux séries de dents coniques, pointues et recourbées en arrière. La membrane branchiostège est assez grande et libre. Les ouïes sont largement fendues. La dorsale est reculée sur le dernier tiers du tronc, en ne comprenant pas dans cette mesure la caudale, dont le lobe mesure le dixième de la longueur totale. La nageoire du dos est courte, quadrangulaire et une fois et demie plus haute qu'elle n'est longue. L'anale est étendue, à peu près comme le serait la nageoire d'une brème (*Cyprinus brama*); la pectorale est large, peu pointue; les ventrales sont de moyenne grandeur.

B. 10¹; D. 10; A. 32; C. 24; P. 12; V. 7.

Les écailles sont de grandeur médiocre, implantées obliquement et par rangées obliques très-prononcées, au nombre de soixante, entre l'ouïe et la caudale. Le dessous du ventre est caréné, mais sans aucune dentelure. La ligne latérale est droite, tracée par les deux cinquièmes de la hauteur.

La couleur est verdâtre sur le dos, blanche sous le ventre; le tout glacé d'argent : c'est la couleur de nos gardons.

J'ai fait cette description d'après un individu desséché, long de treize pouces, que M. Lesueur a envoyé de l'Ohio, dans les États de Cincinnatus. M. Dekay[2] a observé cette espèce dans la rivière Alleghani : elle y est connue sous

---

1. MM. Lesueur, Dekay et Richardson n'en comptent que neuf.
2. Dekay, *Faun. of New-York*, p. 265, pl. 41, fig. 130.

les noms *Herring, River Herring* ou de *Toothed Herring*. On la considère comme une nourriture commune.

M. Kirtland, dans sa Zoologie de l'Ohio, l'a appelée *Moon-eyed Herring*. Je vois que M. Richardson[1] n'en parle que d'après M. Lesueur. M. Storer ne fait aucune mention de cette espèce, ni d'autres de ce genre, dans ses Poissons du Massachussets.

M. Lesueur l'a observée, pour la première fois, dans le lac Érié à Buffalo. M. Thomas Say a examiné un individu qu'il a cru être de la même espèce, à Pittsburg; mais M. Rafinesque assure qu'il n'a jamais observé ce poisson dans l'Ohio, et il soupçonne que c'est de son *Hyodon vernalis* que l'on aurait voulu parler.

L'HYODON CLODALE.

(*Hyodon claudalus*, Lesueur.)

La seconde espèce dont M. Lesueur[2] ait parlé, et qu'il a nommée *Hyodon claudalus*, est distincte de la précédente,

parce que l'anale est étroite, large et pointue antérieurement, tandis qu'elle est arrondie dans l'espèce précédente, la nageoire de l'anus de notre seconde espèce manquerait aussi de cette entaille que l'on voit sur le milieu de la nageoire de l'espèce précédente; d'ailleurs, les formes sont semblables et les nombres peu différents.

D. 15; A. 30; C. 20; P. 13; V. 7.

L'individu décrit par M. Lesueur a onze pouces de long et avait été pêché à Pittsburg. Il se montre en abondance dans le mois de mai, et sa chair est bonne. M. Dekay[3]

---

1. Richardson, *Faun. bor. Amer.*, p. 235, n.° 90.
2. Lesueur, *loc. cit.*, p. 367.
3. Dekay, *loc. cit.*, p. 266, pl. 51, fig. 164.

a adopté cette espèce et en a donné une figure. Il dit que
l'espèce est commune dans le lac Érié, qu'à Buffalo et à
Barcelona elle y est connue sous les noms de *Moon-eye*,
Shiner et *Lake Herring*. M. Richardson ne mentionne
pas cette espèce; mais M. Rafinesque[1] la compte dans son
Ichthyologie de l'Ohio, et il en fait même le type d'un
sous-genre, qu'il appelle *Claudalus*, mais qui n'est pas
plus motivé que ceux dans lesquels il a subdivisé le genre
Hyodon.

L'Hyodon a face dorée.

(*Hyodon chrysopsis*, Rich.)

M. Richardson a fait connaître sous ce nom un beau
petit poisson habitant les lacs en communication avec le
Saskatchewan, entre le 53.ᵉ et le 54.ᵉ parallèle, et qui
n'approche pas plus près de la baie d'Hudson que le lac
Wivipey.

La forme générale est celle des hyodons. Les nombres sont :

B. 9; D. 11; A. 34; C....; P. 12; V. 7.

Le bord de l'anale est droit. La dorsale est petite; la caudale est
coupée en croissant; son lobe inférieur est un peu plus grand. La
couleur est un gris bleuâtre sur le dos et argenté sous le ventre.
Les côtés de la tête sont jaune de miel. L'estomac est un long tube
recourbé à son extrémité. L'orifice pylorique est contracté; au-
dessous du pylore le canal intestinal se dilate beaucoup; il forme
ensuite un tube d'un diamètre égal, sans aucune dilatation qui
marque le rectum; un cœcum obtus, de trois quarts de pouces
de longueur, s'ouvre près du pylore sur le côté de l'intestin dilaté;
de l'autre côté vient déboucher le canal cholédoque. L'auteur dit
que le canal alimentaire ne fait qu'une circonvolution entre l'œso-

---

1. Rafinesque, Ichth. de l'Ohio, p. 43, n.° 32.

phage et l'anus. Il établit qu'il y a deux petites rates, et que la vessie aérienne est grande et communique avec l'intestin.

M. Richardson a fait sa description sur un individu pêché récemment à Cumberland-House par 54° latitude nord pendant la première expédition du capitaine sir John Franklin. Les Indiens Grees le nommaient *Oweepectcheesees*, et les voyageurs, qui font le commerce de pelleteries, le nomment *Naccaysh* ou *Gold-eye* (aux yeux d'or).

CHAPITRE VI.

Des Butirins (*Buturinus*, Commerson; Albula, Gronov.)

Les poissons dont je vais faire l'histoire dans ce genre
ont été connus fort anciennement, mais fort mal décrits,
et cependant les différents auteurs avaient presque tous
signalé le caractère essentiel et générique de ce groupe.
Ils ont tous le corps régulièrement en fuseau couvert
d'écailles dures, résistantes, nombreuses et rangées par
séries longitudinales ; une suite d'écailles, un peu plus
larges, se remarque avant et après la dorsale sur la carène
du dos ; la tête, nue et sans écailles, est assez grande ;
l'œil est recouvert d'une paupière épaisse et adipeuse ; à
travers le derme, assez dense, qui passe sur le crâne, on
reconnaît la direction des cannelures formées par la saillie
des carènes de ces os ; le museau est conique et pointu ;
il dépasse beaucoup la mâchoire inférieure ; la dorsale est
petite ; les ventrales sont insérées en arrière de son dernier
rayon ; l'anale est peu étendue et tout à fait reculée sous
la queue ; l'anus est percé au milieu de la distance entre
cette nageoire et les ventrales ; les dents sont en carde
fine aux mâchoires, aux palatins, sur le chevron du vomer
et sur les pharyngiens : celles qui caractérisent en quelque
sorte le genre, sont grenues, hémisphériques, creuses,
comme des petites boules quand on les regarde détachées ;
elles couvrent à la partie supérieure une plaque elliptique
du sphénoïde, et une autre plaque allongée sur chaque
ptérygoïdien. Ces trois os forment une cannelure dentée
dans laquelle s'engage la convexité de l'os lingual, égale-

ment couvert de granulations dentaires. Cette singulière disposition des dents a été signalée par Marcgrave, par Forster, par Forskal, par Parra. Elle avait cependant échappé, on peut le dire, à l'attention de tous les ichthyologistes récents, jusqu'à ce que je l'aie fait remarquer à M. Cuvier, en 1819, ainsi qu'il le dit lui-même dans un mémoire où il décrit une espèce de ce genre. A cette époque il n'y avait au Cabinet du Roi que de mauvais exemplaires de deux de nos espèces, de sorte que ce que M. Cuvier a pu dire des poissons de ce genre, est encore fort incomplet, et n'a pas pu avoir le cachet d'exactitude qu'il donnait ordinairement à ses recherches critiques sur des espèces incertaines. Ce qui l'a surtout empêché d'atteindre la vérité, c'est qu'il a cru que les dessins de Commerson représentaient une espèce américaine, ou tout au moins de l'Atlantique, et la même que celle que Plumier avait dessinée cent ans auparavant aux Antilles. Mais, depuis que plusieurs espèces, établies sur l'examen d'un grand nombre d'individus, ont pu être comparées entre elles, j'ai acquis la certitude que les butirins de l'Océan atlantique sont distincts de ceux de la mer des Indes, et que dans ces deux mers le genre y comprend plusieurs espèces différentes.

Après la figure de Marcgrave, le premier document transmis aux ichthyologistes systématiques, est cette peinture de Plumier, représentant le poisson Banane des Antilles, et qui est devenue dans Lacépède sa *Clupée macrocéphale*, en même temps que Bloch, dans son Système posthume, faisait graver l'original de ce vélin sous le nom d'*Albula Plumieri*. Il empruntait à Gronovius non-seulement cette dénomination générique, mais il

copiait la description de l'espèce avec toutes les fautes de
synonymie de cet auteur; c'est pourquoi l'on trouve la
dénomination correspondante à la figure de Bloch sous
le titre d'*Albula conorhynchus.* On voit que Gronovius
empruntait cette première citation au mémoire descriptif
de Nozeman. Ce naturaliste a, en effet, inséré dans un
recueil hollandais peu connu, son travail, sous le titre de
Description d'un poisson rare, en l'accompagnant d'une
figure tellement exacte, qu'il est impossible de douter un
seul instant qu'il n'ait eu sous les yeux un poisson du
genre dont nous traitons.

A l'époque où il écrivait, en 1758, il ne pouvait avoir
pour guide qu'Artedi, et peut-être la dixième édition du
Systema naturæ qui a paru cette même année. On voit,
dans le commencement du mémoire, l'embarras que l'auteur a éprouvé pour classer son poisson, la peine extrême
qu'il s'est donnée pour y arriver, et comment, après avoir
discuté les différents caractères qui l'empêchaient de le
placer dans le genre des Cyprins, dans celui des Corré-
gones ou dans celui des Saumons, il se décida à l'appeler
Conorhynchus, c'est-à-dire museau en cône, «à cause,
«dit-il, de son museau prolongé, caractère qui distingue
«ce poisson des autres d'une manière saillante, ne sachant
«pas qu'il ait été décrit quelque part par quelque autre
«auteur.»

Je ne vois pas pourquoi Gronovius n'a pas accepté le
nom de Nozeman, et pourquoi il a préféré le nom d'*Albula,* emprunté à Schonefeld, et qui désigne le Houting,
ou une de nos espèces septentrionales de Corrégone. Quoi
qu'il en soit, c'est principalement avec cet élément que
le genre ALBULA a été établi par Gronovius, et il l'aurait

été sans qu'on pût lui faire le moindre reproche, s'il n'eût adjoint à ses synonymies la figure du poisson de Bentam prise dans Renard.

L'*Amia* de Brown et l'*Unbarana* de Marcgrave ou de Pison, appartiennent sans aucun doute aux poissons du genre dont nous parlons; mais la citation de Renard ne s'y rapporte plus du tout; elle est celle d'un poisson décrit plus haut, fort mal connu des naturalistes, dont Forster et Forskal ont fait un *mugil,* et qui est devenu dans M. de Lacépède le type des *Chanos;* genre que cet auteur n'a certainement pas connu, quoiqu'il en eût rédigé la diagnose générique en la tirant de Forskal.

Mais, en même temps que Bloch se servait du dessin de Plumier pour l'établissement de l'*Albula Plumieri,* il faisait figurer l'*Unbarana* de Marcgrave parmi ses clupées, sous le nom de *Clupœa brasiliensis,* et il plaçait le Macabi de Parra, qui est certainement du même genre, dans celui des *Amia* sous le nom d'*Amia immaculata.*

Ces espèces nominales ont été rapportées au genre Butirin avec une grande sagacité par M. Cuvier, mais confondues toutes ensemble sous une seule espèce et avec celle de l'Ile-de-France, dessinée par Commerson. Le dessin de ce voyageur se rapporte à l'*Argentina glossodonta* de Forskal, laquelle est différente de l'*Esox argenteus* de Forster, quoiqu'ils soient tous deux du même genre.

M. Cuvier a pensé que l'*Esox vulpes* de Linné était du genre dont nous traitons. Cet *Esox vulpes* paraît dès la dixième édition : Linné lui donne trois rayons à la membrane branchiostège, et cite, pour appuyer son espèce, le *Vulpes bahamensis* de Catesby, tome II, pl. I, fig. 1. Linné, sans y rien changer, le reproduisit dans la douzième édition.

M. Cuvier a été obligé de supposer d'abord que Linné avait reçu son poisson de Garden; ce que le grand naturaliste suédois ne dit pas, quoiqu'il n'ait jamais manqué de citer son célèbre correspondant; secondement, que le *membrana triradiata* serait une faute du copiste, et qu'on avait voulu écrire treize rayons; enfin, que Linné aurait décrit un cyprinodon, et qu'il aurait cité une figure représentant un poisson d'un genre tout différent.

J'avoue qu'il faut donner à l'interprétation des fautes des dessinateurs ou aux lacunes de la description une latitude bien grande pour partager une opinion d'une si grande autorité; je ne concevrais pas comment un dessinateur qui aurait eu notre poisson sous les yeux, aurait fait à la bouche une fente aussi large, l'aurait armée de dents aussi grandes, aurait pu représenter une langue aussi épaisse, aurait fait une dorsale aussi basse et aussi petite; d'ailleurs, Catesby dit que la fente de la bouche est assez longue; qu'un rang de petites dents pointues garnit les mâchoires; que la couleur est jaune d'ocre sur le dos; ce qui ne peut, en aucune façon, s'accorder avec nos Butirins. Je pense que la description, tout insignifiante qu'elle est, signale cependant des caractères qui doivent éloigner ce *Vulpes bahamensis* des Butirins. Je regarde encore le poisson de Catesby comme un de ceux qui nous restent à trouver, mais qu'aujourd'hui je ne puis déterminer.

Lors de la rédaction de son premier mémoire, M. Cuvier avait eu l'intention de désigner le nouveau genre qu'il observait sous le nom de Glossodonte; mais, ayant depuis reconnu que ces espèces répondaient parfaitement aux

Butirins de Commerson, il raya des catalogues ichthyologiques le nom qu'il avait imaginé, et il a rétabli, dans la seconde édition du Règne animal, un genre dont il avait fait une simple mention dans une des notes de la première.

Il faut, en effet, consacrer le nom inscrit par Commerson sur ses dessins, parce qu'il est le seul où l'on n'ait pas encore introduit des espèces étrangères. Lorsque M. Agassiz fut chargé par M. Martius de décrire les poissons que Spix avait rapportés de son voyage à l'Amazone, il fit une abbréviation de la dénomination de M. Cuvier; et c'est ainsi que parut le nom de *Glossodus.*

L'espèce américaine fut considérée, suivant les errements de l'époque, comme synonyme des poissons de la mer des Indes, et M. Agassiz lui donna le nom de *Glossodus Forskali.* L'on conçoit qu'aujourd'hui on ne peut le conserver.

M. Ruppell, dans ses nouvelles recherches sur sa Faune d'Abyssinie, a eu le premier l'idée de séparer les butirins des Indes de ceux de l'Amérique, et, dans cette intention il reprit l'épithète que Forskal avait donnée à son Argentine, pour désigner son poisson sous le nom de *Butirinus glossodontus.* Nous reviendrons sur cette dénomination à l'article où je traiterai de ce Butirin des Indes.

Les Butirins ont, sans aucun doute, de l'affinité avec les clupéoïdes par leurs nombreux cœcums, leur grande vessie aérienne communiquant avec l'estomac; mais ils sont distincts par l'absence de dents aux maxillaires, et aussi par le défaut de cette carène dentelée en scie, composée de pièces plus ou moins dures, que nous décrirons en traitant des clupées : ils avoisinent un peu les mormyres, qui ont, comme eux, le palais et la langue dentés.

Nous possédons aujourd'hui sept espèces de butirins, dont trois du bassin de l'Atlantique et quatre du grand Océan indien, sans compter les espèces mentionnées par les auteurs, et sur lesquelles nous n'avons que des données encore incertaines, parce qu'on ne peut déterminer des poissons, si voisins les uns des autres, que sur la nature et par une comparaison attentive.

Le BUTIRIN MACROCÉPHALE.

Albula macrocephala (Clupée macrocéphale, Lacépède).

Le poisson Banane des Antilles dont les naturalistes doivent la connaissance à Plumier, est un malacoptérygien de forme élégante et assez semblable à celle de notre barbeau.

Il a cependant le corps un peu plus trapu, à cause de l'épaisseur de la partie postérieure ou de la base de la queue. La plus grande hauteur est comprise cinq fois et demie dans la longueur totale; l'épaisseur est, à bien peu de chose près, moitié de cette hauteur.

La tête est allongée, et le museau, saillant au devant de la bouche, est en quelque sorte comme la pointe mousse d'une pyramide tétraèdre. La longueur de la tête est quatre fois et un tiers dans celle du corps entier. L'œil est au milieu de la longueur de la joue et sur le haut, de manière que le cercle de l'orbite touche à la ligne du profil, mais sans l'entamer; son diamètre est compris quatre fois et demie dans la distance, mesurée entre le bout du museau et le bord de l'opercule; une sorte de paupière épaisse, adipeuse, qui rappelle ce que nous avons observé dans les scombres, les muges, et que nous retrouverons dans des clupéoïdes, couvre l'œil; cette paupière est percée d'une fente elliptique, correspondant au trou de la pupille. La portion adipeuse et non transparente s'étend sur le sous-orbitaire en avant, et jusqu'au bord du préopercule en arrière. En l'enlevant, on met à nu la peau argentée qui recouvre la plupart des os de la face. Ces deux membranes ne sont pas assez épaisses pour que l'on ne puisse voir dessous les différents osselets qui composent la chaîne du sous-orbitaire. Le premier ou le plus antérieur est étroit et caverneux; le second, haut et large, a le bord orbitaire seulement caverneux; il est suivi d'un troisième, triangulaire, petit et placé comme une pièce intermédiaire entre le second et le quatrième, qui se touchent par leur bord écailleux; ce quatrième, ainsi que le cinquième, ont la portion qui cerne l'orbite, repliée pour faire encore de petites cavernes et s'articuler avec une sixième et une septième pièces, qui se réunissent et se prolongent en une grande plaque mince et écailleuse, étendue sur presque toute la joue. Cette portion du sous-orbitaire est sillonnée par de nombreuses petites veinules. Le préopercule est presque réduit à son limbe, épais et caverneux, et qui est fortement réuni à l'arcade ptérygo-temporale. Le reste de l'os est mince; on pourrait presque dire que c'est une membrane ossifiée. L'opercule est assez épais, irrégulièrement triangulaire, à bord postérieur arrondi; le sous-opercule forme, comme à l'ordinaire, une pièce mince et soudée au bord inférieur de l'opercule; elle donne sur le devant une apophyse assez épaisse, soudée au bord antérieur de l'opercule, et qui remonte entre cet os et la portion verticale du préopercule. L'interopercule est mince, arqué, et placé en grande partie sous la gorge. La cavité de la narine est petite, à peu près au milieu de la distance entre le bout du museau et le bord de l'œil, et près de la carène externe du front. Ces deux ouvertures sont tellement rapprochées l'une de l'autre qu'elles ne sont séparées que par le repli de la papille qui ferme l'antérieure, laquelle est très-petite. La tête dont je viens de faire connaître les deux organes de l'olfaction et de la vision, est remarquable, d'ailleurs, par sa forme quadrangulaire. Le dessus du crâne est aplati; l'intervalle entre les deux yeux est égal au diamètre de l'œil. A travers la peau assez épaisse, on distingue le plan de la région des frontaux postérieurs et des pariétaux; la gouttière, pointue en avant, qui sépare les deux bords relevés des frontaux principaux; les cavernes allongées et elliptiques, creusées entre l'œil et la narine; la petite crête du frontal

antérieur, sous laquelle s'abrite la narine, et, enfin, la saillie de
cet ethmoïde caverneux, qui vient former la pointe du museau.
C'est sur les parties latérales de cet os que nous voyons s'articuler
les courts intermaxillaires, dont les branches montantes sont réduites
au petit tubercule d'articulation. Sur les côtés et en arrière sont les
deux maxillaires qui dépassent les os précédents, de manière à ce
que leur talon, large et aplati, fasse une partie du bord de la
bouche. Sur le côté postérieur, ces maxillaires ont un petit os
supplémentaire, qui se cache entièrement derrière le sous-orbitaire
quand la bouche est fermée. Il en est de même du maxillaire
principal, dont on ne voit que le bord externe. La lèvre est d'ailleurs
assez épaisse; elle devient même assez large à la mâchoire inférieure.
Celle-ci a des branches courtes, assez notablement caverneuses; elle
peut s'abaisser beaucoup, parce que les maxillaires et les intermaxillaires, sans être protractiles, font un assez grand mouvement
de bascule sur l'ethmoïde. Il est tel que les deux intermaxillaires
deviennent transversaux quand la bouche est ouverte : celle-ci a une
ouverture encore assez large et presque ronde; mais quand elle est
fermée, la circonscription de l'ouverture est en ogive sous la saillie
du museau.

Les dents de ce poisson sont serrées, implantées sur un grand
nombre d'os, et méritent une attention toute particulière, à cause
de la variété de leur forme. Les maxillaires n'en ont aucunes; celles
des intermaxillaires sont courtes, coniques, pointues, un peu courbes
et sur une bande étroite. On peut dire d'elles qu'elles sont en herse
fine ou en velours très-rude. Je trouve des dents semblables sur les
deux palatins et sur le chevron du vomer : de sorte qu'il y a derrière
la première arcade des dents intermaxillaires un second arc, à peu
près parallèle ou concentrique sur le palais. En arrière du vomer,
qui est court, on voit la surface concave et élargie du sphénoïde
couverte d'une plaque elliptique de dents grenues et serrées les unes
contre les autres. Cette gouttière, dentée et peu creuse, devient
beaucoup plus profonde, parce que les deux ptérygoïdiens, chargés
de dents semblables à celles du sphénoïde, viennent s'y adapter de
chaque côté. Ces trois os reçoivent l'os lingual, qui est convexe et

recouvert d'une plaque de dents semblables aux précédentes. La
langue elle-même, en avant, est assez molle, charnue et pointue.
Je ne puis apercevoir, ni à la mâchoire supérieure ni à l'inférieure,
aucune trace du voile membraneux qui existe dans un si grand
nombre de poissons. On voit donc que le poisson banane est un
de ceux qui a le plus de dents, puisque nous en observons sur les
deux intermaxillaires, sur les deux palatins, sur le vomer, sur le
sphénoïde, sur les ptérygoïdiens, et, enfin, sur l'os lingual. Il y
en a encore sur deux plaques pharyngiennes supérieures, et sur un
large espace triangulaire du pharyngien inférieur; celles-ci sont
pointues, serrées et semblables à celles du devant de la bouche. On
conçoit que l'épaisseur de l'os lingual a dû être cause de la largeur
de l'isthme des Butirins, il l'est, en effet, beaucoup; c'est ce qui
contribue à former le méplat du dessous de la tête, et à lui donner
cette forme tétraèdre qui la caractérise; mais, d'ailleurs, pour que
l'os lingual pût s'abaisser, ou, si l'on veut, pût jouer facilement
dans la gouttière palatine et travailler avec les dents supérieures à
écraser la proie des butirins, l'on voit que, pour la rendre plus
mobile, la nature a replié la peau, de manière à faire sous les
mâchoires des espèces de gouttières, qu'il faut examiner avec attention
pour ne pas se laisser tromper sur leur nature. On pourrait les
prendre fort aisément pour des pièces partiticulières, propres aux
butirins, et que l'on ne rencontrerait pas dans les autres malacoptérygiens. De chaque côté de cet isthme si large existe, à l'extérieur,
toute la membrane branchiostège; celle de droite recouvrant et
cachant en partie le devant de celle de gauche. A en juger par les
replis de la peau, les rayons doivent être assez mobiles. J'en compte
douze à la membrane gauche, et onze seulement à la membrane droite.
La dorsale est courte, à peu près sur le milieu du corps; elle est
cependant un peu sur le devant. La hauteur des premiers rayons
surpasse un peu la longueur de la base; les derniers ne font à peu
près que le tiers de la hauteur des premiers. La branche externe du
dernier rayon se prolonge en un petit filet. Toute la nageoire est
d'ailleurs recouverte d'écailles oblongues, qui rappellent, à certains
égards, celles que nous voyons sur un grand nombre de nageoires

des poissons fossiles. Le bord de la nageoire est un peu concave. L'anale est très-courte, écailleuse; son dernier rayon se prolonge en un filet qui touche jusqu'à la caudale; celle-ci est profondément fourchue et écailleuse comme les précédentes. La pectorale est courte, attachée au bas d'une ceinture humérale, dans laquelle on voit un scapulaire étroit, surmonté d'un surscapulaire court et fourchu, et ayant en dessous un large huméral, dont le bord, libre, forme une plaque écailleuse, dans la sinuosité de laquelle s'attache le premier rayon de la pectorale. Derrière la plaque de l'huméral on compte dix à douze écailles pectorales, pliées et redressées en carène, qui, en se superposant, forment une sorte de petite gouttière longitudinale, dans la quelle s'appuie la nageoire quand elle se rapproche du corps. La ventrale est petite et triangulaire, et a, dans son aisselle, une très-longue pointe écailleuse et libre, formée de la réunion de quatre à cinq écailles ventrales.

B. 12—11; D. 17; A. 8; C. 34; P. 18; V. 11.

Tout ce poisson a le corps couvert d'écailles solides, presque osseuses, disposées par séries longitudinales régulières, différentes de celles que l'on observe sur les nageoires. J'en compte soixante-quinze entre l'ouïe et la caudale. Une écaille isolée montre un bord radical assez grand, quadrilatère, avec deux ou trois rayons seulement en éventail. Examinée à la loupe faible, on ne voit que des stries longitudinales, excessivement fines, sur les rayons. Le reste de l'écaille paraît plutôt grenu que strié. A l'aide du microscope, on reconnaît de très-fines stries d'accroissement, formant des rivulations courtes et très-nombreuses, et la portion radicale est composée d'un nombre infini de granules elliptiques, placés comme des chapelets à côté les uns des autres. Ces écailles sont des plus jolies et des plus singulières que j'aie examinées au microscope. La couleur est un bel argenté devenant sur le dos un peu plombé, tout en conservant son éclat métallique. A l'extrémité du museau l'on voit sur les individus conservés dans l'esprit de vin, un point noirâtre, qui descend de chaque côté pour s'étendre jusque sous la face inférieure. Dix à douze lignes flexueuses, longitudinales et plombées se montrent par reflets le long des flancs.

Telle est la description d'un individu long de quatorze
pouces, que le Cabinet du Roi a reçu presque aussi frais
que si on le sortait de l'eau, parmi les collections faites à
Saint-Domingue par les soins de M. Ricord.

Les viscères des butirins ressemblent, à beaucoup d'égards, à ceux
des clupées. Nous y voyons l'œsophage se continuant en un estomac assez vaste, cylindrique, terminé en cul-de-sac arrondi. Sa
branche montante est courte; les parois en deviennent un peu
épaisses vers le pylore; celles de l'estomac sont, au contraire,
minces et comme membr.neuses. Autour du pylore, et le long du
duodénum, qui adhère à l'estomac par un tissu cellulaire serré, on
trouve vingt-deux appendices pyloriques, courts, gros et rangées
en série longitudinale. Le reste de l'intestin est droit, et se rend
presque directement à l'anus. La veloutée du colon est relevée de
mailles hexagonales, irrégulières, dont les séparations sont assez
hautes. Le foie est peu volumineux. Le lobe gauche est beaucoup
plus épais que le lobe droit; ils sont tous deux trièdres, à bords
minces et tranchants. Une petite vésicule du fiel, oblongue et
blanche, est cachée entre la branche montante et le bord supérieur
du foie. On voit en arrière la rate, viscère oblong et comprimé,
qui repose sur l'intestin. De chaque côté de l'estomac sont les deux
laitances, dont la masse ne dépasse guère la pointe, mais les sacs
qui font office de canaux déférents sont longs et se rendent derrière l'anus de chaque côté de l'intestin. Nous trouvons dans toute
la longueur de la cavité abdominale une vessie natatoire oblongue,
dont la tunique membraneuse, excessivement mince, est enveloppée
dans un repli fibreux du péritoine assez épais. Cette vessie se prolonge en arrière, au delà de l'intestin et de la cavité abdominale,
enfermée dans une sorte d'étui osseux, qui s'étend jusqu'au delà du
dernier interépineux de l'anale. Un canal pneumatique, court et
ouvert très-visiblement, sans être cependant large, établit une
communication entre cet organe et l'estomac. On le voit s'ouvrir
sur la face dorsale de ce viscère, un peu en avant de son cul-de-
sac terminal. Les reins sont gros, épais et d'un parenchyme noirâtre.

A ce que j'ai dit des os dans la description extérieure de l'animal, il faut encore ajouter les particularités suivantes, tirées de l'étude du squelette.

Le frontal se porte en arrière, assez loin, à cause de l'étroitesse des pariétaux et de l'interpariétal; il forme au delà de l'œil, avec son congénère, beaucoup plus de la moitié de la surface du crâne. A la hauteur de l'angle orbitaire il se relève en bosse, et donne naissance à une carène arrondie et caverneuse, qui s'étend sur le devant du museau et se réunit avec celle du côté opposé, un peu avant la suture des frontaux, avec l'ethmoïde. Il y a donc une assez large gouttière longitudinale et en V, fort aiguë sur toute la région frontale. Le bord extérieur de l'os s'étend, pour former la voûte de l'orbite, en une lame solide, un peu bombée, et qui vient recouvrir le frontal antérieur. Après avoir dépassé cet os, son bord se relève en une petite carène, qui forme avec l'interne une grande gouttière, dont le sommet ogival s'approche beaucoup de l'angle antérieur de l'orbite : c'est dans cette carène que l'on trouve le nasal plié en V, et dont le bord externe se redresse en une lame mince et tranchante. Sur le bord orbitaire du frontal il y a un petit os étroit qui répond au sus-orbitaire des carpes. Le frontal postérieur est épais et tuberculeux, et laisse entre lui et dans la lame avancée des frontaux principaux une grande cavité remplie de graisse. Le plancher inférieur de cette cavité est formé par la portion avancée du sphénoïde. Sur les côtés du frontal antérieur on voit saillir, près du sphénoïde, une grosse tubérosité; au-dessus et en arrière, une apophyse triangulaire et pointue part de l'angle externe de l'orbite, et s'étend en une lame qui ferme en avant la cavité orbitaire. En arrière des frontaux et sur le milieu du crâne nous voyons les deux petits pariétaux, qui se touchent par une suture médiane. Leur forme est une sorte de parallélogramme étroit. Ce que l'on voit de l'interpariétal sur le crâne est de moitié plus étroit que les pariétaux; il ne s'avance pas de chaque côté jusqu'à leur angle externe; il porte une petite crête projetée horizontalement en arrière; il contribue à former la plus grande partie de la face postérieure du crâne.

Entre eux et le basilaire sont les deux occipitaux latéraux qui se touchent sur la ligne moyenne; à leur bord externe et supérieur, et sur le côté externe de l'interpariétal sont les deux occipitaux supérieurs, tout à fait séparés l'un de l'autre par l'interpariétal, ils donnent, en arrière, une apophyse saillante, qui, avec la petite crête interpariétale, forme les trois pointes de la région postérieure du crâne, et augmentent ainsi la profondeur de la fosse où s'insèrent les muscles cervicaux. A l'angle externe et supérieur de l'occipital latéral et sous les occipitaux supérieurs et les mastoïdiens, existe le rocher; os qui manque, comme l'on sait, dans un grand nombre de poissons : ce rocher est petit et saillant en arrière en un court tubercule. Les mastoïdiens sont assez larges; ils sont un peu caverneux le long de leur crête externe. Au-dessous d'elle on voit une première fosse oblongue, au-dessous de laquelle est la gouttière étroite, dans laquelle s'articule le temporal. La portion du mastoïdien qui se prolonge en arrière et en dessous sur les côtés du crâne, forme, avec le rocher, l'occipital latéral et la grande aile sphénoïdale, une fosse conique, pointue, assez profonde, et qui ne communique pas dans la boîte cérébrale. Au-dessus du mastoïdien, et entre cet os et l'occipital supérieur, on voit l'entrée d'une fosse profonde, dont la voûte est complétée par le pariétal et la partie postérieure du frontal; mais qui ne pénètre pas dans le crâne, et qui, par conséquent, n'est pas analogue au trou que nous avons observé dans les mormyres, ni aux ouvertures pariéto-mastoïdiennes qui existent dans les clupées. La grande aile sphénoïdale est assez large, irrégulièrement quadrilatère; elle termine en avant la gouttière d'articulation du temporal. La petite aile a peu d'étendue, et ferme en avant la fosse mastoïdienne, qui est au-dessus de cette articulation.

Le temporal s'articule par les deux têtes arrondies de son bord supérieur dans la gouttière mastoïdienne dont j'ai parlé plus haut. Au-dessous de cette articulation et le long du bord postérieur on voit une grande ouverture oblongue, qui est l'entrée de la fosse assez profonde dont ce temporal est creusé. Au-dessus et au bord postérieur de cette ouverture est la poulie d'articulation de l'opercule. Le temporal ou la caisse complète cette partie de la joue; il est à peu près triangulaire; son angle, arrondi, est inférieur. Entre lui et le ptérygoïdien se voit la surface triangulaire du jugal, dont l'angle supérieur est tronqué et dont la base, assez épaisse, est presque entièrement confondue avec le préopercule. Le ptérygoïdien est caverneux en avant, au-dessous du frontal antérieur; en arrière de cette caverne sa surface, qui devient presque horizontale et qui contribue à former le plancher inférieur de l'orbite, porte sur ses côtés une sorte d'apophyse allongée en lame plate, qui recouvre la partie supérieure du jugal et s'étend un peu sur le tympanal. Toute la partie du ptérygoïdien qui est au-dessous de cette portion orbitaire ou de sa partie caverneuse, s'élargit en cette lame grenue à laquelle sont attachées les dents ptérygoïdiennes.

La colonne vertébrale se compose de soixante-dix vertèbres, dont les quarante-deux premières portent des côtes articulées sur des apophyses transverses. Ces apophyses sont très-courtes, et l'on peut dire presque sans saillie, sur les trente-quatre premières vertèbres; sur les dernières, ces apophyses se dirigent vers le bas, sont arquées, plus longues que le corps de la vertèbre n'a de hauteur, et celles-ci portent des côtes, dont les extrémités se dirigent en arrière et se réunissent sur les douze vertèbres qui suivent. Les deux apophyses transverses se réunissent en dessous de la colonne vertébrale pour former le canal artériel; puis ces deux apophyses se séparent l'une de l'autre, divergent un peu et donnent attache à de petites côtes arquées, rondes, placées, par conséquent, à la suite l'une de l'autre, et qui atteignent ainsi jusqu'au dernier inter-épineux de l'anale : c'est l'ensemble de ces pièces qui forme le cône prolongé au delà de la véritable cavité abdominale, et dans lequel s'enfonce la vessie natatoire. Il n'y a donc, à proprement parler, que trente-quatre vertèbres portant de véritables côtes abdominales. Au-dessus de ces côtes on voit d'autres os ou arêtes grêles, courbes, dirigées en arrière et vers le dos, et articulées sur les vertèbres à la base de l'apophyse épineuse. Il y a vingt-neuf de ces os, dont les six premiers sont plus courts et plus épais que les suivants. Le premier interépineux de la dorsale correspond à la dix-septième vertèbre, et celui de l'anale à la cinquante-cinquième; mais, comme je l'ai dit, les sept interépineux de cette nageoire ne touchent pas aux apophyses épineuses inférieures, puisqu'ils en sont séparés par le cône de la vessie natatoire. Enfin, pour compléter cette description, il faut ajouter que l'huméral et le cubital font en dessous un large cornet osseux; que le radius est petit et court, et que le trou radial est assez large.

Cette espèce de Butirin est celle qui se rapproche le plus, à cause de la longueur de sa tête, de l'espèce figurée par Plumier et dont le vélin portait pour suscription : *Cephalus argenteus Plumieri, vulgo Banane* à la Martinique. C'est ce dessin que M. de Lacépède a fait graver sous le nom de Clupée macrocéphale. Bloch, de son côté, trouvait dans le recueil des dessins de Plumier de la bibliothèque de Berlin, une figure représentant bien certainement la même espèce et qui a été gravée, après réduction, dans l'édition posthume de Schneider sous le nom d'*Albula Plumieri.* Il est juste de dire que cette copie est meilleure que celle de M. de Lacépède. Dans le texte, cette figure est citée sous la seule espèce du genre *Albula,* qui est dénommée *Albula conorynchus;* mais on ne peut rien dire de la description que Bloch a rapportée au poisson de Plumier, parce qu'il l'a évidemment copiée dans Gronovius. Il a de même admis, sans aucune espèce de critique, les synonymes de l'ichthyologiste de Leyde, qui se rapportent, comme nous l'avons dit plus haut, non-seulement à des espèces distinctes, mais à des poissons de genres tout à fait différents.

M. Ricord, qui nous a rapporté l'individu sujet de notre description, l'a pêché près les Arcaès, dans la baie de Port au Prince; on l'y nomme *kakamby.* Il dit que la chair est mauvaise. Nous avons encore d'autres poissons Banane de cette espèce, envoyés de la Martinique par M. Achard et de Saint-Barthélemy par M. Plée.

Je trouve un dessin de ce poisson dans la collection que nous a communiquée M. de Poey; il dit qu'il n'en a vu que de douze pouces et que le poids ordinaire est de trois à cinq livres : il paraît servir seulement pour amorcer les lignes, parce que le grand nombre d'arêtes que l'on trouve dans la chair est cause qu'on ne le mange pas. Il n'a pas cependant de propriétés malfaisantes. C'est un poisson commun.

Le Butirin Macabi.

(*Albula Parræ*, nob.)

Nous avons reçu des mers d'Amérique des individus qui me paraissent appartenir à une espèce voisine, mais distincte de celle que je viens de décrire.

Ils ont, en effet, la tête plus courte, comprise quatre fois dans la longueur du corps jusqu'à la base de la caudale, ou près de cinq fois dans la longueur totale; le dessus de la tête est un peu plus convexe; ce qui dépend plus de la courbure de l'extrémité du museau que de la plus grande élévation du front. L'os de l'épaule me paraît faire une saillie plus grande et constituer une écaille plus large que celle de la précédente. La forme des nageoires et l'égalité des deux lobes de la caudale sont les mêmes que dans l'espèce précédente.

Les nombres ne diffèrent pas.

D. 18; A. 8, etc.

Les couleurs sont aussi semblables à celles du Butirin macrocéphale. Il ne me paraît pas, cependant, que le dessous du museau soit noirâtre, ainsi que nous l'avons observé sur plusieurs exemplaires de l'autre espèce.

En examinant le crâne d'un de nos individus, je trouve avec les légères différences extérieures que je viens de signaler, d'autres distinctions qui me paraissent plus importantes sur le squelette. Les frontaux me semblent un peu plus larges en arrière. Leur bord supra-orbitaire est plus soutenu; les gouttières ogivales plus arrondies et moins avancées vers l'orbite; les os du nez ont leur lame externe plus ronde et un peu plus haute; la gouttière ethmoïdale est un peu moins étroite.

Le Cabinet du Roi a reçu de M. Plée deux individus qui ont deux pieds deux pouces de longueur; ils sont mâle et femelle, et je n'ai pas vu de différences dans les formes du crâne de ces deux sexes.

Nous possédons un autre petit exemplaire, originaire de Bahia; il est long de neuf pouces et demi; enfin, un quatrième, plus petit, a été apporté de Rio Janéiro au Cabinet du Roi par M. Delalande.

C'est l'un de ces individus que M. Cuvier[1] a observé, et qu'il a confondu avec le Butirin de la mer des Indes et avec l'*Argentina glossodonta* de Forskal. Les individus de Bahia ou du Brésil me donnent la possibilité de déterminer l'espèce que M. Agassiz[2] a nommée, dans la description des poissons de Spix, *Glossodus Forskalii*. A l'époque où cet habile ichthyologiste a écrit ce travail, il a suivi, sans y rien changer, toute la nomenclature indiquée par M. Cuvier, de sorte qu'il n'y a rien à dire en ce qui touche son jugement sur les auteurs qui l'ont précédé; mais il a eu le mérite de rectifier sur le texte l'erreur commise par Spix, et il a heureusement bien établi que l'*Engraulis Bahiensis* n'est que le jeune de l'*Engraulis sericus*.

Il faut aussi rapporter à cette espèce le Macabi de Parra[3],

---

1. Cuvier, Mém. du Mus., t. V, p. 371.
2. Agass., *Select. pisc.*, p. 48 et 49.
3. Parra, *lam.* 35, fig. 1, p. 88.

qui est devenu dans l'édition posthume de Bloch[1] son *Amia immaculata*. Cet ichthyologiste ne se rappelait pas d'ailleurs qu'il avait déjà inscrit cette espèce parmi ses Clupées, sous le nom de *Clupea Brasiliensis*, celle-ci ne reposant que sur l'Unbarana de Marcgrave. Bloch cite la figure manuscrite du prince Maurice de Nassau, conservée dans la bibliothèque royale de Berlin. Je dois à l'amitié de M. de Humboldt la permission d'avoir pris une copie de ce dessin : il est fait à la mine de plomb. Il est assez incorrect et manque d'anale. Il n'ajoute donc rien de plus à la comparaison fort juste, quant au genre, que Gronovius en avait faite, avec son *Albula conorhynchus*.

J'avoue d'ailleurs que je ne le rapporte à l'espèce dont il s'agit, que parce que je trouve notre Macabi de la Havane jusque sur les côtes du Brésil; mais ce sera toujours une détermination incertaine quant à l'espèce, car je ne vois pas comment l'on pourrait affirmer que le Butirin macrocéphale, originaire de la Martinique, ne s'avancerait pas aussi jusque sur les plages brésiliennes.

Je crois cependant que la saillie du crâne et la brièveté de la tête, très-bien exprimées dans la figure, doivent déterminer ce rapprochement. Je trouve aussi une figure de notre espèce dans la collection des poissons du Mexique, communiquée à M. Cuvier par M. Mociño; elle porte le nom de *Macambi*. Les différents auteurs qui ont parlé de ces poissons s'accordent à dire que leur chair est de bon goût, mais qu'on ne la mange pas, parce qu'elle est trop remplie d'arêtes.

---

1. Bloch, p. 451, n.° 2.

Le BUTIRIN DE GORÉE.

(*Albula Goreensis*, nob.)

La collection des voyages de Barbot nous donnait la
preuve de l'existence des Butirins sur la côte d'Afrique;
mais la figure fort peu caractérisée de cette collection,
nous aurait laissé de grands doutes sur cette espèce, sur
son affinité ou sur ses différences avec les autres Butirins
américains, lorsque le dernier envoi de M. Rang est venu
les lever, en nous mettant à même de consulter la nature:
or, lorsque l'on compare le poisson de la côte d'Afrique à
l'un de ceux que nous avons déjà vus et qui proviennent
des mers américaines, il ne reste aucun doute sur les
différences spécifiques des deux espèces. C'est surtout
dans la grandeur et la configuration des os du crâne que
nous les trouvons; car les formes extérieures ne nous fournissent que des caractères beaucoup moins tranchés.

En effet, la longueur de la tête est comprise environ trois fois
et demie ou trois fois et deux tiers dans la longueur totale. La
longueur du nez, les dents maxillaires palatines et linguales sont
tellement semblables qu'on ne peut exprimer de véritables différences.
La courbure du front et du museau me paraît seule un peu plus
marquée. Les sous-orbitaires me semblent plus élargis et les bords
caverneux, au-dessous de l'œil, un peu plus étroits.

Les nombres des nageoires sont peu différents des autres.

D. 18; A. 8, etc.

La couleur est toujours argentée, tirant au plombé sur le dos,
avec plusieurs lignes longitudinales sinueuses. Les écailles sont de
la même grandeur, et celles de la rangée médiane aussi différentes
et allongées de la même manière. Il n'y a donc pas là de caractères
bien tranchés; mais, en enlevant la peau du crâne et en mettant
à nu les différents os que nous avons déjà décrits précédemment,

on trouve des différences très-marquées. Le milieu du crâne est creux. Les pariétaux sont relevés et bombés au milieu. Ces os sont fort étroits, et une cannelure assez profonde les sépare de l'inter-pariétal. En avant de la bosse des pariétaux nous voyons une sorte de carène mousse se diriger vers le renflement supra-oculaire des frontaux. Une dépression très-sensible que ces os portent vers l'angle postérieur, près de l'orbite, rend l'élévation plus saillante. Les carènes longitudinales du frontal sont plus élevées et plus rap-prochées; un sillon creux les sépare du bord externe de l'os. Les cannelures ogivales sont encore plus larges et moins avancées vers l'œil que celles de l'espèce précédente. Les deux lamelles des os du nez sont plus courtes et moins hautes; mais l'externe est pliée et plus rejetée en dehors, ce qui rend la gouttière de cet os plus étroite. Le sourcilier est long, grêle, et presque en entier au-devant de l'orbite : ces formes sont tellement caractéristiques que l'on ne peut balancer à reconnaître ce poisson comme d'une espèce toute particulière.

M. Rang en a envoyé deux exemplaires longs de vingt pouces. Il les prit en 1831 dans la rade de Gorée. La figure de Barbot[1], un peu trop haute par rapport à sa longueur, ne donnerait qu'une idée fort incomplète de l'espèce. Il l'appelle Banane.

Le Butirin banané.

(*Albula bananus*, Lacép.)

Je commence la description des espèces des Indes par celle de l'Ile-de-France, parce que j'ai tout lieu de penser que cette espèce, abondante dans cette île, y a été observée et dessinée par Commerson.

Elle a la tête contenue quatre fois et demie dans la longueur totale, et, en général, ses formes sont tellement semblables à celles

---

1. *Coll. of voy. and trav.*, vol. V, p. 101, pl. 6.

des autres espèces, que je ne l'aurais pas distinguée si je n'avais vu
son crâne; mais les frontaux sont différents. La cannelure longitudinale et moyenne est distincte. Je trouve, en effet, que la suture
des interpariétaux avec les frontaux descend en une pointe plus
aiguë et à la hauteur des yeux. Ces deux os se relèvent en une
sorte de petit losange peu saillant. La cannelure moyenne est
profonde, et les cannelures latérales forment également un sillon
très-marqué. Les cavernes ogivales sont étroites, sans être aussi
pointues que dans la première espèce. D'ailleurs, c'est de même un
poisson tout argenté, avec un petit chevron noir sur l'extrémité du
nez, mais qui ne descend pas à la face inférieure, du moins dans
les quatre individus que j'ai observés. M. Dussumier, qui les a vus
frais, donne une teinte verdâtre au corps et dorée aux joues. Toutes
les nageoires sont blanches; la dorsale et la caudale sont bordées
d'un très-fin liséré noir.

Ils nous viennent des mers de l'Ile-de-France, soit par
M. Desjardins, soit par M. Dussumier. Notre plus grand
individu a treize pouces de longueur.

Les individus que je viens de décrire ressemblent tellement aux deux dessins laissés par Commerson dans ses
manuscrits, qu'il est impossible de douter de leur détermination. Ils sont tous deux faits à la mine de plomb sans
aucune signature, mais il y a tout lieu de croire, par la
manière dont ils sont exécutés, qu'ils sont dus au crayon
de Sonnerat. Commerson avait écrit de sa main sur l'un
d'eux, *Butyrinus,* et sur l'autre il avait ajouté *Poisson,
Banané vulgò, Grand comme nature.* C'est ce dernier
qui a été gravé dans M. de Lacépède assez mal, quoique
d'une manière reconnaissable, à la planche VIII, fig. 2, du
tome V. La gravure a été intitulée *Synode Renard.* Dans
le texte M. de Lacépède a établi un genre Butirin, composé
d'une seule espèce, le Butirin Banané : en citant unique-

ment ce que Commerson a inscrit sur son dessin, l'ichthyo-logiste français dit cependant avoir trouvé dans les manus-crits de Commerson une description courte mais précise de ce poisson. Il n'y a certainement dans la collection entière des manuscrits aucune description qui porte le nom de Butirin ou qui se rapporte à ce poisson. On sait qu'elles étaient toutes faites en latin, précédées d'une phrase linnéenne, que M. de Lacépède a toujours eu soin de transcrire, quand elle existait. Il aurait dérogé cette fois à cette constante habitude : il me paraît plus probable que la notice du Butirin a été faite sur les figures de Commer-son, et qu'ayant oublié l'origine de ses notes, M. de Lacé-pède l'aura rapportée, de mémoire, au Synode Renard. Il y aurait là un nouvel exemple de ces petites confusions que cet excellent homme a faites en travaillant à la cam-pagne sur de simples extraits pris sur de petits feuillets épars. Je doute que, s'il eût comparé le dessin de Com-merson à la planche de Catesby, reproduite dans l'Ency-clopédie méthodique et sur laquelle repose le Synode Renard, M. de Lacépède eût regardé la copie de Com-merson comme identique à celle de l'Encyclopédie. L'es-pèce, sujet de cet article, a donc paru d'abord deux fois sous des noms différents dans cet ouvrage d'ichthyologie, d'après Commerson; elle y revient une troisième fois, parce que l'*Argentina glossodonta*[1] est encore le même. La figure et la courte description que M. Ruppell nous a données de son *Butirinus glossodontus* viennent con-firmer cette opinion.

En lisant avec beaucoup de soin la description de Forskal

---

1. Lacép., t. V, p. 366.

et en comparant d'ailleurs la figure que j'ai faite à Berlin des Butirins de la mer Rouge, je crois que l'*Argentina glossodonta* ne diffère pas de l'espèce de l'Ile-de-France, parce qu'elle est la seule dont on puisse dire qu'elle porte un anneau noir à l'extrémité de la mâchoire. Il faut d'ailleurs bien observer qu'à l'époque où j'étais à Berlin je ne connaissais pas l'importance qu'il y avait à étudier le crâne de ces espèces. Je n'aurais pu d'ailleurs dans cette collection comparer un aussi grand nombre d'individus entre eux, par conséquent il me serait toujours resté des doutes sur mes déterminations. La description de Forskal, toute détaillée qu'elle est, ne donne que des caractères génériques. Ce voyageur dit : que les Arabes de Djedda lui nommaient ce poisson *Bönuk,* et ceux de Lohaje *Bunuk,* ce qui voudrait dire racine. M. Ehrenberg l'a entendu nommer *Gasma* à Massawah. M. Ruppell[1] reproduit, comme nom vulgaire, la dénomination de Forskal en l'écrivant *Bunnuck.* Ce zoologiste a reconnu qu'il fallait distinguer le Butirin de la mer Rouge des espèces vivantes sur les côtes du Brésil; mais sans donner les véritables raisons, car il a fondé les différences sur la forme plus ou moins comprimée du corps et sur un abdomen caréné, mais non dentelé, attribué par M. Agassiz à l'espèce américaine; caractère qui ne convenait pas au poisson de Djedda. On voit que ce n'est pas sur ces formes aussi vagues que j'établis les caractères des espèces; d'ailleurs M. Ruppell, n'ayant pas eu les moyens de retrouver les caractères du Butirin de Lacépède, a donné à ce poisson une nouvelle dénomination, celle de *Butirinus glossodontus,* qui ne devra

---

1. Rupp., *Neue Wirbelth. zu der Faun. Abyss.,* p. 80, pl. 20, fig. 3.

pas être conservée à cause de la priorité du nom de Commerson. Ce zoologiste a compté soixante et dix vertèbres à la colonne vertébrale, dont trente-six seulement portent des côtes. Il y aurait donc une nouvelle différence, toute légère qu'elle serait, dans le squelette des poissons des Indes et des espèces américaines. On voit ici, comme il arrive très-souvent, que nos matelots ont porté dans les Indes orientales les noms de nos colons des Antilles. Je ferai d'ailleurs observer que la dénomination de *Banane* s'applique aussi aux *Elops.*

Le Butirin de la Nouvelle-Guinée.

(*Albula Neoguinaica*, nob.)

MM. Quoy et Gaimard ont pris à la Nouvelle-Guinée une espèce dont les caractères extérieurs ressemblent beaucoup à ceux de l'espèce de l'Ile-de-France;

mais la circonscription de la mandibule inférieure est plus pointue près de la symphyse. Les dents me paraissent aussi un peu plus longues; le dessus du crâne est régulièrement plus concave. Je ne vois pas sur les frontaux et à la naissance des carènes mitoyennes cette saillie qui est très-marquée sur l'espèce précédente.

B. 13 — 12; D. 17; A. 8, etc.

Les couleurs me paraissent beaucoup plus rembrunies, surtout à la caudale et ensuite à la dorsale. Les lisérés de ces deux nageoires sont plus prononcés.

Notre individu n'est pas très-bien conservé et il est long de douze pouces et demi. Si, comme je le crois, il est d'une espèce particulière, ses caractères seraient intermédiaires entre ceux de l'espèce de l'Ile-de-France et ceux de la suivante, qui est certainement distincte, ainsi qu'on va le voir.

Le Butirin a dorsale demi-écailleuse.

(*Albula seminuda*, nob.)

Nous avons reçu par les mêmes voyageurs, et aussi de la Nouvelle-Guinée, un autre Butirin, assez voisin des précédents par l'ensemble de ses formes, mais qui a cependant

le profil de la tête plus droit; le museau un peu plus pointu; le chevron noir de son extrémité l'entoure davantage, et enfin, un caractère plus distinctif se montre dans la disposition des écailles de la dorsale, qui ne couvrent qu'une partie de sa surface. Il y a, d'ailleurs, des différences correspondantes et très-frappantes dans le crâne. Le sillon externe du frontal est plus large et plus profond que dans aucun autre. Les deux bords de la cannelure médiane sont plus parallèles; les bosses pariétales sont moins sensibles.

Les nombres des rayons et la couleur sont les mêmes.

Je ne possède de cette espèce qu'un seul exemplaire long de onze pouces.

Le Butirin a lèvres rouges.

(*Albula erythrocheilos*, nob.)

L'archipel des Iles des Amis nourrit aussi une espèce particulière de Butirin, dont je trouve les caractères remarquables en étudiant le crâne d'un grand et bel individu que les voyageurs précédemment nommés ont rapporté de ces mers. Aux caractères de coloration signalés dans la note que nous a remise M. Quoy, nous ajouterons les suivants, fournis par l'ostéologie.

En effet, les bosses pariétales et les carènes postérieures des frontaux sont ici très-relevées; ce qui rend le milieu de la nuque tout à fait creux. La suture des pariétaux avec les frontaux forme un angle assez aigu au-devant de l'œil. Les frontaux deviennent bombés ; les carènes caverneuses internes sont relevées, assez étroites ; ce qui rend la gouttière mitoyenne creuse et peu large. Les cavernes ogivales sont larges, profondes et arrondies ; elles se rapprochent, d'ailleurs, assez de l'aplomb de l'œil. Les os du nez sont grands, et la lame externe assez haute et longue. C'est la seule espèce sur laquelle je trouve deux particularités énoncées par Gronovius, savoir : qu'il y a treize rayons à la membrane branchiostège d'un côté, et que le lobe supérieur de la caudale est plus long que l'inférieur. A la vérité, il n'y a ici qu'un septième de différence entre les deux lobes, Gronovius dit cependant que l'un est beaucoup plus grand que l'autre. La membrane branchiostège droite n'a que douze rayons.

B. 13 — 12 ; D. 18 ; A. 9, etc.

La couleur est un argenté plus brillant et plus blanc que celui de l'espèce précédente. Frais, d'après les observations de M. Quoy, la partie supérieure et les nageoires ont des reflets légèrement verdâtres, et la dorsale, ainsi que la caudale, sont à peine lisérées de noir. Les bords de la bouche sont d'un rouge lie de vin, et les narines sont dans un enfoncement noirâtre. Le museau porte aussi son petit chevron noir.

Ce poisson est appelé par les indigènes de Tongatabou *kiokio* : nom qui est assez semblable à celui que je trouve sur un dessin fait à Borabora par M. Lesson : il appelle son poisson *ioïo*. Comme ce naturaliste n'a pas rapporté l'original, je ne puis en déterminer l'espèce avec précision.

Je crois cependant qu'on la trouvera différente de celle-ci, quand des ichthyologistes pourront l'examiner. La tête serait en effet beaucoup plus arquée ; les lobes de la caudale plus égaux. La couleur serait sur l'opercule un argenté brillant, mêlé de reflets cuivreux ; l'œil noir aurait l'iris jaune. Je n'ose en dire davantage sur ce poisson, que je signale seulement à l'attention des navigateurs.

Le Butirin de Forster.

(*Albula Forsteri*, nob.)

Forster a laissé dans ses manuscrits la description d'un Butirin qui me paraît d'une espèce distincte de tous ceux dont nous venons de nous occuper. J'ai pu m'aider pour arriver à la détermination de l'*Esox argenteus* de ce voyageur, de l'inspection du dessin conservé dans la bibliothèque de Banks; mais j'ai trouvé quelque chose encore de plus certain, puisque le Muséum possède maintenant l'original même de Forster, qui avait été donné à Broussonnet par sir Joseph Banks, et que la Faculté de Montpellier avait envoyé à M. Cuvier. Ce poisson diffère de ceux que nous venons de décrire

parce que le museau nous paraît plus effilé; l'intervalle qui sépare les yeux est plus étroit, et le corps, en général, est plus long. La dorsale est entièrement écailleuse; ce caractère le rapproche de notre *A. neoguinaica*, et le distingue de notre *A. seminuda*.

La couleur paraîtrait avoir été argentée, puisque le savant naturaliste, compagnon du capitaine Cook, le nommait *Esox argenteus*, et que, dans sa description, il ne parle plus des couleurs.

Nous avons compté avec soin les nombres de la membrane branchiostège, et ils sont, comme dans les autres espèces, de treize d'un côté et de douze de l'autre; Forster les indique au nombre de quatorze et de treize, mais il est probable qu'il aura fait entrer le sous-opercule dans cette addition; légère erreur, qu'il est très-facile de commettre.

Les naturels d'Otahiti ont donné ce poisson sous le nom de *Mohée*. En parlant des Galaxies [1], j'ai déjà eu occa-

____

1. Cuv. et Val., Hist. nat. des poissons, t. XVIII, p. 353.

sion de dire que la synonymie indiquée par Forster dans son Voyage avait été confondue avec celle de l'*Esox truttaceus*. Schneider, qui s'était aperçu de la confusion faite par Bloch, reproduisit la description de Forster, en indiquant que cet *Esox truttaceus* devait prendre rang dans le genre Synodus; association qui, comme je l'ai dit précédemment, ne faisait qu'ajouter à la mauvaise conception de ce genre. L'on voit que Forster, et peut-être même les matelots qui étaient autour de lui, jugeaient très-bien de la ressemblance du poisson qu'ils pêchaient à Otahiti avec ceux que ces mêmes hommes avaient rencontrés sur les côtes de la Jamaïque, puisqu'ils leur appliquaient le même nom vulgaire de *Ten pounders*. Toutefois, en se rappelant la ressemblance d'un Butirin et d'un Élope, et en se souvenant aussi que Sloane appelle ce dernier *The pounders,* il n'est pas difficile de reconnaître que, par une faute d'impression, on a écrit *Ten* au lieu de l'article *The.*

Le Butirin conorhynque.

(*Albula conorhynchus,* Gronovius et Nozeman.)

Il m'était impossible de savoir ce que pouvait être le poisson décrit et figuré par Nozeman, sans l'extrême obligeance de mon ami, M. Schlegel, conservateur du Musée de Leyde. Il a bien voulu m'envoyer la traduction fidèle et complète du texte de la description du naturaliste d'Amsterdam, et le calque de la figure. Ce travail est inséré dans un recueil hollandais fort rare à Paris. Il résulte de cette description et de la figure que le poisson dont il y est parlé est un Butirin.

Il me paraît différer des espèces examinées jusqu'à présent, par

19. 33

la tache d'un noir profond, représentée sous le museau; par la
disposition de points en séries verticales sur les écailles, et par la
hauteur du corps sous la dorsale.

Voici les nombres qu'il indique :

B. 13; D. 20; A. 10; C. 24; P. 20; V. 14.

L'auteur dit que ce poisson a été pris dans la Méditerranée, sans aucun autre renseignement à ce sujét. Est-ce
une erreur, ou bien est-ce une de ces raretés que cette
mer cache encore dans ses profondeurs?

Je ne vois qu'une seule observation à faire sur la description des dents. L'auteur dit : « le palais et la mâchoire
« inférieure de ce poisson, mais non pas la langue, sont
« armés d'un grand nombre de dents très-petites, qui,
« vues à la loupe, se montrent recourbées vers le dedans. »
Cette forme convient bien aux dents maxillaires, mais
non pas à celles du palais. Je conçois d'ailleurs qu'il n'ait
pas vu les dents linguales, parce que la partie libre et
charnue de cet organe est assez longue.

Que ce poisson vienne ou non de la Méditerranée, il
ne me paraît pas moins devoir être considéré comme
d'une espèce distincte.

CHAPITRE VII.

De la famille des ÉLOPIENS, *et des genres* ÉLOPES *et* MÉGALOPES.

Je sépare les Élopes et les Mégalopes, genres très-voisins l'un de l'autre des Butirins, parce que ceux-ci n'ont pas d'os sublingual. On retrouve cet os dans les Amias, poissons des eaux douces d'Amérique, sans cœcums, tandis que les genres de la famille actuelle ont le pylore garni d'appendices. La dentition des Élopiens est plus voisine de celle des Butirins que du genre Amia.

DES ÉLOPES.

Le genre *Elops* a paru pour la première fois dans la douzième édition du *Systema naturæ;* aussi les naturalistes qui ont connu ce poisson avant 1766, ont-ils été incertains sur la place méthodique à lui assigner. Ainsi Garden [1], en en donnant connaissance à Linné dans sa lettre de 1761, laisse le nom du genre en blanc et dit seulement que le poisson est appelé, à la Caroline du Sud, *Silver-fish.* Quant à Forskal, qui ne possédait aussi dans son voyage que la dixième édition, il inscrit l'*Elops saurus,* comme sa seconde espèce d'Argentine, sous le nom d'*Argentina machnata,* parce qu'il lui observait des dents aux mâchoires, au palais, sur la langue, et qu'il voyait aux ventrales un assez grand nombre de rayons.

---

1. Garden, *Corr. Linn.*, t. I, p. 306, n.° 17.

Linné a tracé les principaux traits caractéristiques du poisson qu'il avait reçu de Garden, avec sa grande supériorité et son remarquable talent de descriptions concises.

J'ai reconnu l'exactitude des observations de Linné, en ce qui touche l'espèce d'épine qui est au-dessus et au-dessous de la queue; mais je ne puis encore m'expliquer ce qu'il a voulu dire dans la seconde phrase de la diagnose du genre. Je ne vois pas à l'extérieur de la membrane branchiale les cinq dents dont elle serait armée dans son milieu. C'est d'après l'examen fait sur le poisson même, que fut établi le genre *Elops*. Par une singulière inadvertance qui a cependant influé, sans aucun doute, sur le choix de l'épithète adoptée par Linné, ce grand naturaliste qui avait reconnu la représentation de notre poisson dans l'Histoire de la Jamaïque de Sloane, à la planche 250, a cité faussement non-seulement la planche 251, mais les deux premiers mots de l'espèce de diagnose que l'auteur anglais ajoutait à chaque figure de ses poissons. Cette fausse citation a été cependant copiée et reproduite par Gmelin, Bonnaterre, Lacépède, jusqu'à ce que M. Cuvier[1] l'ait signalée dans une note du Règne animal. Linné a donc voulu citer le *The pounder*[2] *harengus major, totus argenteus, squamis majoribus*. La seconde citation du *Systema naturæ* n'a pas été plus heureuse; car elle renvoie à l'Histoire naturelle de la Jamaïque par Brown[3]. Ce second *Saurus* de Brown, à deux dorsales, à sept rayons à la membrane branchiostège et à ligne latérale carénée, est un caranx.

---

1. Cuv., Règ. anim., 1817, t. II, p. 178, ou 2.ᵉ édit., 1829, p. 324.
2. Sloane, *Jam.*, p. 250, fig. 1.
3. Brown, *Jam.*, p. 452.

Il me paraît probable que Linné, après avoir décrit d'après nature le *Silver-fish* de Garden et en avoir fait son *Elops saurus,* avec les petites inexactitudes que je viens de signaler, aura trouvé dans les notes de ce naturaliste l'indication que celui-ci aurait eu l'idée de rapporter son poisson au genre *Argentina;* car c'est d'après Garden que paraît dans cette même douzième édition l'*Argentina Carolina* qui, à cause des vingt-huit rayons de sa membrane branchiostège, et d'après le témoignage même de Linné, conservé dans sa correspondance imprimée par Smith, est certainement le même que son *Elops saurus.* Mais ici Linné cite malheureusement Catesby [1], qui a laissé une mauvaise figure tout à fait indéterminable de quelques-unes de nos petites Clupées des Antilles, où l'on a oublié la dorsale et l'anale. Forskal, comme je l'ai dit, avait vu de son côté l'*Elops,* en en faisant aussi une Argentine. Gmelin, loin de débrouiller ces confusions, les a toutes reproduites. Il a été imité par les auteurs de l'Encyclopédie.

M. de Lacépède, en copiant toutes ces erreurs, a encore augmenté d'un nouveau nom générique et spécifique la synonymie déjà assez confuse de notre poisson. Trouvant dans les manuscrits de M. Bosc la description fort reconnaissable de l'*Elops* sous le nom de *Mugil appendiculatus,* l'illustre continuateur de Buffon, toujours confiant dans l'exactitude ou la sagacité des rapprochements faits par ses prédécesseurs, jugea ce poisson de Bosc voisin des Muges; mais comme il n'avait qu'une seule dorsale, il en fit un nouveau genre sous le nom de *Mugilomore Anne-*

---

1. Catesby, *Car.* 2, pl. 24, p. 24.

Caroline. Voilà donc, dans un espace de moins de quarante ans, notre poisson reproduit quatre fois et dans trois genres distincts, dans les Catalogues systématiques.

Bloch, qui a paru à peu près dans le même temps que M. de Lacépède, n'a donné dans son Ichthyologie générale qu'un seul Élope, qu'il avait reçu de la côte de Guinée par les soins du docteur Isert. Il est, je crois, autant qu'on peut en juger d'après une figure aussi vague, d'une espèce différente de celle de Linné. D'ailleurs l'ichthyologiste de Berlin montre dans les généralités du genre Élope, de sa grande Ichthyologie, qu'il comprit très-peu les caractères du poisson dont il allait parler, car en disant que Sloane fut le premier à faire connaître l'Élope, il renvoie au *Saurus maximus* et non pas au *Pounder* de l'Histoire de la Jamaïque.

Il cite ensuite l'*Argentina machnata* de Forskal, qu'il ramène bien au genre des Élopes et c'est d'après cela qu'il établit que le genre comprend deux espèces. Grâce à la sagacité de Schneider, les doubles emplois d'*Argentina Carolina* et d'*Argentina machnata* n'ont pas reparus dans l'édition posthume du Système ichthyologique de Bloch. M. Cuvier aurait complétement éclairci ce qui regarde l'Élope, s'il n'avait pas cru l'espèce des Indes différente de celle de l'Atlantique, s'il n'en avait pas rapproché, mal à propos, le *Mugil Salmoneus* de Forster. On a vu à l'article du Butirin, qu'il ne peut rester de doutes sur l'interprétation de la description du compagnon de Cook, et que la figure laissée dans la bibliothèque de Banks par G. Forster, loin de contrarier cette opinion, la confirme pleinement, malgré l'assertion émise dans la note du Règne animal. Russel nous a laissé aussi la figure d'un Élope.

Avec tous ces matériaux pris dans les ouvrages de nos prédécesseurs, nous avons eu, pour traiter de ce genre, une suite nombreuse d'individus dont la description va suivre, et qui ont fixé dans notre esprit les caractères et les affinités de ces poissons.

Le nom d'*Elops*, que Linné a employé pour désigner un poisson qui pour lui était américain, est tiré des anciens et se rapporte à quelques-unes de nos grandes espèces d'Esturgeons. [1]

Le genre des Élopes se distingue entre tous les poissons voisins de lui par le grand nombre des rayons de la membrane branchiostège. L'os impair qui est attaché entre les branches de la mâchoire au-dessous de la membrane branchiale, est aussi un caractère remarquable. Il faut ajouter que les Élopes ont la gueule large et fendue, bordée par des intermaxillaires petits, des maxillaires longs et libres; ce qui constitue une mâchoire semblable à celle des harengs. Ces os, ceux de la mâchoire inférieure, des palatins, des ptérygoïdiens, du vomer, du sphénoïde, de la langue, de l'hyoïde et des pharyngiens sont couverts de dents si fines, qu'elles ne paraissent que comme une simple rugosité. Le corps est arrondi et allongé; le ventre n'a aucune espèce de dentelures; la dorsale est placée sur le milieu du corps, et le dernier rayon ne se prolonge pas en filament; la caudale est profondément fourchue et une écaille un peu plus dure et un peu plus large que les autres, tant en dessus qu'en dessous de la queue, fait une sorte d'épine au-devant de la nageoire. Un long appendice écailleux se montre dans l'aisselle des

---

1. Voy. Cuvier, Notes sur Pline, t. II, p. 74.

pectorales et des ventrales; la base de la dorsale et de l'anale est enfermée dans une double lame écailleuse; la tête est nue, recouverte d'une peau assez épaisse; une large et double paupière adipeuse demi-transparente, comme de la cire, pendant la vie, est étendue au-devant de l'œil sur presque toute la joue. Les intestins sont simples et consistent en un grand estomac conique, muni d'une branche montante charnue, avec de nombreux cœcums au pylore; la vessie aérienne, grande, communiquant avec le canal digestif. Elle se bifurque antérieurement en deux petites cornes qui, ne dépassant pas la première vertèbre, ne pénètrent certainement ni dans le crâne, ni dans l'organe auditif. La plupart des auteurs disent de l'Élope qu'il est un bon poisson, mais qu'il a trop d'arêtes. Je ne connais encore que deux espèces de ce genre, dont l'une est répandue dans les mers des deux hémisphères, ainsi que la description suivante va le prouver.

De l'ÉLOPE SAURE.

(*Elops saurus*, Linn.)

Il est naturel de commencer par l'espèce décrite par Linné, et qui a servi à l'établissement du genre. Une autre raison se tire de l'abondance de cette espèce, qui est telle que les ichthyologistes peuvent espérer de la rencontrer dans presque toutes les mers des pays chauds.

Le corps de l'Élope est allongé, à dos épais et arrondi, et devenant comprimé vers la queue. L'épaisseur, aux pectorales, fait les deux tiers de la hauteur, qui est contenue sept fois dans la longueur totale.

La tête est longue et comprise quatre fois et quatre cinquièmes dans la longueur totale. La gueule est très-largement fendue. L'œil

est grand et en partie recouvert d'une paupière adipeuse, qui
s'avance de chaque côté, de manière à entamer un peu le cercle de
la pupille. Le diamètre de l'œil mesure un peu moins que le quart
de la longueur de la tête; il est éloigné du bout du museau d'une
fois ce diamètre. La paupière adipeuse cache presque tout le sous-
orbitaire. Lorsqu'on la soulève pour mettre à nu cette série de
pièces osseuses, on voit qu'elle se compose de six os; savoir: un
premier sous-orbitaire triangulaire, situé entre l'œil et l'extrémité
du museau, et entièrement caché sous l'épaisseur de la paupière;
une seconde lame est étroite et allongée; elle est placée entre la
première et la partie concave du maxillaire; une troisième, un peu
plus courte et un peu plus étroite, est établie entre l'œil et le bord
convexe du maxillaire, et cachée par la jonction des deux paupières; la quatrième est un large trapèze étroit en avant, près du
cercle de l'orbite, large et arrondi en arrière, et en partie caché
sur le devant par le bas de la paupière postérieure; la cinquième
pièce est plus étroite, quoique encore assez grande, elle approche
davantage de la forme rectangulaire, et elle est un peu plus engagée
que la précédente dans la paupière; enfin, sous cette membrane,
on trouve la sixième pièce, irrégulière et triangulaire. La joue du
poisson est donc presque entièrement recouverte par de grands
écussons osseux; aussi, n'aperçoit-on que très-peu du préopercule:
mais, avant de nous éloigner de l'œil, je dois faire remarquer qu'il
existe, entre la paupière et au-dessous de la narine, une espèce de
petit os surcilier qui s'étend en une lame grêle et très-étroite de
l'angle de la paupière à la narine, et s'élargit ensuite en une petite
palette qui couvre presque tout le devant du museau : c'est près
du bord de cette pièce et au-dessous d'un nasal très-petit que l'on
trouve les deux ouvertures de la narine, rapprochées l'une de
l'autre; l'antérieure était un trou rond, et la postérieure un demi-
croissant. Le dessus du crâne est assez large, creusé d'une gouttière
profonde, très-large, et dont les bords formés par les arêtes mousses
des frontaux, offrent des stries fines et divergentes. La région mastoïdienne et temporale est lisse et recouverte par une peau assez
épaisse. L'extrémité du museau est en ogive; le dessus est arrondi

et recouvert par la peau qui s'étend sur le crâne. Quand la gueule
est ouverte, la mâchoire inférieure dépasse sensiblement la supérieure. Le bord de la bouche est formé par des intermaxillaires
courts, peu mobiles, et par des maxillaires grands, libres et com-
posés de trois pièces réunies et soudées ensemble. La mâchoire
inférieure a les branches grandes, larges, arquées, creusées en dessous d'une gouttière peu profonde : il n'y a pas de lèvre supérieure;
mais l'inférieure est très-épaisse; elle ne part pas de la symphyse,
mais elle s'attache environ au tiers de l'intervalle, entre l'extrémité
de la branche de la mâchoire et l'angle de la commissure. J'ai dit
que le préopercule était presque entièrement caché par les écussons sous-orbitaires. On n'en voit guère que le limbe qui s'étend
en une sorte de plaque mince et comme écailleuse sur les bords
antérieurs de l'opercule et du sous-opercule. Ces deux pièces,
distinctes l'une de l'autre, sont également minces comme de grandes
écailles, et semblent se confondre avec le bord membraneux de
l'opercule. L'interopercule est mince, très-étroit, presque entièrement caché sous le bord du préopercule et du sous-opercule. Les
ouïes sont très-largement fendues. La membrane branchiostège est
grande, sans être large; celle de gauche recouvre une grande partie
de la droite, et celle-là a toujours un rayon de plus que celle-ci.
Nous avons compté les rayons sur plus de quinze exemplaires, et
nous avons vu le nombre en varier de vingt-neuf à trente-cinq.
D'ailleurs, pour augmenter la largeur de l'isthme et pour lui donner
plus de force, je trouve entre les deux branches de la mâchoire un
os triangulaire, attaché en avant sous la symphyse, dont la pointe
postérieure est libre et soutient une sorte de petite poche, au fond
de laquelle s'avancent, en dessus, les premiers rayons de la membrane branchiostège. C'est la première fois que je rencontre une
pareille pièce dans les poissons. Je n'ai vu encore aucun os de
l'isthme chez un seul. A cause de la liberté des deux branches de
la mâchoire inférieure et de celles des maxillaires qui s'ouvrent
par un mouvement de bascule sur les intermaxillaires, de la même
manière que cela a lieu dans les saumons et aussi dans les clupées, l'ouverture de la gueule est très-large. Les dents sont nom-

breuses, mais excessivement petites et comme une lime ou une râpe douce usée. On en voit une bande étroite sur le bord des intermaxillaires, des maxillaires et de la mâchoire inférieure. Sur ces derniers os la bandelette de dents s'élargit un peu au-devant de la lèvre. Nous en observons ensuite deux très-petites plaques sur le chevron du vomer; puis sur un espace ovale, mais échancré en arrière sur chaque palatin. Il y en a de beaucoup plus fines sur un disque large et ovale des ptérygoïdiens, et une bandelette étroite et linéaire sur le sphénoïde. L'os lingual est aussi couvert presque en entier de ces petites dents; puis il y en a de semblables sur la queue de l'hyoïde et sur les pharyngiens supérieurs et inférieurs. Les arcs branchiaux sont assez grands; les râtelures antérieures des branchies longues et hérissées de petites dents grenues. On trouve ici une longue branchie operculaire. L'Élope est donc un des poissons qui porte le plus de dents sur les nombreuses pièces de l'intérieur de la bouche; mais qui doit être un des plus inoffensifs, à cause de la petitesse de ses organes. L'ossature de l'épaule se compose d'un surscapulaire presque entièrement caché sous un repli adipeux et comme écailleux de la peau qui unit l'opercule au crâne; puis d'un scapulaire oblong et arqué qui s'étend sur un très-large huméral, à bords arrondis et descendant presque jusque sous la ligne du profil inférieur; aussi la pectorale, nageoire triangulaire, est-elle attachée très-bas. La ventrale est de grandeur médiocre. Il y a dans son aisselle, comme dans celle de la pectorale, un appendice écailleux et pointu, presque aussi long que la nageoire elle-même. La dorsale répond à l'insertion des ventrales; elle est assez haute de l'avant, très-basse de l'arrière, et les rayons peuvent se cacher entre deux larges replis écailleux qui en bordent la base de chaque côté. L'anale, qui est petite, offre la même disposition. La caudale est profondément fourchue. On remarque en dessus et en dessous, et au-devant de ses premiers rayons, une assez longue écaille lancéolée, pointue qui n'avait pas échappé à l'observation de Linné.

B. 29 — 35; D. 23; A. 15; C. 31; P. 18; V. 15.

Les écailles de l'Élope sont de grandeur médiocre, minces, avec de nombreux rayons à l'éventail. J'en compte au moins vingt. Toutes les stries d'accroissement sont parallèles. Il y a de cent à cent quinze rangées d'écailles entre l'ouïe et la caudale. La ligne latérale est fine, droite, et tracée, à peu de chose près, par le milieu du côté.

La couleur est un gris plus ou moins lavé de bleuâtre ou de verdâtre sur le dos, et argenté sur les flancs et sous le ventre. Les pectorales et les ventrales sont de couleur citron, avec les extrémités noirâtres.

L'œsophage est large, à parois musculaires et épaisses. Il se prolonge en un estomac conique et pointu, qui dépasse les deux premiers tiers de la longueur de la cavité abdominale. La muqueuse n'a de plis sensibles que dans la partie œsophagienne. Au tiers de la longueur naît la branche montante, qui est tout à fait inférieure; elle est épaisse, cylindrique, et revient jusque sous le diaphragme. A cet endroit commence un intestin, muni d'appendices cœcaux très-nombreux, et qui se rend directement à l'anus, en passant à gauche de l'estomac. Un peu avant sa terminaison, le rectum se dilate sensiblement. Le foie se compose d'un lobe unique, situé presque tout entier à droite de l'estomac, et se prolongeant jusqu'à la naissance de la branche montante. La vésicule du fiel est petite et blanche; son canal cholédoque est assez gros à gauche de l'estomac. La rate est logée dans l'anse formée par ce viscère et la branche montante, elle est, par conséquent, assez longue; son parenchyme est assez résistant et noirâtre. Les organes génitaux commençaient à peu près à la naissance de la branche montante, et formaient de chaque côté de la portion conique de l'estomac deux petits rubans grêles et plats, assez semblables, par leur couleur, à la masse graisseuse des épiploons. Les conduits sécréteurs de ces organes sont grêles et assez longs. Tous ces viscères sont enveloppés dans un repli d'un péritoine excessivement mince et ne faisant qu'une très-faible membrane, au-dessus de laquelle on aperçoit une vessie aérienne, oblongue, à parois fibreuses et argentées, et étendue non-seulement dans toute la longueur de la cavité abdominale, mais qui se porte en avant, au-dessus des pharyngiens, pour se terminer de chaque côté de la première vertèbre, tout près de l'occipital. Dans cette partie, la vessie se rétrécit; elle se bifurque en deux petites cornes coniques. A partir de la troisième vertèbre, au-dessous de cette bifurcation, on voit une petite cloison fibreuse, triangulaire, qui s'attache en avant à la base du crâne, et donne en arrière, de chaque côté, un ligament grêle, assez long, qui va sur la ceinture humérale. Chaque corne est contenue dans une enveloppe fibreuse. Je les ai suivies jusqu'à leur extrémité, en ayant eu soin de remplir la vessie d'une injection colorée, afin de m'assurer de la forme et de la terminaison de cette partie de l'organe. J'ai acquis ainsi la certitude de la disposition que je viens de décrire, et j'affirme que cet organe, dans l'Élope, n'a pas plus de communication avec l'intérieur du crâne qu'aucune autre vessie aérienne de poisson, malgré les imposantes autorités qui ont avancé le contraire dans l'alose, le hareng et dans beaucoup d'autres. L'Élope, cependant, était, sans contredit, un de ceux chez lesquels l'erreur pouvait être commise avec la plus grande facilité. Cette vessie communique avec le canal digestif par un conduit pneumatophore, excessivement court, qui débouche directement sur la surface dorsale de l'estomac, au-dessus de l'ouverture de la branche montante. Le péritoine devient beaucoup plus épais en passant sur la vessie, et il y forme une cloison fibreuse et blanche. En la fendant, on trouve les reins qui sont assez gros, très-longs, et se réunissent, à peu près à moitié de la longueur, en une seule masse qui va jusqu'aux dernières vertèbres abdominales. La vessie urinaire est petite et courte.

J'ai trouvé dans l'estomac de l'Élope des squelettes presque entiers de poissons assez gros, assez forts, que l'animal peut facilement engloutir, à cause de sa large gueule.

Le squelette de l'Élope est non moins curieux à étudier que sa splanchnologie. On conçoit que la grande cannelure du crâne soit formée par les frontaux; les pariétaux qui sont très-petits, n'y concourent pas; l'interpariétal est lui-même fort petit et rejeté à la face occipitale du crâne; la base de sa très-petite carène, réduite ici à une sorte d'apophyse styloïde, est la seule partie par laquelle il s'avance sur la face supérieure de la tête. Les mastoïdiens occupent plus des deux tiers de la face arrondie des côtes, et ce qu'ils offrent de remarquable, c'est qu'ils forment une large voûte qui recouvre deux très-grands trous latéraux, analogues à ceux que l'on trouve dans les Butirins, et qui sont les ouvertures de deux grandes fosses sus-crâniennes, mais qui ne pénètrent pas dans l'intérieur du crâne, comme cela a lieu dans les mormyres. L'Élope présente une autre particularité bien notable, c'est qu'au-dessous du basilaire il y a un grand trou formé par cet os et par le bord postérieur du sphénoïde, et qui pénètre dans la cavité du crâne, de sorte que le cerveau n'est protégé inférieurement que par une lame épaisse et fibreuse, au-dessous de laquelle commence l'œsophage et l'insertion des osselets pharyngiens. On voit de chaque côté de cette ouverture oblongue une gouttière assez large, qui s'étend jusqu'à la base de la première branchie. La colonne vertébrale est composée de soixante-douze vertèbres, dont quarante-trois abdominales portent des côtes excessivement grêles. Les trente-quatre premières vertèbres ont à la base de leurs apophyses épineuses des apophyses transverses, simulant des petites côtes horizontales, dont la pointe est dirigée vers le haut. La ceinture humérale de ce poisson offre aussi des particularités notables. Son surscapulaire est bifurqué. La branche supérieure ou le corps de l'os va le long de l'occipital supérieur, tout près de l'interpariétal. La branche inférieure s'appuie sur l'occipital latéral, tout près de sa suture avec le mastoïdien. L'huméral et le cubital font une gouttière très-profonde. Le cubital est petit, arrondi, et son trou, par conséquent, est fort étroit.

Cette espèce d'Élope est du petit nombre de poissons cosmopolites que j'ai observés. La description qu'on vient de lire est faite d'après un individu parfaitement bien conservé, long d'un pied dix pouces, qui a été rapporté de Saint-Domingue par M. Ricord. Un autre exemplaire, plus grand et long de deux pieds trois pouces, faisait partie des collections recueillies dans la mer Rouge par

M. Botta. Puis nous en avons d'autres exemplaires, plus petits, qui nous sont venus de la Martinique par M. Plée; de la Nouvelle-Orléans par MM. Lesueur et d'Espainville; du Brésil, par MM. Delalande et Eydoux; de Surinam, par Levaillant. Nous retrouvons cette espèce sur la côte africaine de l'Atlantique. M. Heudelot nous en a envoyé de beaux exemplaires du Sénégal, et une peau sèche et conservée en herbier nous donne la preuve que plus anciennement Adanson l'y avait observée : la même espèce nous est venue de différents points de la mer des Indes; ainsi M. Dussumier l'a rapportée de l'Ile-de-France; M. le capitaine Duperrcy en a également pris sur cette île. M. Ehrenberg l'a aussi trouvée dans la mer Rouge; M. Leschenault se l'est procurée à Pondichéry. Sonnerat avait, dans ses collections faites aussi sur la côte de Coromandel, un Élope long de dix-huit pouces. J'ai examiné et comparé avec le plus grand soin les nombreux exemplaires conservés dans la collection du Cabinet du Roi, et ce n'est qu'après l'examen le plus minutieux que j'ai été forcé d'admettre l'identité spécifique d'individus provenant de localités si diverses et si éloignées; on a pu voir que je regarde toujours comme un fait extraordinaire, et si l'on peut s'exprimer ainsi, en dehors des habitudes de la nature, la dispersion d'une espèce dans le sein des mers.

Nous avons vu dans la discussion générale de ce genre, que Linné a présenté ce poisson sous les noms d'*Elops saurus* et d'*Argentina Carolina*, que M. de Lacépède y a ajouté celui de *Mugilomore Anne-Caroline*. Pour terminer tout de suite ce qui a été dit de l'Élope des côtes d'Amérique, il faut ajouter : que Mitchill[1] a vu des

1. Mitchill, *Trans. hist. and Phil. soc.*, vol. I. *Fish. of New-York*, p. 445.

exemplaires de cette espèce vendus au marché de New-York vers l'automne sous le nom de *Salmon trout*. Ils étaient longs de vingt-deux pouces et du poids de quarante-deux onces. Il est difficile de concevoir pourquoi ce naturaliste, qui avait bien rapporté son poisson au genre *Elops* de Linné, composé d'une seule espèce, lui a donné le nouveau nom d'*Elops inermis*.

M. Dekay[1] a cité l'*Elops*; il en a publié une figure élégante et correcte, et il y a rapporté avec raison l'*Elops inermis* de Mitchill, après s'être assuré de l'exactitude de cette synonymie par la comparaison d'un individu qui avait servi à son prédécesseur. Il observe que ce poisson qui ne se montre qu'en automne dans la baie de New-York, paraît peu connu des pêcheurs de la côte qui l'ont nommé à M. Dekay *Round Herring*.

L'Élope ne se porte pas plus haut vers le Nord, car il n'en est pas fait mention dans la Faune du Massachussets par M. Storer, ni à plus forte raison dans la Faune de l'Amérique septentrionale du docteur Richardson. L'Élope est donc un poisson des mers plus chaudes; le témoignage ancien de Sloane vient d'abord le confirmer. Ce naturaliste l'observait à la Jamaïque, et il nous apprend que les Anglais de cette époque le nommaient *The Pounder*, dénomination que les matelots de l'expédition de Cook reportaient à Otahiti aux Butirins, qui ont en effet une ressemblance générale assez grande avec les Élopes pour qu'elle ait frappé ces observateurs peu instruits, mais assez habiles souvent à saisir ces rapprochements naturels. Nous trouvons dans les notes que nous a communiquées M. de

---

1. Dekay, *Faun. of New-York*, t. III, p. 267, pl. 41, fig. 131.

Poey, une figure parfaitement reconnaissable de l'*Elops saurus* et une description non moins fidèle; il l'appelle *Lisa Francesa* et dit que la chair est molle, ce qui fait que ce poisson est peu estimé, quoiqu'il ne soit pas du nombre de ceux qu'il est dangereux de manger. Nous en avons aussi un dessin très-reconnaissable tiré de la collection des peintures faites au Mexique par M. Mociño, et que nous avons déjà citée si souvent; il est intitulé la *Banane,* et c'est en effet sous cette dénomination que nous le voyons indiqué dans les catalogues de M. Plée, qui lui donne aussi, pour synonyme, le nom de *Savale,* que nous retrouvons également appliqué aux Mégalopes. Il y a un document beaucoup plus ancien, et qui a été jusqu'à présent négligé par les ichthyologistes, c'est celui que j'ai retrouvé dans la bibliothèque royale de Berlin, dans le recueil nommé *Liber Mentzelii.* Il contient en effet, à la page 179 et sous le nom brésilien *Pirá-ati-áti,* une peinture longue de dix pouces et demi, et qui représente, à n'en pas douter, l'Élope que nous avons reçu plusieurs fois du Brésil. Le dos est peint en bleu foncé, glacé de verdâtre; le ventre est argenté. Il y a seulement dans cette peinture quelques taches roussâtres que je n'ai jamais observées, soit dans la nature, soit dans les auteurs qui ont parlé de l'Élope; malgré cela il n'est pas douteux que notre poisson n'y soit représenté.

Si nous passons maintenant aux divers auteurs qui ont traité de l'ichthyologie de la mer des Indes, nous devons d'abord rappeler Forskal, qui a reçu ce poisson à Djedda, sous le nom arabe de *Machnat,* qui a été latinisé pour devenir la dénomination scientifique de l'*Argentina machnata.* J'ai eu communication, pendant mon séjour à Berlin, du très-beau dessin dont M. Ehrenberg avait enrichi ses porte-feuilles. Ce naturaliste l'avait vu à Massawah. M. Ruppell cite aussi l'*Elops* dans ses *Neue Wirbelthiere*, pages 80 et 84, et il l'appelle *Elops machnata*, croyant probablement, d'après la note de la seconde édition du Règne animal, que l'Élope de la mer des Indes est différent de celui de l'Océan atlantique. Antérieurement Russel[1] avait donné une excellente figure de l'*Elops saurus*; il en a vu des individus longs de vingt pouces. Il dit qu'on le sert sur les tables des Anglais établis à Vizigapatam, sans qu'il y soit cependant estimé; son nom indien est *Inagow*. Enfin, il paraîtrait que M. Richardson[2] a reconnu l'Élope dans les collections ichthyologiques faites dans les mers de Chine et du Japon, par M. Reeves. Dans ce rapport fait à l'association britannique pour l'avancement des sciences, l'habile ichthyologiste que je viens de citer, indique deux espèces d'Élope : il voit dans l'une celui dont nous nous occupons maintenant, en le nommant *Elops machnata;* il reproduit ce même nom dans l'ichthyologie du voyage de l'*Erebus* et du *Terror,* planche 36, fig. 3 et 5. C'est ainsi qu'il le cite dans ce rapport. Je regrette que ce savant introduise aussi un nom nouveau dans nos catalogues ichthyologiques. Il cite, en s'appuyant sur l'autorité de M. Cuvier, le Synode chinois de Lacépède[3]; mais en recourant au dessin original, dont cet auteur a donné une si mauvaise copie, je ne doute presque pas que la peinture chinoise n'ait été faite d'après quelque espèce de Cyprins du genre des Ables et voisine du *Leu-*

---

1. Russ., *Corom. fish.*, p. 63, pl. 179.

2. Richardson, *Rep. on the ichth. of the seas of Chin. et Jap.*, p. 311.

3. Lacép., t. V, p. 319 et 322, pl. 10, fig. 1.

ciscus aspius. Je ne puis donc partager, au sujet du Synode chinois, l'opinion de M. Cuvier.

Les matériaux de M. Reeves indiquent que le nom chinois de l'Élope est *Chuh Keaou.* Ce voyageur avait un second dessin portant le nom de *Chuh Kin,* que M. Richardson considère comme une espèce distincte qu'il se propose de désigner sous le nom d'*Elops purpurascens.* Il ne différerait du précédent que par les nuances purpurines étendues sur la partie supérieure du dos. J'attends, pour me faire une opinion sur cette espèce, la publication des figures originales, et mieux encore, une description faite d'après le poisson même.

L'Élope lézard.

(*Elops lacerta,* nob.)

Au milieu des nombreux exemplaires d'Élopes réunis dans le Cabinet du Roi, nous avons trouvé la preuve, qu'avec ceux de l'espèce précédente originaires du Sénégal, il existe sur cette côte une seconde espèce très-distincte de la première. Nous en possédons cinq exemplaires très-semblables entre eux, et faciles à distinguer de l'espèce ordinaire par les caractères suivants.

Cet Élope a le corps comprimé et le dos étroit; la tête et le museau plus aigus; la gouttière du crâne plus resserrée; la dorsale et surtout l'anale sont plus hautes; les ventrales et les pectorales sont plus longues et plus aiguës; les nombres des rayons de la membrane branchiostège sont aussi différents, et même ils le sont plus que ceux des rayons des nageoires, quoique ceux-ci ne soient pas exactement les mêmes.

B. 25 — 26; D. 20; A. 17, etc.

Les dents sont plus pointues; les écailles sont plus grandes; la ligne latérale est un peu concave; tout le poisson brille d'un vif éclat argenté avec très-peu de bleu sur le dos; la pointe de la dorsale et de l'anale porte une tache noirâtre; les ventrales sont aussi rembrunies; les portions claires de ces nageoires étaient jaune citron.

Nos individus ont dix pouces à dix pouces et demi de longueur. Ils proviennent du Sénégal : les uns ont été envoyés par M. le contre-amiral Jubelin, alors gouverneur de cette colonie : ils furent pris auprès de Richardsthal; ce qui prouve que ces individus se tenaient dans l'eau douce; les autres ont été recueillis par les soins de M. Leprieur.

Comme je l'ai dit plus haut, je pense que l'on doit rapporter à cette espèce l'*Elops saurus* de Bloch, qui serait alors différent de celui de Linné; toutefois il est difficile de rien dire de positif, non-seulement à cause de l'incertitude de la figure, mais à cause du vague de la description. Ainsi, Bloch prétend que dans son individu il n'y avait point de piquant au-dessus et au-dessous de la queue : nos exemplaires portent tous une écaille qui me paraît un peu plus étroite et un peu plus grêle que celle de l'Élope précédent. Bloch dit qu'il n'a point vu de membrane branchiale double, et cependant il parle assez longuement du bouclier osseux sous-maxillaire. Linné d'ailleurs n'a pas dit que le pli de la peau qui retient cet os, fût une seconde membrane branchiostège.

DES MÉGALOPES (*Megalops*, Commerson).

Si M. de Lacépède est le premier auteur systématique qui ait inscrit le genre Mégalope en ichthyologie, il est

juste cependant de faire remonter l'idée de sa création à
Commerson. Cet infatigable voyageur naturaliste avait, en
effet, laissé dans ses manuscrits la description aussi exacte
que détaillée de l'espèce de la mer des Indes. Une grande
et belle figure due au crayon de Jossigny, et dont il serait
fort difficile de se faire une idée par la copie fort inexacte
qui a paru dans l'Histoire naturelle des poissons, complète les documents laissés par Commerson. Outre la
phrase caractéristique qui a été reproduite par le savant
continuateur de Buffon, la description et le dessin portent
le titre d'*Oculeus, seu Megalops;* dénomination qui convient, en effet, assez bien à la grandeur de l'œil de ces
poissons, quoique l'on pourrait en citer beaucoup d'autres
qui ont les yeux encore plus grands. Forster décrivait
presque dans le même temps la même espèce dans l'archipel des Iles de la Société; mais avant les documents de
ces voyageurs, les naturalistes qui étudiaient ces productions de la nature sur les côtes de l'Amérique, avaient
transmis depuis longtemps leurs observations sur l'espèce
de l'Atlantique. On conçoit, en effet, qu'un poisson qui
atteint à la taille considérable de quinze ou seize pieds,
qui brille du plus bel éclat d'argent poli, ne pouvait pas
rester inconnu. Marcgrave[1] est le premier auteur qui ait
laissé une figure de cette espèce : c'est son *Camaripuguacu*
reproduit dans Pison, dans Willughby, dans Jonston, dans
Ruysch. Mais cet important document n'ayant pas été employé par Linné, il s'ensuivit que la première mention de
ces espèces, rédigée suivant l'esprit du *Systema naturæ,*
parut pour la première fois dans la Décade ichthyologique

---

1. Marcgr., *Brasil.,* 179, liv. IV, ch. 18.

de Broussonnet sous le nom de *Clupœa cyprinoides*. En donnant la description de cette espèce, accompagnée d'une figure passable, ce zoologiste a fait une confusion qui a été copiée par ses successeurs. Il est facile de juger par la grandeur de l'œil, par la forme générale et par les nombres qu'il a comptés à la membrane branchiostège et à la dorsale, que le poisson décrit par lui était originaire de la mer des Indes. D'ailleurs, l'on sait qu'il tenait ces espèces de la généreuse libéralité de sir Joseph Banks; on peut donc dire, sans crainte de se tromper, que l'ichthyologiste de Montpellier avait des poissons originaux de Forster. Cela ne l'a pas empêché de considérer un Mégalope d'O-tahiti comme identique avec la figure de Marcgrave, et de réunir ainsi deux espèces distinctes : voilà donc le *Clupœa cyprinoides* mal établi, et frappé en quelque sorte de nullité dès sa première apparition. Cette espèce nominale a été copiée par les auteurs de l'Encyclopédie et reproduite par M. de Lacépède dans la liste de ses Clupées, mais sous le nom de *Clupée apalike*. Bloch vient ensuite faire un autre genre de confusion, qui a encore obscurci l'Histoire naturelle de ces poissons. Il est clair qu'il emprunte à Broussonnet le nom de *Clupœa cyprinoides,* et qu'il compte les nombres des rayons des nageoires d'après cet auteur. Je ne vois pas pourquoi il n'a pas pris tout de suite ceux des branchies. Mais en même temps il copie sa figure d'un dessin de Plumier fait aux Antilles et représentant une autre espèce : ainsi, le *Clupœa cyprinoides* de Bloch n'est pas le même, quant au dessin, que celui de Broussonnet; et quant à la description on ne doit y avoir aucun égard. Dans le Système posthume[1] le nom de

---

1. Bloch-Schn., p. 424, n.° 6.

Clupæa cyprinoides a été changé en celui de *Clupæa thrys-soides,* parce que dans cette édition il a rangé parmi les Clupées l'espèce de poisson qu'il avait figurée dans sa grande Ichthyologie sous le nom de *Cyprinus clupeoides*[1], et qui est en effet un Able voisin du Rasoir (*Cyprinus cultratus*[2]).

Après Bloch, mais presque à la même époque, M. de Lacépède adoptait, suivant Commerson, le genre Mégalope, mais sans reconnaître son affinité avec le *Clupæa cyprinoides* qui reparaît dans le genre des Clupées avec la synonymie confuse des auteurs précédents. De plus il y ajoute encore : car la mauvaise copie du dessin de Commerson, qui se rapportait uniquement au Mégalope, est gravée sous le nom de *Clupée apalike.* Shaw a changé en celui de *Clupæa gigantea* le nom donné par Broussonnet, mais seulement en s'appuyant sur l'ouvrage de Bloch. Il confond, comme ses prédécesseurs, les deux espèces d'origine différente.

C'est pour éviter à l'avenir toute espèce de confusion que j'ai cru devoir débarrasser l'ichthyologie de ces noms sans aucuns caractères, et qu'en adoptant la dénomination générique de Mégalope, j'appelle l'espèce répandue dans toute la mer des Indes, le Mégalope indien, et que je désigne l'autre, trouvée sur les côtes américaines voisines des Antilles, par le nom de Mégalope de l'Atlantique.

Le caractère du genre Mégalope est facile à préciser : les poissons qui viennent s'y ranger ont le corps allongé, de hauteur moyenne, de forme, en général élégante. La bouche, bordée par de petits intermaxillaires et de grands

---

1. Bloch-Schn., p. 427, n.° 19.
2. Val., Poissons, XVII, p. 330.

maxillaires mobiles sur les côtés, a de petites dents en fines scabrosités sur le bord de ces deux os : il y en a aussi sur la mâchoire inférieure, sur les deux palatins, sur les deux ptérygoïdiens, sur le chevron du vomer, sur le sphénoïde, sur l'os lingual, sur l'os hyoïde et sur les pharyngiens. Les ouïes, très-fendues, ont une membrane branchiostège étroite, soutenue par un nombre de rayons considérable, et qui varie, selon les espèces, de vingt-deux à vingt-cinq. Un os sous-maxillaire existe entre les deux branches à la mâchoire inférieure et est soutenu par un repli de la peau. L'œil est généralement grand, avec une paupière adipeuse épaisse, qui ne s'avance pas cependant beaucoup sur la cornée, mais qui couvre en arrière plusieurs des pièces sous-orbitaires; la dorsale est petite, s'abaisse vers l'arrière; mais le dernier rayon se prolonge en un long filet qui atteint presque à la caudale. L'estomac est assez large, conique; le pylore a de nombreux appendices cœcaux grêles et filiformes. La vessie aérienne est grande, bifurquée en avant; les deux cornes sont très-courtes; un conduit pneumatophore s'ouvre à sa partie antérieure presque dans le pharynx.

Ces caractères montrent la très-grande affinité qui lie les Mégalopes aux Élopes; comme ceux-ci, les poissons du genre dont nous traitons, entrent dans les eaux douces et paraissent même se tenir dans les étangs.

Le MÉGALOPE INDIEN.

(*Megalops indicus*, nob.)

Je commence la description des espèces de ce genre par celle des Indes, parce qu'elle mérite mieux que l'espèce

américaine, à cause de la grandeur de son œil, le nom
générique imaginé par Commerson pour désigner ces poissons : c'est aussi l'espèce qui a été décrite et dessinée par
ce voyageur.

Le corps du Mégalope ressemble en quelque sorte à un très-
grand hareng : son profil supérieur est presque rectiligne ou très-
peu soutenu; l'inférieur, au contraire, est arqué; la hauteur du
tronc mesure le cinquième de la longueur totale, et est précisément égale à la longueur du lobe supérieur de la caudale; l'épaisseur est comprise deux fois et pas tout à fait une demie dans cette
hauteur; la longueur de la tête surpasse de très-peu la hauteur du
corps; le diamètre de l'œil est à très-peu de chose près égal au
tiers de la longueur de la joue entière; l'intervalle qui sépare les
deux yeux, fait les deux tiers de leur diamètre; une paupière adipeuse, qui s'avance à la vérité peu sur la cornée, en rétrécit le
disque : cette paupière se porte en arrière jusque sur le bord montant du préopercule. Sept pièces composent le sous-orbitaire; une
première, presque entièrement cachée sous la paupière adipeuse,
est au-devant de l'œil, entre cet organe et le maxillaire; une seconde
pièce, très-étroite, longe le dessous de l'orbite; c'est la troisième,
grande et quadrilatère, qui dépasse le maxillaire; les trois autres
plaques sont rhomboïdales comme celle-ci, et enfin la septième
remonte sur le cercle de l'orbite, et je ne m'étonnerais pas qu'un
ichthyologiste ne la considérât comme un sourcilier : elle me
paraît cependant trop reculée pour prendre ce nom. Le préopercule
forme en arrière de ces os une très-large plaque arquée, mince
comme une écaille membraneuse, et il vient couvrir une assez
grande partie de l'opercule et du sous-opercule; ceux-ci presque
confondus, sont aussi minces : au-devant d'eux est un interopercule
triangulaire assez large, mais court. Toutes ces parties sont enduites
d'un pigment argenté, qui rend la joue des plus brillantes; ces
teintes s'étendent sur le maxillaire et sur les branches de la mâchoire inférieure. Mais la symphyse et l'extrémité supérieure du
museau sont couvertes d'une peau mince et noire. Les intermaxil-

laires sont courts et occupent presque à eux seuls tout le travers supérieur de la fente de la bouche. Les maxillaires ont une très-petite branche arquée, qui s'articule derrière l'intermaxillaire; le reste de l'os forme, sur les côtés de la bouche, une grande plaque qui est encore augmentée par deux os maxillaires supplémentaires. Il n'y a pas de lèvre supérieure; la portion cachée de la mâchoire inférieure porte un repli épais de la peau, que l'on peut très-bien considérer comme une lèvre. Les branches sont assez élevées, et la symphyse dépasse de toute son épaisseur la mâchoire supérieure. Il y a des dents en scabrosités très-fines aux deux mâchoires, sur une petite plaque au chevron du vomer, sur les deux palatins, sur les deux ptérygoïdiens, sur une bande étroite du sphénoïde, sur l'os lingual, sur le corps de l'hyoïde, et, enfin, sur les pharyngiens. La dentition ressemble donc entièrement à celle de l'Élope. On trouve une autre similitude dans le grand nombre des rayons de la membrane branchiostège, et dans l'os sous-maxillaire et impair placé entre les deux branches de la mâchoire inférieure. La membrane branchiostège n'est pas cachée sous le bord de l'appareil operculaire : celle de gauche croise en dessous celle de droite; celle-ci a un rayon de moins que l'autre; le bord membraneux de l'opercule est peu étendu et vient recouvrir presque toute la ceinture humérale. Elle est formée d'un petit surscapulaire caché sous la peau épaisse et squamiforme passant du mastoïdien sur l'opercule; puis vient un scapulaire étroit, et une portion de l'huméral, simple et arquée, visible quand on soulève l'opercule. La pectorale est attachée assez bas : elle est triangulaire et pointue; la ventrale lui ressemble, quand elle est fermée. Dans l'aisselle de chacune de ces nageoires on voit un long appendice écailleux. La dorsale commence au milieu de la longueur du tronc : sa hauteur fait plus des deux tiers de celle du corps; son bord est échancré; ses derniers rayons s'abaissent de manière que le bord de la nageoire est assez profondément échancré. Le dernier rayon se prolonge en un très-long filament mou, articulé, et assez long pour atteindre le commencement de la caudale : celle-ci est profondément fourchue; l'anale est longue, haute de l'avant et coupée en lame de faux.

B. 24—25; D. 18; A. 25; C. 30; P. 14; V. 11.

Je compte quarante rangées d'écailles entre l'ouïe et la caudale:
elles sont minces et bordées d'une membrane; le bord radical est
beaucoup plus grand que la partie nue; celle-ci, presque rectangulaire, porte onze rayons à l'éventail, de très-fines et nombreuses
stries d'accroissement circulaires, et, de plus, une sorte de réseau
à mailles larges, formé par des stries dirigées en tous sens.

La ligne latérale, marquée par une série de gros traits interrom-
pus, passe plus près du dos que du ventre : elle est courbe et
concave depuis la tempe jusqu'à l'aplomb de la dorsale; au delà
elle se rend en ligne droite horizontale jusque par le milieu de la
caudale. Toutes les écailles sur lesquelles on la suit, sont marquées
de plusieurs petites stries ou veinules naissant du centre de l'é-
caille, et dirigées en rayons divergents et inégaux vers l'arc extérieur.

Un plombé verdâtre, ou bleuâtre pendant la vie, colore le haut
du dos; tout le reste du corps brille du plus bel éclat de blanc
d'argent mat et nacré; une tache noire et caractéristique de cette
espèce colore le haut du bord de l'opercule. Je l'ai retrouvée, sans
aucune exception, sur vingt-cinq individus que j'ai comparés pour
m'assurer des caractères de l'espèce. La dorsale est noirâtre; les
autres nageoires sont jaunâtres et transparentes.

La splanchnologie du Mégalope ne diffère que très-peu de celle
de l'Élope. En effet, nous y voyons un canal intestinal commençant
par un assez large œsophage et continué en un sac stomacal conique, mais beaucoup plus court et moins pointu; il se renfle en
dessous pour donner naissance à une branche montante et qui égale
à peu près la moitié de la longueur de la distance du pharynx à la
pointe de l'estomac; cette branche est étroite et donne naissance
à un intestin entouré auprès du pylore d'une très-grande quantité
d'appendices cœcaux, grêles, assez longs et presque filiformes. L'intestin ne fait qu'un petit nombre d'ondulations le long de l'estomac;
arrivé près de la pointe, il devient droit et se rend alors directement
à l'anus. Le foie est peu épais et forme un petit lobe arrondi qui
ne descend pas au delà de la naissance de la branche montante; il
passe un peu dans le côté gauche pour recouvrir les premiers ap-

pendices pyloriques. La rate est petite, attachée en avant des premières sinuosités intestinales. La vessie natatoire est grande, mince, argentée, bifurquée en avant; son conduit pneumatophore s'ouvre tout près de l'orifice de la gorge, et en quelque sorte derrière les pharyngiens. Le péritoine est mince et argenté; le repli qui sépare les reins est épais et fibreux; ceux-ci sont gros et occupent toute la longueur des vertèbres abdominales.

Cette espèce que Forster a trouvée dans un lac d'eau douce, si voisine de la mer, qu'il semblait hésiter à ne pas la regarder comme un dépôt marin, vit en abondance dans les nombreux canaux qui traversent en tous sens le pays de la côte de Malabar, depuis Cochin jusqu'à Cananor. Elle se tient dans les larges puits du pays; mais M. Dussumier remarque que les Indiens, qu'il a questionnés sur ce sujet, lui ont assuré que les Mégalopes ne se rencontrent pas dans leurs rivières.

Ce zélé voyageur dit que leur chair est blanche et d'un goût assez semblable à celle de la carpe.

Nous voyons le Mégalope fort répandu dans la mer des Indes, car le Cabinet du Roi conserve encore les individus observés au fort Dauphin de Madagascar par Commerson. J'ai sous les yeux un exemplaire rapporté de l'Ile-de-France par MM. Lesson et Garnot, compagnons du capitaine Duperrey. MM. Quoy et Gaimard l'ont trouvé à l'île Bourou; nous en avons un nombre considérable de la côte de Coromandel, pris à Pondichéry par M. Bélanger; sur la côte de Malabar, par M. Dussumier, qui les a eus dans les eaux douces d'Alipey et de Cananor. MM. Kuhl et Van Hasselt ont envoyé le dessin d'un Mégalope pêché par eux dans la rivière de Panimbang à Java. Je remarque que ce dessin représente les sous-orbitaires un peu courts;

les écailles un peu petites; que le rayon de la dorsale est peu prolongé : ces légères différences me paraissent dépendre de la jeunesse de l'individu. Forster l'a pêché à Otahiti et sur les atterrages de l'île de Tanna; ces exemples montrent la dispersion de ce poisson dans le grand Océan indien. La longueur de nos plus grands individus est de quinze pouces. Les naturalistes n'ont pas eu connaissance de cette espèce avant les célèbres voyages de Bougainville et de Cook. Je trouve que George Forster avait nommé l'espèce, sur son dessin, *Clupea setipinna;* dans la description reproduite lors de la publication des manuscrits de Reinhold Forster elle se nomme *Clupea cyprinoides.* Cet auteur dit que le ventre était parsemé, au-dessous de la ligne latérale, de points noirs très-petits, que Bloch, par je ne sais quelle source d'erreur, a placés sur les nageoires autres que la dorsale. Le poisson fut pris à l'hameçon dans un étang d'eau douce de l'île de Tanna, mais éloigné à peine de vingt pas du rivage de la mer. J'ai déjà fait connaître les observations de Commerson. Il faut aussi rapporter à notre espèce la figure de Broussonnet, sa description, mais non sa synonymie. C'est cette figure qui a été copiée dans l'Encyclopédie (fig. 314). Russel[1] en a donné une bonne figure sous le nom de *Kundinga,* mais sans rien apprendre sur les habitudes de cette grande espèce de la côte de Coromandel. M. Richardson, dans son rapport sur l'ichthyologie des mers de Chine (p. 310), compte aussi ce poisson parmi les espèces de ces mers orientales; et, d'après les renseignements qu'il a pu recueillir en Angleterre, il étend encore

---

1. Russel, *Corom. fish.*, pl. 203, p. 81.

l'espace que cette espèce occupe sur le globe; car il la cite de l'Australie, de la Polynésie, et il la fait remonter jusqu'au port Essington de la Nouvelle-Cornouailles sur la côte nord-ouest, par 54° 14′ de latitude nord. Cet habile ichthyologiste a reconnu une partie des confusions que nous venons de signaler, et il adopte pour nom spécifique la dénomination de *Megalops setipinnis,* qu'il prend sur la figure de George Forster. Je ne suis pas très-sûr que l'espèce signalée dans cet ouvrage soit la même que celle dont nous traitons; il ne compte, en effet, que vingt et un à vingt-deux rayons aux branchies; dix-huit et même dix-neuf rayons à la dorsale, et les couleurs, d'après les dessins faits en Chine sur la nature, sont assez différentes de celles des individus de l'Inde. Les écailles du dos sont glacées de bleu lilas, et changent sur les côtés en vert glauque (vert de chélidoine, *celandine-green*); les côtés de la tête sont vert olive ou vert de Verdier (*Loxia chloris,* Linn.); (*Siskin-green*). L'occiput est de rouge améthyste; les pectorales sont jaune mêlé de brun; le dernier rayon de la dorsale est jaune soufre; l'iris est vert de gazon. Il me paraît probable que si M. Richardson veut tenir compte de mes observations et comparer de nouveau les individus des côtes de Chine avec ceux de la côte de Coromandel, il trouvera des différences suffisantes pour faire des premiers une espèce particulière que je n'ose pas établir maintenant, parce que je n'ai pas ici des matériaux suffisants.

Le même savant a considéré comme étant d'une espèce distincte, de petits individus qu'il a appelés Mégalope a filet court (*Megalops curtifilis*); il les distingue des premiers parce qu'ils ont les yeux plus petits, le maxillaire plus étroit, les écailles moins nombreuses, et moins de rayons à l'anale. Les couleurs du dessus de la tête sont d'un vert olivâtre rembruni; celles de la dorsale et de la caudale, d'un vert noirâtre; les ventrales et l'anale, pâles et transparentes; la pectorale, jaune citron.

Je ne me prononce pas non plus sur cette espèce, parce que dans le grand nombre des individus de la côte de Coromandel réunis dans le Cabinet du Roi, j'ai toujours observé que les jeunes ont le filet de la dorsale beaucoup plus court. Ce caractère m'avait tellement frappé, que si je n'avais eu sous les yeux qu'un individu jeune et un autre adulte, je n'aurais pas hésité à en faire deux espèces distinctes; mais les individus de taille intermédiaire sont venus m'éclairer sur ce sujet, en me montrant l'allongement successif du rayon dorsal filiforme.

Le Mégalope de l'Atlanlique.

(*Megalops Atlanticus*, nob.)

L'espèce de l'Atlantique qui a été confondue jusqu'à nos travaux ichthyologiques avec la précédente, s'en distingue cependant par des caractères plus essentiels que celui qui a été indiqué par M. Cuvier, qui n'a signalé que la légère différence dans le nombre des rayons de la dorsale.

Ce poisson a la tête plus courte; le corps plus haut, plus trapu. L'œil sensiblement plus petit. Les dents plus grosses; l'étendue de la dorsale est moindre; son filet, cependant, atteint aussi loin sur la queue; il est donc plus long; l'anale est plus haute; la caudale a les lobes plus larges et moins longs. La membrane branchiostège est moins étendue, et l'os impair sous-maxillaire me semble un peu plus grêle.

B. 22—23; D. 13; A. 22; C. 30; P. 13; V. 9.

Les écailles sont aussi grandes, et la ligne latérale a les mêmes arbuscules. La couleur, bleu plombé sur le dos, est d'un bel argenté sous le ventre, sur les joues et sur les opercules. Le bord membraneux de cet os n'a pas cette tache noire si caractéristique dans l'espèce précédente. Les nageoires dorsale et caudale sont plus ou moins grises; les ventrales sont jaunâtres.

D'après un dessin qui nous a été transmis par M. L'Herminier, il y aurait quelques teints jaunes dorés sur les écailles de la nuque et des taches rougeâtres sur le bord du préopercule et à l'angle de l'opercule. La dorsale, lisérée de bleu, serait verdâtre comme l'anale; la caudale et les ventrales plombées.

Nous avons aussi d'assez nombreux individus de cette espèce. M. L'Herminier nous en a envoyé un de quatre pieds un pouce, mais je trouve dans ses notes qu'on en pêche à la Guadeloupe qui ont jusqu'à seize pieds de longueur.

M. Ricord en a rapporté de Saint-Domingue, et M. Plée en a envoyé plusieurs exemplaires de la Martinique et de Porto-Rico; tous ceux-ci sont encore d'assez grande taille : l'un d'eux a trois pieds trois pouces.

Il est clair que nous avons sous les yeux l'espèce la plus anciennement connue; car elle est figurée d'une manière très-reconnaissable, même sous le rapport de la grandeur de l'œil, par Marcgrave, et si l'on peut, comme j'ai eu le bonheur de le faire, consulter les dessins originaux du prince Maurice de Nassau, conservés dans le *Liber principis* de la bibliothèque royale de Berlin, on est encore plus frappé de l'exactitude du dessin. Cette figure, moins dure que la gravure en bois imprimée dans Marcgrave, montre parfaitement la grandeur des écailles et la liaison du long filet de la dorsale avec la nageoire.

Marcgrave en a déjà vu de onze à douze pieds de long et de la grosseur d'un homme; cet auteur ne l'a pas trouvé agréable à manger. Après Marcgrave, nous devons citer la peinture de Plumier intitulée : *Alauda argentea, pinnula caudata, vulgo savalle* à la Martinique. Nous avons dit comment Bloch avait fait un mauvais usage de cette peinture. Barrère[1] a signalé cette espèce dans son Histoire de la France équinoxiale sous le nom d'*Apalike*, en reconnaissant dans le poisson ainsi dénommé le *Camaripuguacu* de Marcgrave. Broussonnet ajoute à ces noms ceux de *Deep-water-fish* ou de *Pond king-fish* des Anglais de la Jamaïque : cette dernière dénomination nous montre que le Mégalope d'Amérique vit dans les eaux douces comme celui de l'Inde; le nom de Savalle, déjà connu du temps de Plumier, est conservé de nos jours dans nos colonies et à Saint-Domingue.

M. Plée nous en a envoyé plusieurs individus sous ce nom. On lui a transporté, dans les Antilles espagnoles, la dénomination de *Saballo*, qui est celle de l'Alose en Europe. Le nom de nos créoles français tire son origine de celui-ci, et Plumier comparait aussi ce poisson à l'Alose, ainsi que le premier mot de sa phrase le fait voir. M. Plée dit que c'est un excellent poisson, que l'on sert très-souvent sur les tables; il en a vu du poids de trente livres, et à cette taille les Espagnols de Porto-Rico lui donnent le nom de *Caballero*.

M. L'Herminier dit aussi qu'à la Guadeloupe on lui donne le nom de *Grande écaille*, nom que M. Plée a aussi entendu à la Martinique. Il confirme qu'il vit bien

---

1. P. Barrère, France équin., t. II, p. 172, édit. 1749.

dans les mares d'eau douce; que sa chair, blanche, est à peu près du goût du Merlan; que les arêtes sont faciles à séparer; aussi est-il d'un avis contraire à celui de Marc-grave, en le donnant comme un poisson bon à manger et qui ne devient pas vénéneux.

CHAPITRE VIII.

Des AMIES (*Amia,* Linn.)

Le genre AMIA a été établi par Linné pour classer un poisson originaire de Charleston et qu'il avait reçu de Garden. Il s'en faut de beaucoup cependant que l'illustre auteur de ce genre en ait connu toutes les curieuses particularités et qu'il l'ait même caractérisé convenablement. Ainsi, il est difficile de comprendre ces mots de la description de l'*Amia calva : Gula ossiculis duobus scutiformibus in centro striatis,* soit qu'il s'agisse de la mâchoire inférieure, ou que l'on ait appliqué ces expressions à la membrane branchiostège, dont les douze rayons sont indiqués et comptés dans la diagnose du genre. Le nom de *Mud-fish,* ou poisson de vase, est le seul renseignement que l'on trouve dans la correspondance entre Linné et Garden publiée par Smith, sur l'unique espèce désignée par le nom d'*Amia calva.* Cette épithète pourrait être donnée à toutes celles connues aujourd'hui. La diagnose linnéenne ne repose que sur la tache noire de la base supérieure de la caudale; comme M. Lesueur en a découvert dans les lagunes des environs de la Nouvelle-Orléans une seconde qui offre le même caractère, il devient difficile de dire aujourd'hui ce que peut être l'*Amia calva* de Linné.

Schœpf[1], dans son intéressant Mémoire sur les Poissons du nord de l'Amérique, pense que le *Mud-fish* de Garden existe dans la Pensylvanie; mais d'ailleurs il ne donne aucun renseignement sur ce poisson si curieux.

---

1. Schœpf, *Besch. einig. nord-am. Fische in den Schrift. N. F.,* t. VIII, p. 174.

L'abbé Bonnaterre a décrit dans l'Encyclopédie une Amie d'après nature : ce poisson était conservé dans le Cabinet du Roi. Bloch l'a revu pendant son voyage à Paris : il l'a fait dessiner, et la gravure en a paru dans l'édition posthume donnée par Schneider en 1801, c'est-à-dire, treize ans après la publication de l'Encyclopédie. Je n'ai malheureusement pas retrouvé cet exemplaire dans les collections du Muséum. Cette perte est fâcheuse, parce que le poisson portait un signe caractéristique qui aurait dû le faire distinguer par ces naturalistes de l'espèce linnéenne, car les deux figures citées, qui ne sont pas certainement copiées l'une sur l'autre, prouvent que l'exemplaire du Cabinet du Roi avait une tache noire à la base inférieure de la caudale. M. de Lacépède ne paraît avoir parlé de l'Amie que d'après Linné et d'après l'Encyclopédie, et il ne fait aucune mention de la tache de la caudale. Walbaum, dans son *Artedius renovatus,* se borne à copier Linné. Tous ces auteurs ne donnent aucun document sur les caractères curieux et remarquables que pouvait offrir la splanchnologie, et surtout la vessie aérienne de ce poisson. C'est M. Cuvier qui en signala le premier la structure celluleuse : il indiqua aussi l'absence des cœcums à l'intestin; mais, dans une description aussi concise que le comportait le Règne animal[1], il ne décrivit qu'incomplétement ces organes. Il faut remarquer qu'il n'a eu à sa disposition qu'un individu rapporté de la Caroline par M. Bosc. On le conserve encore dans le Cabinet du Roi : c'est une espèce différente de celle que Bonnaterre ou Bloch ont décrite et fait représenter, quoique M. Cuvier

---

1. Cuvier, Règne anim., t. II, édit. 1817, p. 179, et 2.ᵉ édit., 1829, p. 327.

y ait rapporté la figure de Schneider. Depuis ces premières observations, M. Lesueur, établi à la Nouvelle-Orléans ou dans l'État d'Indiana, a eu occasion de voir plusieurs espèces de ce genre, et il en a envoyé plusieurs individus au Cabinet du Roi. Des correspondants du Muséum, MM. d'Espainville et Barabino en ont aussi adressé, de sorte que je ne compte pas moins de cinq espèces distinctes, rangées aujourd'hui dans la collection, et dont j'ai pu constater les caractères sur plusieurs exemplaires que j'ai eu la faculté de disséquer. A ces précieux matériaux j'aurai à ajouter les documents fournis par M. Dekay dans sa grande Faune de New-York, et par le docteur Richardson dans celle de l'Amérique boréale. Enfin, je devrai aussi à l'obligeante et généreuse amitié de M. Lesueur des notes précieuses sur plusieurs espèces qu'il n'a pas encore publiées et qui vont aussi enrichir la monographie de ce genre.

Au moment de publier ces feuilles, je reçois le *Synopsis* des poissons du nord de l'Amérique, par M. Storer qui, d'après l'avis de M. Zadock Thompson, établit que l'*Amia occellicauda* de Dekay et l'*A. occidentalis* de Richardson sont de la même espèce : nous discuterons cette opinion à leur article.

Rien ne ressemble autant à la gueule d'une Truite que celle de l'Amie ; il n'y manque que des dents sur la langue pour rendre cette ressemblance plus complète. La tête des poissons de ce genre est recouverte d'une peau très-fine et enduite de mucosités. A cause de sa minceur elle s'enlève facilement et laisse alors voir à nu le crâne, les surtemporaux, les pièces du sous-orbitaire et l'opercule, comme de grandes plaques osseuses profondément ciselées.

Les branches de la mâchoire inférieure offrent le même caractère. Quant à l'os sous-maxillaire, il se présente aussi presque toujours à nu et rugueux; mais ces ciselures sont moins fortes. L'extrémité supérieure du museau est plus charnue; aussi cette partie reste-t-elle toujours lisse. La lèvre inférieure est seule large et épaisse. Les yeux sont de moyenne grandeur; les pièces postérieures du sous-orbitaire couvrent presque toute la joue, et contribuent, avec l'opercule, à la rendre osseuse et cuirassée. Chaque narine a deux ouvertures; l'une ronde et pratiquée près du bord de l'orbite, l'autre est prolongée en un petit tube charnu percé à son extrémité, et que les auteurs ont désigné comme un simple barbillon. De petits intermaxillaires et des maxillaires larges et mobiles forment l'arcade supérieure de la bouche. Une rangée de dents coniques borde ces os; on retrouve des dents de même forme, mais réunies en plaques sur le chevron du vomer, sur les ptérygoïdiens et sur les palatins : ceux-ci ont d'ailleurs entre leurs plaques antérieures et celles des ailes ptérygoïdiennes une série de dents coniques implantées sur un seul rang, et dont la longueur variable peut fournir de bons caractères spécifiques. La mâchoire inférieure, à branches très-larges, est armée d'une rangée externe de dents coniques et pointues, et sur le bord interne de l'os on voit une plaque de dents en petits pavés, étendue jusque sous l'angle de la mâchoire. La langue est épaisse, libre, charnue, et sans dents. Les pharyngiens sont hérissés de dents en carde. Enfin, j'ai trouvé des âpretés en forme de dents sur la face interne de l'opercule; exemple singulier de dentition, que l'on pourrait regarder comme un reste de râtelures dentées de la branchie operculaire qui manque à ce poisson. Les ouïes sont très-largement fendues; la membrane branchiostège est soutenue par des rayons larges et aplatis; elle ne peut rentrer en se pliant sous le bord operculaire. Au-devant d'elle se trouve attaché dans l'angle de la mâchoire un large bouclier osseux, analogue à celui que nous avons vu dans les Élopes et les Mégalopes. Cet os est beaucoup plus grand, parce que la disposition de la membrane branchiostège et de ses rayons a nécessité un plus grand écartement des deux branches de la mâchoire. Le tronc est arrondi en avant, un peu déprimé près de la nuque, comprimé vers la queue. Il est couvert d'écailles assez épaisses, mais non osseuses, et rendues d'un aspect encore plus mou par la mucosité abondante qui les enveloppe. Une longue dorsale est étendue sur le dos; la caudale s'avance plus en dessus qu'au-dessous de la queue; l'anale est petite; les ventrales sont reculées sous la moitié de la longueur du tronc. Le canal digestif est formé d'un large œsophage prolongé en un cul-de-sac stomacal obtus; la branche montante est épaisse et charnue; la valvule du pylore est grande. L'intestin fait deux replis, l'un au-devant, l'autre en arrière de l'estomac : ces dernières circonvolutions embrassent la rate. Le rectum se marque par une petite dilatation, et surtout par une strie en spirale, qui indique le trajet d'une valvule assez large qui suit la longueur de cette portion de l'intestin en y faisant quatre ou cinq tours. Il n'y a pas de cœcums. Le foie est petit. L'œsophage et l'estomac sont recouverts, et en quelque sorte embrassés par une très-grande vessie aérienne, communiquant avec le canal digestif près du pharynx et se bifurquant en avant. Toute la paroi inférieure de la vessie est une membrane lisse, mince et sans aucunes cellules; mais les parties latérales et supérieures de l'organe, ainsi que les cornes, sont divisées en nombreuses cellules d'inégale grandeur, et qui deviennent plus vastes à mesure qu'elles sont plus éloignées sur la vessie. Tout ce réseau celluleux est traversé par de fines et admirables ramifications de vaisseaux sanguins; ce qui peut faire croire que cet organe n'est pas étranger à la respiration du poisson. La communication avec l'œsophage se fait par un conduit très-court, mais très-large, naissant de la partie antérieure de la vessie, près de sa bifurcation; l'ouverture dans l'œsophage est oblongue et garnie de deux bourrelets assez épais qui rendent cet orifice assez semblable à celui d'une glotte. Les ovaires de ces poissons sont constitués comme ceux des Saumons, de sorte que les œufs tombent dans la cavité abdominale avant de s'échapper par la vulve.

Les Amies sont des poissons d'eau douce, observés d'abord dans les eaux de la Caroline du sud, mais qui abondent aussi dans les lagunes à fond vaseux de la Floride, et qui se portent au nord des États de l'Amérique septentrionale jusque dans des régions assez froides, puisque Richardson en mentionne une espèce dans sa Faune. On les apporte au marché de la Nouvelle-Orléans sous le nom de *Mud-fish*, sous lequel les Américains les connaissent, ou sous la dénomination de *Choupie*, qui leur est donnée par les Indiens. On les prend pendant toute l'année; mais c'est surtout vers la fin de mai qu'ils sont plus abondants. Leur chair est molle, courte et fort peu estimée. Ils sont, en général, de moyenne taille; cependant M. Lesueur a pris, dans le Wabash, des individus de plus de deux pieds. M. Cuvier a trouvé des écrevisses dans l'estomac de celui qu'il a disséqué; ceux que j'ai ouverts avaient avalé des poissons et une assez grande quantité d'insectes aquatiques.

Cet exposé succinct des caractères des Amies montre que ces poissons ont des affinités nombreuses avec plusieurs autres Malacoptérygiens, que nous considérons comme de familles assez différentes. Ainsi, ils tiennent des Cyprins par la simplicité de leur canal intestinal sans cœcums; toutefois, aucun d'eux n'a de valvule dans l'intérieur du rectum. Les Amies avoisinent les Élopes et les Mégalopes par leur bouclier sous-maxillaire : la grandeur de leurs os sous-orbitaires les lie aux Érythrins; leur dentition et la structure de leurs ovaires établit des rapports marqués entre eux et les Salmonoïdes. Enfin, l'on pourrait trouver, dans leur facies général, dans la longueur de leur dorsale, dans la forme de leurs écailles, dans la longueur de leur corps, qui doit être souple et peut se mouvoir en serpentant, des ressemblances très-frappantes avec les Ophicéphales.

Les Amies vivant dans des lagunes, c'est-à-dire, dans des conditions semblables à ceux de l'Inde que je viens de nommer, ont peut-être, comme eux, la faculté de vivre quelque temps hors de l'eau, de se transporter par terre d'un lieu à un autre. Au lieu d'ajouter un appareil particulier aux branchies des Amies, la vessie aérienne satisferait ici aux besoins de la respiration. Je présente cependant ces réflexions avec réserve, parce que, ni M. Lesueur, ni M. Dekay, ne signalent aucune habitude semblable; il faut espérer que de nouvelles observations, et surtout celles que nous sommes en droit d'attendre de l'activité et de la sagacité de M. Agassiz, viendront répondre à ces questions.

19.

38

Le genre des Amies forme jusqu'à présent à lui seul une petite famille, dont je viens de signaler les affinités. Je vais en faire connaître les différentes espèces.

D'après ce que j'ai dit plus haut, on doit prévoir qu'il est aujourd'hui impossible d'appliquer à une espèce plutôt qu'à une autre, la dénomination d'*Amia calva*; d'un autre côté il y a tout lieu de croire que l'*Amia calva* des auteurs de l'Encyclopédie, qui est certainement le même que celui de Bloch, est d'une espèce différente de celle de Garden. Les ichthyologistes ne seront donc pas surpris de ne plus voir paraître ce nom dans la monographie suivante.

L'Amie marbrée.

(*Amia marmorata*, nob.)

Cette Amie a le corps arrondi de l'avant, comprimé vers la queue; je ne crois pas qu'on puisse en faire une comparaison plus juste qu'en disant que cette forme rappelle tout à fait celle des Ophicéphales.

La hauteur surpasse à peu près d'un quart l'épaisseur, et elle est comprise sept fois dans la longueur totale, la caudale comptant pour un septième de cette mesure. La longueur de la tête prend le quart de cette même longueur totale; le dessus du crâne est voûté, et un peu plus soutenu entre les yeux que sur la région occipitale. L'œil est de grandeur médiocre; le cercle de l'orbite entame un peu la ligne du profil; le diamètre est contenu huit fois dans la longueur de la tête; le bord antérieur de l'orbite est éloigné de deux diamètres de l'extrémité du museau. Le sous-orbitaire est composé de quatre pièces : la première, presque entièrement située au-devant de l'œil, est irrégulièrement quadrilatère; à la suite, et pour former le bord inférieur du cercle de l'orbite, existe un second sous-orbitaire extrêmement étroit, qui va se joindre au troisième : celui-ci et le quatrième sont oblongs et réunis par une suture droite; leurs bords postérieur et inférieur arrondis, forment ainsi une grande plaque qui couvre la plus grande partie de la joue. Il faut remarquer que ces longues pièces ont leur surface rugueuse et comme ciselée, et qu'un sillon assez profond, qui loge probablement un vaisseau muqueux, traverse la pièce inférieure, de telle façon qu'on pourrait la croire divisée en deux; cela est surtout remarquable sur les grands individus desséchés. Ces os ne sont recouverts que par une pellicule muqueuse excessivement mince, tandis que le préopercule tout entier jusqu'à son limbe est caché par une peau lisse assez épaisse, percée d'un nombre assez considérable de pores muqueux.

L'opercule et le sous-opercule se montrent nus et ciselés, comme les grandes plaques sous-orbitaires; mais l'interopercule est caché par une peau semblable à celle qui est étendue sur le préopercule; le plus grand de tous ces os est une assez large pièce, arrondie en arrière; le sous-opercule, irrégulièrement quadrilatère, a le bord supérieur échancré pour recevoir l'inférieur de l'opercule; il s'étend assez en avant pour toucher le préopercule.

L'interopercule est irrégulièrement rectangulaire et se rétrécit en avant près de la mâchoire; le bord membraneux de tout cet appareil est large et épais; le dessus du crâne, ciselé comme les opercules, est recouvert d'une peau excessivement mince, percée d'un très-grand nombre de pores disposés assez régulièrement sur la tête. Cette espèce de casque est augmentée en arrière par les surtemporaux, dont la réunion avec l'occiput se fait par une suture droite et dont la ligne postérieure est assez profondément échancrée. Ces pièces sont aussi ciselées, et la peau mince qui les revêt criblée de pores. Le devant du museau, à partir des narines, est lisse, sans ciselures. Il y a un groupe de pores auprès des narines postérieures, un autre auprès de l'ouverture antérieure de la narine, et deux placés symétriquement sur la ligne moyenne. L'ouverture antérieure de la narine est à l'extrémité d'un tube assez long; l'ouverture postérieure est reculée près de l'œil sur le dessus du crâne : c'est un petit trou rond sans aucunes papilles.

La gueule est large et très-fendue; elle est formée par des inter-maxillaires courts, peu mobiles, et sur lesquels s'articule un maxillaire très-libre, ayant sur l'extrémité du bord postérieur une petite pièce supplémentaire assez mobile. Ces os sont garnis de dents coniques et implantées sur un seul rang. La mâchoire inférieure est à peine plus courte que la supérieure, on peut même dire qu'elle lui est égale; elle porte une série de dents coniques assez grosses, et derrière un nombre assez considérable de petites dents en pavés, disposées sur une petite bande étroite sur le milieu, mais devenant sur les côtés une bande triangulaire presque aussi large que la branche de la mâchoire. Le vomer a sur chaque tubercule de son chevron un petit groupe de dents coniques semblables à celles des intermaxillaires; puis on en voit un autre groupe sur chaque palatin, ensuite une rangée le long du bord du ptérygoïdien externe et une grande plaque ovale, formée par la réunion de granulations très-fines, couvrent tout le ptérygoïdien interne. On en voit de semblables le long du corps du sphénoïde; la plaque est assez pointue vers la gorge. La langue, qui est remarquablement grosse et charnue, est tout à fait lisse et sans dents. Il y a de fines scabrosités sur les branchies, de petites dents sur les pharyngiens. Il existe dans l'Amie ce que je n'ai encore vu chez aucun autre poisson. La face interne des opercules est hérissée de petites épines, semblables à ces dents qui rendent la surface de l'os âpre au toucher et dont la pointe me paraît dirigée vers la fente de l'ouïe. Cette ouverture est extrêmement considérable dans l'Amie, non-seulement la grandeur et la mobilité de la membrane branchiostège y contribuent, mais encore l'écartement des deux branches de la mâchoire inférieure; cet intervalle est rempli par un os sous-maxillaire, tout à fait analogue à celui que nous avons trouvé dans les Élopes et les Mégalopes; il forme ici un très-large écusson ovale, détaché en arrière et libre sous la membrane branchiale. Celle-ci est soutenue par des rayons aplatis, et si bien réunis les uns à côté des autres, qu'ils ne peuvent pas s'imbriquer ou se recouvrir, mais qu'ils se meuvent tous ensemble par un mouvement commun. Cette forme en avait imposé, je crois, à Garden et à

Linné; c'est ainsi que j'essaie d'expliquer l'expression de ce grand homme, qui a dit dans sa description : *Gula ossiculis duobus scutiformibus in centro striatis*, à moins qu'il n'ait voulu désigner le dessous de la mâchoire inférieure; mais alors Linné, dans son style, aurait employé le mot *mandibula* et non celui de *gula*. La membrane de gauche passe sous celle de droite; il y a un rayon de plus à l'une qu'à l'autre. Quand l'opercule est fermé et que son bord membraneux est étendu, on n'aperçoit rien de la ceinture humérale; mais en le soulevant, on trouve alors un scapulaire assez long, lisse, une plaque striée appartenant à l'huméral. La pectorale est arrondie, attachée en dessous, portée sur un petit pédoncule charnu. La ventrale, petite, est reculée vers le milieu de la longueur de l'abdomen ; on ne voit aucune écaille remarquable dans l'aisselle de ses nageoires. La dorsale commence sur le dos, à peu près au milieu de l'espace qui sépare les deux nageoires paires; elle est basse et se continue jusques auprès de la caudale, dont elle est cependant bien séparée. Celle-ci est arrondie, mais ses rayons inférieurs s'implantent plus en avant que les supérieurs; car les premiers de ceux-ci répondent au cinquième ou au sixième avant-dernier rayon de la dorsale. L'anale est petite, assez éloignée de l'anus.

B. 11 — 12; D. 50; A. 10; C. 20; P. 16; V. 7.

Ce poisson est couvert d'écailles de médiocre grandeur, régulièrement imbriquées, enveloppées dans une peau molle; j'en compte de soixante-cinq à soixante-dix rangées entre l'ouïe et la caudale; chaque écaille est oblongue sans rayons à l'éventail; elles portent un nombre considérable de stries fines et régulières, rayonnant du centre vers le bord de l'écaille. La ligne latérale est étroite, et tracée à peu près par le milieu de la hauteur du côté; elle est formée d'une série de petites tubulures simples. La couleur de nos individus, conservés dans l'alcool, est un roussâtre disposé par grandes marbrures, formant une sorte de maille ou de réseau sur le dos et sur les flancs ; le dessous du corps est blanc ; la tête a de grandes rayures longitudinales rousses; une tache presque brune sur le haut du préopercule, et une autre sur le bord membraneux de l'opercule; la dorsale est tachetée de roux. Les taches de la caudale paraissent être disposées sur trois arcs concentriques; sur le haut de la queue on voit une tache noire. Les nageoires pectorales, ventrales et anales ont une faible teinte roussâtre.

Le foie est composé de deux lobes, tous deux trièdres et pointus: celui de gauche est beaucoup plus grand que celui de droite, car il descend jusqu'à la naissance de la branche montante de l'estomac. A droite, c'est à peine si la pointe dépasse le premier pli de l'intestin; sa couleur est rousse; la vésicule du fiel, adhérente à ce lobe, est assez large, oblongue, fixée le long de l'intestin, et verse la bile par un large canal cholédoque très-peu en arrière du pylore. Le canal digestif commence par un très-large œsophage, qui se prolonge en un sac conique à parois charnues assez épaisses en dessous. Au milieu naît la branche montante, qui est très-charnue, et qui remonte sous l'œsophage jusques entre les lobes du foie, par conséquent très-peu en arrière du diaphragme : arrivée entre les lobes du foie, elle se plie brusquement; son épaississement marque la place de la valvule du pylore. L'intestin descend ensuite dans le côté droit jusqu'à la fin de la cavité abdominale; ce pli remonte dans le côté gauche et après avoir dépassé la pointe de l'estomac, mais sans atteindre à la branche montante, il se plie de nouveau, se dilate un peu après la valvule de Bauhin, et se rend à l'anus. Le rectum est donc assez court; sa muqueuse s'élève en dedans pour former une lame en spirale à quatre ou cinq tours. Il n'y a aucun appendice pylorique. La rate est un ruban oblong et étroit, fixée près de la naissance de la branche montante; entre elle et l'intestin, elle se porte en arrière dans l'anse que forme le dernier pli intestinal.

Ce que la splanchnologie de ce poisson offre de plus remarquable, est sans contredit sa vessie aérienne. En insufflant l'intestin on gonfle ce curieux organe; il apparaît alors divisé en des cellules innombrables, il est alors semblable à un poumon de reptile. Cette vessie, fourchue en avant, embrasse étroitement entre ses cornes l'œsophage, et même tout l'intestin, dont elle n'est pas séparée ici par ce repli du péritoine que nous trouvons, sans aucune exception, dans tous les autres poissons : aussi, un anatomiste qui examinerait l'abdomen d'une Amie à laquelle on aurait enlevé les viscères, serait-il parfaitement autorisé à croire que ce poisson manque de vessie aérienne. La facilité avec laquelle on remplit les cellules de cet organe en insufflant l'intestin, prouve que le canal de communication a un orifice très-large. La vessie donne, en effet, dans le haut de l'œsophage, par une ouverture oblongue, ayant au moins deux lignes de diamètre, et dont les bords, épaissis et rapprochés, simulent tout à fait l'ouverture d'une glotte. En fendant la vessie on reconnaît que toute la paroi inférieure adhérente à l'œsophage et à l'intestin, est une membrane simple, mince et argentée : sa longueur est à peu près le quart de la circonférence de l'organe; les bords de cette partie lisse sont relevés et épaissis en une sorte de longue bride fibreuse, qui limite les ouvertures des trois grandes mailles celluleuses béantes de chaque côté de la vessie; des brides transversales, naissant de celle-ci, viennent former les cellules, qui se multiplient et deviennent beaucoup plus petites à mesure que l'on s'élève vers la région supérieure de cet organe. Les cellules postérieures sont plus grandes que les antérieures. Les cornes sont celluleuses, comme tout le reste; on voit à l'intérieur un nombre assez considérable de vaisseaux, dont les ramifications forment de jolis arbuscules sur les très-minces membranes des cellules vésicales.

Les organes génitaux de l'Amie sont courts et forment deux larges rubans, dont le bord libre et postérieur flotte dans la cavité abdominale, d'où il résulte que les œufs tombent librement dans cette cavité, ainsi que cela a lieu dans les Truites. Les reins consistent en deux longs rubans grêles et noirâtres, étendus dans toute la longueur de l'abdomen.

La longueur de l'individu qui a servi a cette description et à cette anatomie est de seize pouces. Il a été envoyé de la Nouvelle-Orléans par M. Barabino.

Je ne trouve dans les notes de M. Lesueur, aucune preuve que ce naturaliste ait connu cette espèce.

L'Amie ornée.

(Amia ornata, Lesueur.)

M. Lesueur a envoyé au Cabinet du Roi une espèce d'Amie qui avoisine la précédente par la tache noire de sa caudale, mais qui en diffère par des caractères

portant sur la forme des pièces osseuses, et aussi par les couleurs : assez semblable à la précédente par les formes générales, celle-ci a les os de la tête moins striés ; les surtemporaux sont plus étroits et l'échancrure nuchale plus ouverte et moins profonde ; les nombres sont les mêmes.

D. 50; A. 9, etc.

Les écailles sont de même grandeur. La couleur du poisson, conservé dans l'alcool, est un brun verdâtre sur le dos sans aucune espèce de marbrures ; les pectorales sont brunes ; les autres nageoires ont un fin liséré noir. Sur le milieu de la dorsale règne une bande longitudinale brune. Un trait noir va de l'extrémité du museau à l'angle supérieur de l'opercule en passant par l'œil ; un second est tracé de l'extrémité du maxillaire à l'angle arrondi du préopercule ; un autre suit le bord de la mâchoire inférieure ; il y a encore quelques autres rayures sur la tête. La vivacité des couleurs du poisson frais justifie le nom que M. Lesueur lui a donné. La couleur est verte ; la dorsale est rouge avec ses deux bandes noires ; la tache de la caudale est entourée d'un bel ocelle blanc.

Je ne possède qu'un seul exemplaire de cette espèce, encore est-il de petite taille ; car il n'a que deux pouces quatre lignes de long. M. Lesueur croit que les individus restent toujours dans de petites dimensions, n'excédant pas quatre ou cinq pouces : il n'a vu cette Amie qu'à la pointe *Chibault* sur le Mississipi, dans les petites lagunes d'eau que laisse le fleuve sur ses rives.

L'Amie verte.

(*Amia viridis*, Lesueur.)

Ce même naturaliste a encore observé aux environs de
la Nouvelle-Orléans une espèce qui doit être voisine des
précédentes,

mais qui aurait des dents coniques assez petites et dont la couleur
de tout le corps serait un vert olivâtre cendré; les écailles, arrondies, seraient bordées d'une membrane colorée en vert olive très-
foncé; le dessous de la tête et de l'abdomen, blanc, aurait quelques
teintes jaunes d'ocre.

A cause du mucus épais qui recouvre tout le corps, la couleur
verte du poisson est très-brillante au sortir de l'eau et reflète de
belles teintes irisées de topaze et d'émeraude. Voici les nombres
indiqués par M. Lesueur :

B. 12; D. 50; A. 9; C. 25; P. 18; V. 8.

L'Amie a queue ocellée.

(*Amia ocellicauda*, Richardson.)

Je trouve dans la Faune de l'Amérique boréale de M.
Richardson[1] une description malheureusement incomplète
d'une Amie à caudale tachetée, et qui est d'une espèce
probablement distincte. En voici l'extrait :

Le dos et les côtés sont brun noirâtre; le ventre et les nageoires
vert foncé; la queue, oblongue et arrondie, avec une tache ronde
irrégulière de la grandeur d'un shilling, est bordée d'un cercle
écarlate : cette tache est à la base du septième rayon de la caudale.
Ce que l'auteur ajoute dans le reste de sa description, est plutôt
générique que spécifique. Il est probable que le nombre des rayons

---

1. Richardson, *Faun. bor. Amer.*, p. 236, n.° 85.

des branchies n'a pas été compté avec exactitude, parce que l'individu desséché de M. Richardson avait été attaqué par des insectes et était en mauvais état. Voici d'ailleurs comment ils sont indiqués :

B. 8; D. 48; A. 9; C. 22; P. 17; V. 7.

Cette espèce avait été envoyée du lac Huron par M. Todd. Les Canadiens de cette localité l'appellent *Poisson de marais* : ils le prennent à la fouane dans les bas-fonds pleins de joncs ; mais on le mange rarement.

Dans l'ouvrage de M. Storer que je viens de recevoir, cet auteur[1] n'admet qu'une seule espèce d'*Amia,* rapportée à l'*Amia calva* de Linné. Il est fâcheux que dans un travail spécial sur l'ichthyologie des États-Unis, présenté comme un *Synopsis* de cette classe de vertébrés, il n'y ait pas de discussions plus détaillées sur les espèces douteuses. C'est d'après les observations de M. Zadock Thompson, consignées dans sa correspondance avec M. Storer, que celui-ci se décida à réunir l'*Amia occellicauda* de Richardson à l'*Amia occidentalis* de Dekay et à l'*Amia calva* de Kirtland. Celui-ci, comme on va le voir dans l'article suivant, avait cru devoir rapporter à son *Amia calva* l'espèce nommée par Richardson. Je n'admets pas ce rapprochement. Le naturaliste de l'État de Vermont écrit qu'il a comparé à ces descriptions un *Amia* pris à Whitehall, sur le lac Champlain, et qu'il a acquis la conviction que ces trois descriptions se rapportent à une seule et même espèce. Je me rangerais sans hésiter à cette opinion, si l'auteur disait qu'il a comparé un grand nombre d'individus entre eux, et que la série des variétés rapprochées les unes des autres prouve cette identité spécifique. Jusque-là le doute reste sur ces espèces.

---

1. Storer, *Synopsis of the fish. of N. Amer.*, p. 212.

*L'*Amie canine.

(*Amia canina*, nob.)

Les trois espèces précédentes, savoir : *Am. marmorata*, nob., *Am. viridis*, Lesueur, et *Am. ocellicauda*, Richardson, portent sur la partie supérieure de la base de la caudale un ocelle dont le disque noir est bordé d'un cercle blanc ou rouge.

Je trouve dans le mémoire de M. Kirtland[1], sur les poissons de l'Ohio et de ses affluents, la description d'une Amie que ce naturaliste croit être à la fois l'*Am. calva* de Linné et l'*Am. ocellicauda* de Richardson.

La description de la tête, des narines, des mâchoires, des yeux, du tronc, des écailles et de la ligne latérale, ne se rapporte qu'à des caractères génériques, et ne peut servir à reconnaître l'espèce décrite. Les nombres sont ceux des espèces mentionnées ci-dessus.

D. 48; A. 6; C. 22; P. 17; V. 6.

Les couleurs sont indiquées comme il suit : un bleu noirâtre couvre le dessus de la tête. Quelques individus ont, sur les côtés, des taches effacées olivâtres. Le dessous du corps est blanc. Sur la base d'une caudale oblique existe une tache noire près du bord supérieur.

Si l'auteur a décrit avec exactitude cette tache sans cercle coloré, ce n'est pas un ocelle, et cette différence doit co-exister avec plusieurs autres, et doit être caractéristique d'une espèce particulière qui aurait, comme la suivante, la caudale tachetée par un gros point noir, et non par un ocelle. La différence entre les deux espèces consisterait dans la position de la tache sur la caudale.

M. Kirtland a vu des individus de dix pouces et même

---

1. Kirtl., *Bost. journ. nat. hist.*, vol. III, p. 479, pl. 29, fig. 1.

de deux pieds. Ils proviennent du lac Érié, où ce poisson est appelé *Dog-fish*. J'en ai tiré le nom spécifique de cette Amie.

M. Kirtland a joint, à sa trop courte description, une figure qui n'aide pas malheureusement à éclaircir les doutes qui peuvent encore rester sur cette espèce.

L'Amie tachetée.

(*Amia lintiginosa*, nob.)

Nous trouvons dans l'Encyclopédie la figure d'une Amie qui avait été empruntée au Cabinet du Roi; c'est une du très-petit nombre des figures originales de cet ouvrage : elle représente, sans aucun doute, un poisson de ce genre sous le nom d'*Amia calva*. Or, l'individu représenté porte un caractère qui le distingue de l'espèce envoyée par Garden à Linné, et de toutes les autres jusqu'à présent connues.

Dans les trois qui sont décrites, soit d'après nature, soit d'après M. Lesueur, la tache noire de la caudale, quelquefois ocellée, est placée, comme le dit Linné, à la partie supérieure de la base de la caudale : dans celle-ci la tache est sur le lobe inférieur. Le poisson avait d'ailleurs

la tête ciselée et les mastoïdiens assez larges. Les nombres auraient différé assez de ceux des espèces précédentes; car voici comment ils sont comptés dans l'Encyclopédie :

B. 12; D. 42; A. 10; C. 20; P. 15; V. 7.

Je crains toutefois que l'auteur ne les ait copiés dans le *Systema naturæ*, au lieu d'avoir pris la peine de les compter : la longueur de l'individu était d'environ huit à dix pouces.

Puisque le poisson a été gravé dans un ouvrage publié en 1788, il faisait certainement partie du cabinet de Buffon.

Il est certain aussi que le dessinateur a copié avec exactitude,
car Bloch a retrouvé ce même individu dans la collection
du Cabinet du Roi, et en a fait faire un dessin, sur lequel
on retrouve la tache caudale à la même place. La figure
de Bloch montre trois lignes peu marquées entre l'œil et
le bord du préopercule; je n'en vois pas de traces dans celle
de l'Encyclopédie. Ce dernier dessin présente les tubes de
l'orifice antérieur de la narine plus courts; la pectorale plus
longue et plus large; l'anale moins haute et plus étendue
sous la queue; la caudale plus courte. Ces différences entre
les deux figures faites d'après un même exemplaire, prouvent le peu de soin que les auteurs ont mis à représenter
ce poisson. Je suppose aussi que Bloch a copié les nombres
dans Linné.

*L'*Amie bleuatre.

(*Amia subcœrulea*, nob.)

Après ces espèces qui portent toutes le caractère de
l'*Amia calva* de Linné, nous en avons encore quelques-
unes à signaler et qui se distinguent par l'absence de la tache
caudale.

Nous avons reçu de la Nouvelle-Orléans par M. d'Espainville une très-grande Amie qui a les mêmes formes que les
précédentes;

cependant les os de la tête paraissent plus finement striés, et le bord
de l'opercule semblerait un peu moins arqué : les nombres sont les
mêmes;

D. 50; A. 9, etc.

Mais les couleurs paraissent ici distinctes; les écailles du dos sont
rembrunies; celles du ventre sont blanches; sur chaque écaille on
voit une tache bleuâtre qui donne au poisson un reflet général de
cette teinte, qui est aussi évidemment étendue sur la tête; la dorsale,

d'un brun verdâtre, n'a aucune espèce de rayure; la caudale, un peu plus foncée, n'a aucune tache; le haut de l'aisselle de la pectorale est un peu verdâtre, le dessous de la nageoire est blanc; l'anale et la ventrale, blanchâtres, ont quelques taches effacées un peu bleuâtres.

La longueur de l'individu est de dix-sept pouces. Nous en avons un exemplaire plus petit, long de quatorze pouces, qui a été rapporté de la Caroline du sud par feu M. Bosc.

Le foie de cette Amie ressemble beaucoup à celui de l'espèce précédente; cependant il diffère par sa couleur brune; le côté gauche me paraît plus arrondi, et les deux lobes sont évidemment plus longs; la rate est plus grosse; la membrane spirale du rectum est plus large; je lui trouve cinq replis; les faisceaux de fibres musculaires entre-croisées, qui forment une espèce d'enveloppe externe à la partie postérieure de la vessie, sont très-manifestes; le reste ressemble tout à fait à la première espèce.

L'Amie occidentale.

(*Amia occidentalis*, Dekay.)

Je ne sais si l'on devra distinguer de l'espèce précédente l'Amie que je trouve décrite dans la Faune de New-York sous le nom que je viens d'y prendre. La description détaillée qu'en donne M. Dekay, est plutôt générique que spécifique; et il ajoute, qu'il ne peut rien dire des couleurs, parce qu'il n'avait en sa possession qu'un individu desséché, qui paraît avoir été d'un brun foncé assez uniforme sur tout le corps. Il dit positivement que la caudale est sans taches. Aussi ne puis-je me ranger à l'avis de M. Zadock Thompson rapporté par M. Storer, et considérer ce poisson comme de la même espèce que les Amies à caudale tachetée. Voici les nombres qu'il lui donne :

D. 46; A. 11; C. 29; P. 17; V. 9.

La longueur de l'individu est de vingt-huit pouces : il a été déposé dans le cabinet du lycée de New-York par M. H. Schoolcraft. Il a été pris dans la rivière Sainte-Marie, sur le territoire de Michigan, et appelé *Shiwumaig* par les Ojibway.

Cette espèce aurait besoin d'être revue, et comparée aux nôtres.

L'Amie cendrée.

(*Amia cinerea*, nob.)

Nous avons encore au Cabinet du Roi un individu d'une espèce d'Amie qui est très-voisine des précédentes, mais qui se distingue plutôt par les couleurs que par les formes. Je crois cependant pouvoir dire

que les dents de la rangée externe de la mâchoire inférieure sont plus hautes, plus serrées et plus grêles; que celles du maxillaire sont plus fines, plus longues et plus nombreuses; que l'os sous-maxillaire est plus étroit et plus allongé; la mâchoire inférieure est aussi un peu plus courte : les nombres sont les mêmes.

D. 50; A. 10, etc.

La couleur est un cendré assez uniforme sur le dos et les flancs; sous le ventre cette teinte est marbrée de blanchâtre; on voit de chaque côté de la nageoire du dos des traces de lignes longitudinales; la dorsale est rembrunie, mais bordée de cendré pâle à l'extrémité des rayons et à leur pied; vers la partie postérieure le brun forme des lignes obliques plus marquées, et à l'extrémité de la nageoire il y a une grande tache noirâtre mal limitée, qui descend jusque sous le tronc, du côté gauche seulement. La caudale est à peu près de la même teinte que la dorsale; elle est noirâtre vers l'insertion des rayons; les autres nageoires sont bleuâtres, au moins aussi foncées que le tronc.

L'individu a treize pouces et demi de longueur. Il a été envoyé de Charleston par M. le docteur Ravenel.

Les viscères ne diffèrent que très-peu de ceux des autres Amia; cependant la couleur noir foncé du foie me paraît digne d'être signalée à l'attention des anatomistes : le lobe gauche me paraît moins pointu et plus grêle que celui des autres espèces ; le lobe droit est beaucoup plus pointu et plus étroit; je compte quatre larges replis à la valvule en spirale du rectum. L'ovaire forme un large ruban, plissé à la manière de celui des Truites : il contient des œufs aussi gros que dans ces poissons, et ils tombent dans la cavité abdominale avant d'être pondus. Il me semble que la couche musculaire de la vessie celluleuse et fourchue de cette espèce, est beaucoup plus épaisse que celle des précédentes.

L'Amie réticulée.

(*Amia reticulata*, Lesueur.)

M. Lesueur a envoyé, sous le nom que nous lui conservons, une Amie qui ressemble aussi aux précédentes par l'ensemble de ses formes, mais qui a un caractère remarquable dans la grosseur des dernières dents du rang externe des palatins;

elle me paraît aussi avoir l'os sous-maxillaire fort grand; d'ailleurs, le fond vert rembruni du dos forme sur les flancs, et surtout vers la queue, de grandes et larges marbrures; le ventre est blanc sans aucune tache; la dorsale est colorée en vert uniforme, qui devient plus foncé sur la caudale, laquelle n'offre aucune trace de la tache noire caractéristique de la première espèce, avec laquelle celle-ci a des affinités; mais la grosseur des dents l'en distingue certainement.

L'individu que nous devons à M. Lesueur, est une des plus grandes Amies que j'aie examinées. Il a deux pieds de long : il vient du Wabash. M. Lesueur, dans sa note, dit positivement qu'il n'y a point de tache à la caudale, que le fond de la couleur tirait sur l'ardoisé, et que les mailles du réseau étaient formées par une teinte plus ou moins blanchâtre ou jaunâtre.

CHAPITRE IX.

Des VASTRÈS (*Vastres*, nob.)

L'on doit à M. Cuvier l'établissement de ce genre de
poissons très-curieux; mais ce grand naturaliste est bien
loin d'en avoir saisi les affinités, d'en avoir exposé les
caractères essentiels, et enfin, d'avoir établi les espèces qui
doivent s'y rapporter. Il faut remonter à la première édition du Règne animal pour présenter avec quelque méthode les observations à faire sur les Vastrès. Ce nom a
été trouvé par M. Cuvier sur une étiquette écrite de
la main d'Adanson pour une espèce d'Hétérotis. La dénomination latine est empruntée à Pline, et un synonyme
des *Sphyræna* de cet auteur. Il n'aurait pas dû cependant
en faire usage, puisque Rafinesque avait employé ce mot
dans un ouvrage publié en 1810, pour un poisson d'un
genre et d'une famille tout à fait différents. M. Cuvier se
contente de dire que les Vastrès sont des poissons d'eau
douce, qui ont tous les caractères des Érythrins: or, c'est
complétement inexact pour le poisson désigné par Adanson
sous le nom de Vastrès; et ce n'est pas non plus exact
pour l'espèce associée à celle-ci dans le Règne animal,
et que son célèbre auteur a fait figurer, sans la décrire,
sous le nom de *Vastrès géant.* Il faut bien avouer que
les changements apportés dans la seconde édition du Règne
animal ne furent pas heureux, et qu'au lieu de présenter
les caractères, soit du genre, soit des espèces, ils em-
brouillèrent tout : car, sans rien changer à la diagnose
fautive du genre, M. Cuvier ajoute une espèce de Vastrès
à museau court, rapportée du Sénégal par Adanson, et qui

serait la même que celle trouvée dans le Nil par M. Ruppell. Le poisson d'Adanson est cependant différent de celui du Nil. Mon illustre maître place ensuite comme seconde espèce son Vastrès géant, qu'il croit le même que le *Sudis pirarucu* de Spix, pl. 16. On verra que ces deux poissons diffèrent tout à fait. Enfin, il cite comme un troisième Vastrès le *Sudis niloticus* d'Ehrenberg, qui est le même que celui de M. Ruppell indiqué plus haut. Ces différentes observations recevront leurs preuves confirmatives dans les descriptions suivantes; elles feront conclure que l'auteur du Règne animal n'a point donné les caractères génériques ou spécifiques des poissons qu'il rapportait à ses Vastrès.

D'un autre côté, M. Cuvier a établi, d'après une rédaction vague des notes de Vandelli, que la langue de l'*osteoglossum* servait aux Américains des bords de l'Amazone et de ses affluents comme une râpe, pour réduire certains fruits en pulpe et en exprimer le jus. Le fait est que, si les Ostéoglosses deviennent assez grands pour que leur langue soit employée à cet usage, ce dont je doute beaucoup, l'emploi de l'os hyoïde des Vastrès est beaucoup plus commun. Il n'en est pas moins vrai que cette observation de M. Cuvier a contribué à donner des idées fausses à un certain nombre de naturalistes sur les Ostéoglosses et sur les Vastrès.

Comme l'on trouve dans le Règne animal une figure fort reconnaissable d'un des grands Vastrès d'Amérique, je crois qu'il convient de réserver le nom employé par M. Cuvier au genre dont il a si bien figuré la seule espèce qu'il ait vue, et d'adopter, pour celle qui appartient à un autre genre, la dénomination proposée par M. Ehrenberg et admise actuellement en ichthyologie. Pour éviter cependant la confusion qui résulterait de l'emploi du nom de *Sudis*, appliqué antérieurement par M. Rafinesque à une espèce voisine des Scopèles, ainsi que le font remarquer, avec raison, M. le prince de Canino et M. Müller, je latiniserai tout simplement le nom euphonique de Vastrès employé par M. Cuvier, je laisserai le nom d'Arapaïma, proposé par M. Müller, afin d'éviter l'inconvénient d'introduire un nouveau nom dans la nomenclature. Je n'aurais pas cependant hésité à garder le nom donné par mon célèbre confrère et ami, pour conserver à un savant aussi éminent que M. Müller l'entière priorité d'un travail, s'il avait présenté dans les recherches générales faites à l'occasion de son mémoire sur la structure et l'affinité des Ganoïdes, des caractères plus précis de l'Arapaïma et des différents autres poissons qu'il y associe. Mais si l'on compare ce qu'il en dit aux descriptions détaillées qui vont suivre et qui sont le fruit de plus de vingt ans de travaux, j'ose espérer que les naturalistes et M. Müller lui-même, me rendront la justice de me pardonner ce jugement si on le trouve un peu sévère. En effet, M. Müller se contente de dire que les Vastrès ont des dents au vomer, aux os du palais et sur une plaque remarquable près de la base du crâne; expression vague et peu digne d'un anatomiste si savant, il aurait bien pu désigner les ptérygoïdiens et le sphénoïde. D'ailleurs, je vois qu'il n'a connu les Vastrès que par un jeune exemplaire envoyé de la Guyane par M. Schomburgk : il le croit de la même espèce que le Vastrès géant de Cuvier et que le *Sudis pirarucu* de Spix. Il me paraît probable qu'il a copié cette dernière synonymie dans le Règne animal. J'ai déjà dit qu'elle était inexacte, et je ne crois pas non plus que le poisson de M. Schomburgk soit de la même espèce que les deux nommés par M. Müller.

Le seul reproche qu'on pourra me faire, en appliquant le nom de Vastrès à des poissons américains, c'est qu'il appartient à une espèce africaine. Je ne me dissimule pas tout ce que cette objection peut présenter de réel; mais je répondrai que je trouve le nom de Vastrès géant déjà fixé dans le Règne animal, et j'invoquerai aussi l'exemple de pareilles transpositions qui a été si fréquemment donné par Linné.

Le genre Vastrès se compose donc pour moi de poissons à corps plus ou moins arrondi, couvert d'écailles osseuses et formées de petits compartiments comme des mosaïques, ainsi que cela se rencontre fréquemment dans les poissons des familles dont je traite. Ces écailles recouvrent les trois nageoires impaires; la dorsale et l'anale sont très-courtes et rejetées sur l'arrière du corps. La tête, revêtue d'une peau épaisse, est composée d'os profondément ciselés et creusés de cavernes muqueuses, remarquables par leur grandeur et leur disposition symétrique. La bouche a une ouverture assez grande; elle est bordée par les maxillaires et les intermaxillaires, tous deux dentés, et par une mâchoire inférieure à très-larges branches, un peu plus saillante que la supérieure, et garnie de dents semblables à celles d'en haut. Des dents en râpe, plus ou moins fines, couvrent les deux palatins, les deux ptérygoïdiens, le vomer, le sphénoïde, l'os lingual, tout le corps de l'hyoïde et une plaque plus ou moins large sur le côté interne de la mâchoire inférieure. La disposition des dents palatines et sphénoïdales varie suivant les espèces et donne de très-bons caractères pour les distinguer. Les ouïes, largement fendues, ont seize rayons à la membrane branchiostège.

Je n'ai pas eu occasion d'examiner les viscères de ces poissons, je vois seulement, dans les notes tirées des manuscrits de M. Schomburgk[1], que les intestins sont courts, qu'ils ont un seul repli, et qu'ils sont, ainsi que l'estomac, entièrement recouverts de graisse. Les ovaires sont grands et les œufs petits. Il assure que les jeunes sont protégés par la mère quelque temps après leur naissance, ainsi que cela a lieu pour une espèce particulière de Siluroïde que M. Schomburgk a désignée, d'après le nom indien, sous le nom de *Laulau.* Ces petits nagent toujours au-devant de la mère. Il dit qu'il n'y a point de vessie aérienne, mais qu'un organe curieux, comme un poumon d'oiseau, existe le long de la colonne vertébrale, et que l'intérieur ressemble à un gâteau de miel. Je ne doute pas que ce ne soit une modification particulière et singulière d'une vessie celluleuse comme celle de l'Amie. Tels sont les caractères génériques que j'assigne aux Vastrès : ils démontrent, sans aucun doute, les affinités qu'ils ont avec les Amies; je n'hésiterais même pas à les placer dans une seule famille, si j'avais la certitude qu'ils n'eussent pas d'appendices cœcaux au pylore, et je les appellerais des *Amia* à dorsale courte et écailleuse.

Les espèces de ce genre sont plus nombreuses que les zoologistes ne l'ont pensé jusqu'à présent. Ils en ont vu au moins trois espèces, qu'ils ont confondues sous le nom de Vastrès géant; et j'ajouterai que nous avons encore

---

1. *Fish. of Guyan.*, t. III, part. 1, p. 200.

l'indication de deux autres qui ne me sont jusqu'à présent connues que par leur langue dentée et râpeuse, rapportée en Europe comme curiosité.

Tous ces Vastrès vivent dans l'Amazone et dans les rivières tributaires de ce grand fleuve : ils préfèrent cependant les eaux vaseuses, et ils y sont plus abondants. Ils me paraissent tous devenir très-grands. Je n'en ai vu que de six à sept pieds; mais M. Schomburgk assure que, dans le Rio Negro, on en trouve de quinze pieds de long et du poids de quatre cents livres. On les prend à l'hameçon amorcé avec d'autres petits poissons; souvent aussi on les prend avec le harpon. Ils donnent lieu à des pêches considérables : on en envoie une grande quantité au Para, où le Vastrès est préféré au poisson salé des côtes de l'Amérique du nord. Il se vend à un prix élevé. Quand il est frais, il est excellent : le ventre est très-gras.

Les descriptions des différentes espèces que l'on va lire ne peuvent être considérées que comme un premier essai de l'histoire naturelle de ces grands et beaux poissons. Je ne doute pas qu'un naturaliste qui pourra se livrer à leur étude, ne trouve le sujet presque entièrement neuf, tant il y a encore de recherches à faire sur ce genre.

VASTRÈS DE CUVIER.

(*Vastres Cuvieri*, nob.; *Sudis gigas*, Cuvier.)

Je commence la description des espèces de ce genre par celle qui a été connue de M. Cuvier, et je vais la donner avec détail d'après l'exemplaire qui a servi de modèle au dessin réduit, publié dans le Règne animal sous le nom de Vastrès géant.

Je change cette épithète, parce qu'elle ne peut plus lui convenir exclusivement, attendu que nous avons la preuve de la taille considérable à laquelle ces poissons peuvent parvenir dans un second exemplaire conservé dans le Cabinet du Roi, et dont nous parlerons dans un des articles suivants, et par les observations faites sur d'autres espèces, soit par Spix, soit par M. le chevalier Robert Schomburgk.

Le corps de ce poisson me paraît avoir le dos large et aplati, les flancs et le ventre arrondis, du moins à en juger par la forme de l'individu empaillé que j'ai sous les yeux et par la disposition des écailles; la hauteur n'est guère que des deux tiers de l'épaisseur, et elle doit être environ du huitième de la longueur totale; vers la région caudale, entre la dorsale et l'anale, le corps devient un peu plus comprimé; il me paraît un peu plus haut que le tronc; au delà de ces deux nageoires il n'y a qu'un très-court espace libre. La tête est beaucoup plus étroite que le tronc; sa plus grande largeur ne surpasse que de très-peu la moitié de la distance mesurée entre l'extrémité de la lèvre supérieure et l'occiput. Si nous prenons sa longueur, depuis le bout du museau jusqu'au bord membraneux de l'opercule, nous la trouvons contenue trois fois et un tiers dans la longueur du tronc, mesurée depuis l'épaule jusqu'à l'origine de la caudale; le profil du front est très-sensiblement concave. La mâchoire supérieure est un peu plus courte que l'inférieure, elle forme un grand arc auquel concourent dans le milieu deux intermaxillaires assez courts, et sur les côtés le maxillaire. Quand la bouche est fermée, plus de la moitié de cet os se trouve cachée par les sous-orbitaires. Il y a trois fois la longueur du diamètre de l'orbite entre son bord antérieur et la réunion mitoyenne des deux maxillaires. L'espace sous-orbitaire au-devant de l'œil est égal à ce diamètre, et il y a onze diamètres dans une ligne horizontale, passant par le milieu de l'œil et allant du bord antérieur du sous-orbitaire au bord libre de l'opercule membraneux. Je mesure trois fois et deux tiers ce diamètre

dans l'intervalle d'un œil à l'autre. Les narines sont sur le dessus
du museau ; la postérieure est éloignée de l'œil d'une fois le
diamètre de l'orbite. La face supérieure du crâne et de l'appareil
operculaire et les joues, cuirassées par les sous-orbitaires, sont
couvertes de plaques à grosses stries rugueuses, et souvent tuberculeuses, lesquelles pièces laissent des espaces nus recouverts par
une peau lisse. Cette peau lisse est étendue sur les cavernes creusées
sur la surface de l'os. Il me paraît très-probable que, pendant la vie
de l'animal, la peau et la mucosité qu'elle sécrète doivent être assez
épaisses pour rendre toute cette tête uniformément lisse ; mais,
comme je la décris d'après un animal desséché, j'y remarque les
particularités suivantes. Les deux narines, dont l'antérieure est
tubuleuse, s'ouvrent dans un espace nu, limité du côté interne
par les scabrosités d'un petit os nasal, arqué du côté externe par
le premier sous-orbitaire ; cet os échancré, pour laisser la place
de la cavité nasale, a en arrière une autre large échancrure dirigée
vers le frontal. Au-dessous de la narine et le long de son bord
maxillaire il y a deux cavernes, recouvertes par une peau nue :
elles sont d'une forme ovale. Plus bas se trouve une échancrure,
dont les bords se réunissent avec une autre plus profonde du
second sous-orbitaire, et qui limite une troisième plaque ovale,
lisse, plus grande que les deux supérieures. Le troisième sous-
orbitaire ne touche au bord de l'œil que par une longue apophyse
styloïde descendant vers l'articulation de la mâchoire inférieure ;
tout le corps de l'os forme en arrière une large plaque à grosses
stries presque parallèles. Le quatrième sous-orbitaire ne touche
aussi à l'œil que par une languette étroite, mais arquée et courbée.
Il se prolonge ensuite en une très-large plaque, qui remonte jusqu'au
frontal postérieur. Celui-ci est profondément échancré du côté de
sa région mastoïdienne ; il est ciselé par de très-grosses cannelures,
dont les carènes sont grenues. Le cinquième sous-orbitaire a de
fortes stries granuleuses, formant des espèces de chevrons, dont les
lignes externes vont du bord de l'orbite au milieu de l'os, et les
internes du centre de l'os vers les frontaux ; ce cinquième sous-
orbitaire a derrière l'œil une profonde échancrure, correspondante

à une autre du quatrième sous-orbitaire. La réunion de leurs bords limite un nouvel espace nu. Il y a donc déjà cinq cavernes de grandeur inégale, recouvertes par la peau et appartenant au système sous-orbitaire. Nous avons dit qu'il existait aussi des cavernes sur le dessus du crâne; il y en a deux antérieures, oblongues, un peu divergentes, que j'appelle les cavernes ethmoïdiennes. Derrière celles-ci et la cavité nasale j'en vois deux autres, une de chaque côté, deux fois plus longues que les premières, irrégulièrement triangulaires, et que je nomme les cavernes sourcilières antérieures. La portion granuleuse et ciselée de l'os qui les sépare est un espace rectangulaire oblong, deux fois aussi long que large, et dont les stries suivent une direction longitudinale. Je trouve au delà de l'œil deux autres cavernes, à peu près rondes, ce sont les sourcilières postérieures. Sur les frontaux, et par conséquent tout à fait sur le dessus du crâne et près de la ligne moyenne, il y a deux autres cavernes ovoïdes, plus grandes que les ethmoïdiennes, plus petites que les sourcilières postérieures. Les rugosités frontales, qui les séparent l'une de l'autre, creusent des sillons transversaux. Les autres rugosités, qui vont vers l'orbite, c'est-à-dire, celles qui sont extérieures à la caverne, sont obliques d'avant en arrière et de dehors en dedans. Vient ensuite sur le crâne un espace osseux, assez grand, creusé de sillons profonds, à bords rugueux, longitudinaux, mais un peu divergents, de manière à laisser en arrière, près de la nuque, un intervalle où l'on voit des sillons transversaux et presque parallèles à ceux qui sont auprès des cavernes frontales antérieures. Sur les bords de cette région du crâne on voit une caverne oblongue, à laquelle je donne le nom de la caverne pariétale. En arrière de celle-ci, mais plus sur le milieu de la nuque, une autre caverne, que je nomme occipitale, n'est séparée de la précédente que par une crête osseuse et tuberculeuse. Entre ces deux occipitales il en est une impaire, désignée comme interpariétale, parce qu'elle correspond à l'os de ce nom. Les crêtes osseuses qui la bordent sont relevées de manière à dessiner une sorte de fer à cheval. Enfin, sur le côté de la tête, une large caverne, que j'appelle mastoïdienne, s'avance jusque dans la grande échancrure du quatrième sous-orbitaire; c'est la plus grande de toutes. On voit que la peau très-épaisse qui recouvrait le crâne s'étendait sur le préopercule; qu'elle embrasse presque toute son étendue, en laissant derrière elle un assez large bord membraneux, qui va recouvrir le bord antérieur de l'opercule. Celui-ci est un os deux fois aussi haut que large, à bord postérieur arqué et garni d'un bord membraneux, épais et adipeux, et couché sur toute la ceinture humérale. Toute la surface operculaire est creusée de profonds sillons rayonnants de l'articulation de l'os vers son bord. Le sous-opercule est petit et ne forme qu'un simple ovale strié, remplissant l'échancrure que laissent entre eux le bord de l'opercule et l'angle du préopercule. L'interopercule est oblong et étroit, et presque entièrement caché par le bord horizontal du préopercule; celui-ci a deux cavernes oblongues et étroites. La mâchoire inférieure a des branches assez grosses, caverneuses; la surface extérieure de l'os forme comme une large palette horizontale; la symphyse est relevée; tout le dessous forme avec l'isthme une grande plaque convexe. Les dents, implantées sur les mâchoires, sont assez fortes, coniques, comprimées latéralement; celles de la mâchoire supérieure sont sur un seul rang; mais celles de la mâchoire inférieure sont sur plusieurs rangs, et beaucoup plus grosses et plus longues que celles d'en haut. Au côté interne de chaque branche de la mandibule je vois, sur une assez large plaque triangulaire, un groupe de fines scabrosités ou de petites dents, semblables à celles des palatins, et qui rappelleront ici cette singulière dentition que nous avons vue dans les Siluroïdes, et que nous avons exprimée en appelant l'espèce qui les porte, *Bagrus genidens*. Outre les dents des mâchoires, nous en trouvons sur tous les os de la voûte palatine; ainsi elles forment sur le vomer une assez large palette rétrécie en arrière et prolongée ensuite sur le sphénoïde jusque vers l'extrémité, où la plaque dentaire s'élargit de nouveau. La partie antérieure du vomer est convexe. Cette saillie doit correspondre à une cavité du corps de l'Hyoïde. Les deux palatins et les deux ptérygoïdiens sont aussi hérissés des mêmes âpretés; elles sont plus fortes sur le bord externe des palatins et sur le bord interne des ptérygoïdiens que dans la région moyenne du grand disque concave qui forme ces deux os. On ne peut plus douter que l'os lingual de ce poisson ne fût hérissé de dents comme ses congénères; malheureusement cet os manque dans l'individu que j'ai sous les yeux. La fente des ouïes est très-large. Nous comptons seize rayons à la membrane branchiostège.

J'ai dit que l'ossature de l'épaule était presque entièrement recouverte par le bord membraneux de l'opercule. La pectorale est de longueur médiocre; elle est triangulaire et à peu près aussi large que longue. Je la trouve contenue neuf fois et demie dans la longueur totale; la ventrale est petite, attachée aux trois cinquièmes du corps; la longueur n'est pas moitié de celle de la pectorale; la dorsale et l'anale sont tout à fait reculées sur l'arrière du tronc, et ne laissent en arrière qu'un très-court intervalle entre elles et la caudale; la dorsale commence aux trois quarts de la longueur du corps, la caudale non comprise. La hauteur de la nageoire est à peu près le septième de la largeur.

B. 16; D. 35; A. 32; C. 17; P. 126; V. 6.

La caudale est courte, arrondie et deux fois et demie aussi haute que longue. Les écailles sont grandes et presque osseuses; leur surface est rugueuse. Nous en comptons cinquante-six entre l'ouïe et la caudale, et seize dans une rangée verticale. Depuis la ligne médiane-dorsale jusqu'à la ligne moyenne du ventre elles diminuent progressivement de grandeur, à mesure que l'on s'approche de la caudale; elles embrassent cette nageoire, ainsi que la dorsale et l'anale. Les écailles ont un bord membraneux fort épais, qui paraît très-vivement coloré. La ligne latérale est tracée sur la sixième rangée d'écailles. A partir de la ligne moyenne, elle est marquée sur chaque écaille par un très-large enfoncement oblong, qui s'aperçoit distinctement jusqu'auprès de la queue.

Je ne puis juger de la couleur de ce poisson que d'après celle que le préparateur lui a donnée : c'est un vert plus ou moins obscur sur la tête et sur le dos. Au-dessous de la ligne latérale les teintes deviennent plus jaunâtres; tout le bord membraneux des écailles est coloré d'un rouge ferrugineux assez vif; ce qui forme un large et grand réseau sur tout le corps du poisson. Les nageoires paraissent d'un rouge un peu plus vif.

Telle est la description du grand individu que possède maintenant le Cabinet du Roi, et qui a été cédé à la France par celui de Lisbonne en 1808.

Il est long de six pieds et demi.

Il est probable qu'il vient du Para, comme la plupart des poissons de ce Cabinet, et que par conséquent il a été pêché dans la rivière des Amazones.

Je n'aurais rien à ajouter à cette description extérieure, si j'avais pu y joindre celle de l'os lingual.

Le VASTRÈS DU MAPA.

(*Vastres Mapæ*, nob.)

La seconde espèce de Vastrès, déposée dans le Cabinet du Roi, ne le cède pas, pour la taille, à la précédente. Elle lui ressemble assez par son aspect général et extérieur, pour qu'on puisse la confondre avec elle. Mais en faisant attention à la disposition des dents de la mâchoire inférieure, du vomer et du sphénoïde, on ne tarde pas à se convaincre qu'elle est tout à fait distincte. L'on remarque alors dans les ciselures des os du crâne et de la joue, dans les proportions des cavernes de ces os, des différences assez grandes pour concourir aussi à l'établissement de l'espèce. Les caractères spécifiques les plus saillants que je ferai d'abord remarquer, consistent

dans la forme générale du corps, qui est évidemment plus allongé, plus arrondi et moins déprimé que celui de l'espèce précédente. La queue, entre les deux nageoires verticales, est plus étroite. Le tronçon de cette partie du corps, entre la dorsale et la caudale, est plus long. Le dos est plus arrondi et moins déprimé; la dorsale et

l'anale sont plus basses; la caudale paraît plus petite; les ventrales
sont plus longues. Les écailles sont un peu moins hautes; leur
surface est plus régulièrement et plus finement granulée. La ligne
latérale est marquée par une suite de cannelures plus étroites. Le
dessus du crâne est moins concave; la plaque frontale qui sépare
les deux cavernes sourcilières antérieures est beaucoup plus courte,
d'où il résulte que les cavernes frontales sont beaucoup plus longues;
il n'y a pas de sillons transversaux au devant de la caverne interpariétale; les cavernes occipitales sont plus petites et plus arrondies.
La grande plaque osseuse du dessus du crâne, et le quatrième sous-
orbitaire ont des cannelures moins droites, moins profondes; mais
elles sont plus grenues. L'opercule est un peu plus large, mais un
peu moins haut; le sous-opercule est tout à fait lisse. Quant aux
dents, elles sont plus petites, sur un seul rang, aux deux mâchoires,
sur une bande beaucoup plus étroite au vomer et au sphénoïde. La
plaque de dents qui est à la branche interne de la mâchoire inférieure
est beaucoup moins large, et les dents grenues y sont beaucoup plus
fines.

Après avoir signalé par ce résumé les différences caractéristiques qui existent entre ces deux espèces, je crois
devoir cependant donner une description complète et détaillée de l'individu que j'ai sous les yeux, à cause de
l'importance de ces grands poissons, dont l'étude jetera
certainement un grand jour sur l'histoire des poissons
fossiles.

Ce poisson a le corps épais, arrondi sur le dos, sur les flancs,
sur le ventre, jusque vers les nageoires abdominales, qui sont reculées
aux deux tiers environ du corps. Au delà de ces nageoires et dans la
partie qui correspond aux trois nageoires impaires, la queue devient
comprimée, mais en conservant toujours une épaisseur assez notable.
La longueur de la tête est comprise quatre fois et deux tiers dans
la longueur totale. Les opercules se portent assez loin en arrière
de la nuque, car la distance du bout du museau à la naissance

des écailles nuchales mesure le septième de la longueur totale du
poisson. Les yeux ne sont pas sur la face supérieure de la tête; mais,
cependant, ils sont assez relevés pour que le cercle de l'orbite
touche la ligne du profil. Celle-ci est concave, l'extrémité du museau
et la nuque étant un peu soutenues. L'intervalle d'un œil à l'autre
est égal à trois fois et demie le diamètre; il y a plus de deux fois
cette mesure entre le bord antérieur de l'orbite et l'extrémité du
museau, et treize fois au moins ce diamètre dans la longueur totale
de la tête. Les narines sont percées plus près du bout du museau
que de l'œil, et tout à fait sur la tête; l'antérieure a une papille
tubuleuse. On compte cinq sous-orbitaires, disposés de la manière
suivante : le premier est situé entre la mâchoire et l'œil, tout à fait
au devant de lui : son angle, interne et postérieur, remonte même
au-dessus de l'orbite. Le bord antérieur de l'os est mince et un peu
sinueux, et ne cache qu'une très-petite partie du maxillaire, qui
s'appuie plutôt sur lui; les scabrosités de sa surface laissent voir,
après le desséchement, une grande échancrure supérieure, dans l'arc
de laquelle se place la narine; une seconde, antérieure, répond à
la naissance du maxillaire; celle-ci est suivie sur le même bord par
une troisième, qui répond à peu près au milieu de l'os; puis vient
une dernière échancrure, dont les bords se réunissent à un sinus
correspondant du second sous-orbitaire, et qui forme une partie
ovale, recouverte d'une peau lisse; une seconde échancrure ovale,
plus étroite, pointue en arrière, se voit près du bord du second
sous-orbitaire, un peu au-dessus et au delà de l'angle de la commissure; ce second sous-orbitaire est de forme triangulaire. La plus
grande partie de sa surface est ridée de fortes scabrosités; on peut
presque dire qu'il ne touche pas à l'orbite. Le troisième sous-orbitaire ne touche à l'œil que par l'extrémité d'une sorte de stylet
osseux et rugueux, qui remonte le long du bord postérieur du
précédent, et le dépasse un peu; il se porte en arrière le long du
bord inférieur du préopercule, en formant une cuirasse au bas de
la joue. On ne voit de peau lisse que dans l'arc antérieur qui le
réunit au quatrième sous-orbitaire; celui-ci est le plus grand de
tous : il couvre presque toute la joue, car il se porte jusque vers

le bord montant du préopercule, et il remonte jusqu'auprès des os
du crâne; il y a derrière l'œil une caverne oblongue, recouverte
par une peau adipeuse, qui dessine un des grands ovales que l'on
remarque sur la joue de l'animal; ce quatrième sous-orbitaire a aussi,
en arrière, une échancrure assez grande, qui, en se joignant avec
celle des mastoïdiens, forme dans cette région temporale la plus
grande et la plus inférieure des parties lisses de ce crâne. Le cinquième sous-orbitaire cerne la plus grande partie du bord supérieur
de l'orbite. Presque toute sa surface est rugueuse; il a cependant
deux grandes échancrures; l'une pour compléter l'ovale qui existe
derrière l'œil, et que je viens de décrire; l'autre pour cerner, avec
le frontal principal et avec le quatrième sous-orbitaire, la partie
lisse, supérieure et post-orbitaire de la joue. Les os du crâne, sculptés
de profondes scabrosités ont aussi ces cavernes recouvertes par une
peau lisse, toutes de forme elliptique, et que l'on peut désigner
ainsi : il y en a deux antérieures, rapprochées l'une de l'autre et
ethmoïdiennes; deux autres, plus écartées et plus longues, ce sont
les sourcilières antérieures; puis deux autres, rapprochées, aussi
allongées que ces dernières, et que je nomme frontales; puis,
sur l'arrière du crâne nous en voyons deux, très-allongées, les
temporales; puis en viennent deux autres, plus courtes, que j'appelle occipitales, et qui sont séparées l'une de l'autre par une
impaire, qui doit répondre à l'interpariétale. Il faut d'ailleurs observer, comme je l'ai fait pour l'autre espèce, que ces parties ne peuvent
se voir que sur l'animal desséché. Il est facile de juger que le poisson
doit avoir, pendant sa vie, sur toutes ces parties du crâne, une peau
épaisse et muqueuse, qui rend la tête entièrement lisse. Le préopercule a aussi quelques parties osseuses, saillantes et rudes; mais,
cependant, presque toute sa surface est couverte d'une peau épaisse.
Le bord inférieur cache presque en entier l'interopercule et même
la plus grande partie du sous-opercule, lequel est lisse et petit.
Quant à l'opercule, c'est une grande plaque osseuse en demi-cercle
très-arrondie vers le haut, dont toute la surface est ciselée de grosses
et profondes stries rayonnantes, et dont les carènes sont tuberculeuses.

La bouche de l'animal est assez grande. La mâchoire inférieure avance un peu sous la supérieure; celle-ci est formée par des inter-maxillaires qui dépassent à peine la narine. L'arc est complété par des maxillaires arrondis, qui n'atteignent pas le troisième sous-orbitaire. Cette bouche, qui a beaucoup d'ampleur, n'est pas très-fortement armée. On ne voit aux mâchoires qu'une seule rangée de petites dents coniques et mousses, toutes semblables entre elles, et dont je compte dix-huit à l'intermaxillaire et trente-sept aux maxillaires supérieurs et à la mandibule. Quant à l'intérieur de la bouche, on trouve des dents fines et serrées sur le vomer, sur les deux palatins, sur les ptérygoïdiens, sur le sphénoïde et sur l'os lingual; mais ce sont plutôt de fines scabrosités formant de tous ces os une râpe plus ou moins forte que de véritables dents en herse ou même en velours. Les dents du vomer sont implantées sur une plaque triangulaire antérieure; elles se rétrécissent ensuite pour ne former qu'une bandelette extrêmement étroite, ce qui constitue un caractère facile à saisir pour distinguer cette espèce de la précédente; puis, la bande s'élargit en arrière sur le sphénoïde, ce qui donne à cette partie de la bouche une forme de spatule. Les dents internes des palatins et celles des ptérygoïdiens semblent plus usées que celles du bord externe. Les dents sphénoïdales, comme les dents linguales, se portent dans le fond de la bouche, presque près de l'ouverture du pharynx. Je ne puis parler des pharyngiens, car je n'ai pas vu ces os.

Le corps de l'hyoïde, qui est très-allongé, soutient des arcs branchiaux assez grands. La fente des ouïes est très-large. Le bord membraneux de l'opercule est très-épais et recouvre toute l'ossature de l'épaule. La membrane branchiostège est grande et soutenue par seize rayons. L'isthme de la gorge doit être assez large, à en juger par l'écartement des branches de la mâchoire inférieure et par la largeur des membranes qui soutiennent les pièces de la gorge, même après leur desséchement. L'extrémité de cette mâchoire inférieure me semble un peu moins relevée que dans le *Vastres Cuvieri.*

Les nageoires ne sont pas très-grandes, car la pectorale est comprise sept fois et demie dans la longueur totale. La ventrale est la moitié de la longueur de la précédente ; la dorsale et l'anale sont courtes, rejetées sur le dernier tiers du corps, presque entièrement empâtées et cachées sous les écailles épaisses qui remontent des côtés sur elle. La caudale est très-courte, très-petite, et aussi entièrement écailleuse.

B. 16 ; D. 34 ; A. 30 ; C. 14 ; P. 12 ; V. 6.

Les écailles sont très-épaisses, comme osseuses, couvertes de scabrosités comme les pièces de la tête ; elles ont des bords membraneux larges et épais, et dépendant du sac qui les contient. J'en compte cinquante-six rangées entre l'ouïe et la nageoire de la queue. La ligne latérale est marquée par une suite de très - gros trous oblongs, recouverts d'une peau épaisse ; ils sont tous plus étroits que ceux de l'espèce précédente ; elle est tracée à peu près par le milieu du côté.

La couleur de l'individu desséché paraît d'un brun verdâtre uniforme.

L'individu que je viens de décrire est long de six pieds et demi : il a été pêché dans le lac Mapa, sur les confins des nouvelles frontières de la Guyane française. Les Indiens l'ont apporté à Cayenne sous le nom de *Piraracou*, et M. César Pradier, enseigne de vaisseau de la marine royale, en a fait l'acquisition et l'a donné au Cabinet du Roi. C'est bien certainement un des plus beaux présents ichthyologiques qu'il pouvait nous faire.

Le Vastrès d'Agassiz.

(Vastres Agassizii, nob.)

Une troisième espèce de Vastrès est incontestablement celle que M. Spix[1] avait fait figurer dans son Recueil des planches ichthyologiques sous le nom de *Sudis pirarucu*.

---

1. *Pisc. Brasil.*, fig. 16.

Je ne lui conserve pas ce nom par deux raisons : la première, c'est que l'épithète de *Pirarucu* est le nom de toutes les espèces de Vastrès de l'Amazone. Secondement, la figure de Spix est mauvaise, inexacte, parce qu'elle n'est pas faite d'après nature, mais d'après un squelette mal monté. Sans aucunes autres écailles que celles de la base de la dorsale et de l'anale, la figure a été composée d'après la petite gravure de notre première espèce, donnée par M. Cuvier dans son Règne animal. Ces compléments de documents divers, empruntés à des espèces différentes, n'ont été malheureusement que trop fréquents dans toutes les branches de la zoologie : ils rendent toute critique scientifique très-difficile, parce que le plus souvent l'auteur, pour cacher sa falsification, ne copie pas avec exactitude les parties qu'il ajoute. Dans le cas actuel, l'espèce du *Sudis pirarucu* serait tout à fait impossible à déterminer, si M. Agassiz n'avait pas eu le soin de faire dessiner le squelette entier et les différents os de la tête et de l'appareil hyoïdien de ce beau poisson. Trompé par une première détermination, il crut que le *Vastres pirarucu* figuré par Spix, n'était autre que le *Sudis gigas;* comme il en est fort différent, je crois devoir dédier à mon savant ami l'espèce qu'il a fait connaître le premier.

Comparée aux deux précédentes, elle me paraît leur ressembler par les proportions générales du corps.

La tête fait également le cinquième de la longueur totale; mais ce qui la distingue, c'est que le troisième et le quatrième sous-orbitaire, couvrant plus complétement la joue, n'ont point d'échancrures en arrière; que les fosses ou cavernes muqueuses de ces deux sous-orbitaires sont égales entre elles, plus rondes et plus grandes que celles des précédentes. Le crâne est proportionnellement beaucoup plus large. Les cavernes temporales sont plus reculées et plus grandes; les pariétales et les occipitales plus petites, d'où il résulte que le casque osseux, formé par la réunion des frontaux et des pariétaux, est plus long. Les sillons transversaux, qui sont au-devant de la fosse interpariétale, me paraissent plus grands et plus nombreux. Les dents vomériennes et sphénoïdales tracent une bande beaucoup plus large sur le devant, mais plus rétrécie à l'extrémité des ptérygoïdiens, parce que ceux-ci sont beaucoup plus larges. L'os lingual forme une large palette ovale, un peu rétrécie à l'insertion de la première et de la seconde branchie, mais s'élargissant de nouveau sous la grande palette sphénoïdale.

Toute cette description est faite d'après la figure du squelette que M. Agassiz a fait graver avec le plus grand soin, et dont il a donné une description aussi détaillée que rigoureuse. Aux caractères que je viens de tirer des formes de quelques-unes des pièces du crâne, j'ajouterai encore que l'opercule me paraît plus large et plus rond; que le préopercule a des cavernes plus égales entre elles, et enfin, que les stries de tous ces os ont une tendance au parallélisme, qui rappelle beaucoup plus le *Vastres Cuvieri* que notre seconde espèce. Un caractère extérieur qui distingue promptement l'espèce nouvelle que j'établis des deux précédentes, se tire de la plus grande étendue de la dorsale et de la longueur plus considérable de la pectorale; elle n'est environ que le tiers de la longueur du corps, la caudale non comprise; l'anale est, de son côté, beaucoup plus courte; la pectorale n'a aussi que le neuvième de la longueur totale; elle en est le onzième dans les autres espèces. Voici les nombres :

B. 10; D. 36; A. 26; C. 10; P. 12.

M. Agassiz a compté quatre-vingts vertèbres à la colonne vertébrale, dont trente-huit sont abdominales et portent des côtes. Les vertèbres antérieures de ce tronc ne ressemblent en aucune façon à celles des Érythrins; car les osselets de Webber, s'ils existaient, n'auraient point échappé à l'observateur exact qui a décrit ce squelette, et le dessin montre qu'il n'y en a aucune trace.

Après avoir établi les caractères de l'espèce, je renvoie mes lecteurs à la description[1] détaillée de M. Agassiz, qu'il me paraît tout à fait inutile de reproduire ici dans son entier.

A juger des couleurs par l'enluminure que Spix a donnée à ce Vastrès, on doit croire que le dos du poisson est brun rougeâtre, et le ventre d'un blanc plus ou moins sali de gris; le dessus de la tête est brun; les nageoires sont roussâtres.

Nous pouvons aussi parler des caractères spécifiques des écailles, parce que M. Agassiz a eu le soin d'en faire figurer[2] deux : elles ont sur leur portion nue des scabrosités plus élevées et par conséquent des rivulations plus profondes que celles de nos deux espèces.

Le squelette conservé dans le Musée de Munich a plus de trois pieds de long; mais M. Martius observe que le poisson parvient à une longueur de plus de cinq pieds, et qu'il n'est pas rare d'en trouver des individus qui pèsent plusieurs quintaux.

L'os lingual du squelette de Munich a sept pouces de long et un pouce et demi de large.

Parmi les plaques osseuses conservées depuis longtemps dans le Cabinet du Roi, nous en trouvons une qui répond parfaitement, par la forme, à celle de ce squelette de Munich figurée dans l'ouvrage cité : elle a huit pouces de longueur, comme celle du *Vastres Mapœ* long de six pieds et demi. Il y a donc lieu de croire qu'elle avait été retirée d'un individu au moins aussi grand.

---

1. Agassiz, *Pisc. Brasil.*, p. 31, pl. anat., fig. B.
2. *Loc. cit.*, pl. anat., fig. C.

Le Vastrès arapaïma.

(*Vastres arapaima*, nob.)

Je trouve dans l'Ichthyologie de la Guyane de M. Robert Schomburgk la description malheureusement incomplète et la figure d'un Vastrès que l'éditeur de cet ouvrage a confondu avec le Vastrès géant de Cuvier. Quoique la figure ne soit pas très-correcte, je crois qu'elle représente une espèce particulière de ce genre,

parce que la tête me paraît plus petite que celle des autres, et que les nageoires postérieures me semblent encore plus élevées que celles des précédentes. Ces nageoires sont pointues, au lieu d'être arrondies.

La couleur du poisson, au moment où l'on vient de le prendre, est plus brillante qu'aucune représentation ne peut en donner l'idée. Le dessus de la tête et du tronc est d'une riche couleur terre d'ombre, s'affaiblissant par degrés jusqu'à la ligne latérale; à partir de cet endroit le ventre devient d'un beau carmin brillant. La base ou la partie écailleuse de la dorsale et de l'anale est de la même couleur. La membrane de la dorsale, de l'anale et de la caudale est verte, et les rayons sont d'un brun rougeâtre.

M. Schomburgk en a pris un individu long de huit pieds dans le *Rupununi*.

De l'os hyoïde de plusieurs Vastrès.

L'usage que les peuples de l'Amérique font de l'os lingual des Vastrès, a fait rapporter en Europe, comme objet de curiosité, un assez grand nombre de ces os, dans lesquels le voyageur ne voyant que la râpe employée par les naturels, ne s'inquiétant point du poisson dont cet os provenait, les donnaient aux amateurs comme la langue d'une espèce inconnue. Nous possédons dans le Cabinet du Roi neuf de ces hyoïdes, tous remarquables par l'espace creux de leur partie supérieure et antérieure. Cette cavité très-sensible est due évidemment à la courbure et à la forme de l'os, et n'est pas le résultat de l'usure des dents par l'emploi que les naturels en auraient fait.

En comparant la surface de cette langue osseuse à celle qui est conservée sur notre exemplaire du Vastrès du Mapa, il est facile de se convaincre promptement que ces os doivent appartenir à une espèce particulière que nous ne connaissons pas encore; il faut donc la signaler à l'attention des voyageurs.

Je ferai remarquer que beaucoup de naturalistes ont confondu ces langues de Vastrès avec celles de l'Ostéoglosse, quoique ces poissons soient très-différents l'un de l'autre. La plupart de ces os ne portent aucune indication d'origine; mais nous en avons quatre qui offrent, sous le rapport de la provenance, quelque intérêt : l'un d'eux vient de la rivière des Amazones, et y a été pris par Joseph de Jussieu : il l'a nommé *Lingua de Paes*. Un second, long de six pouces huit lignes, porte le nom de *Kuari* et a été rapporté par le célèbre botaniste Richard. Un troisième, long de cinq pouces neuf lignes, a été envoyé de Lisbonne à M. de Lacépède par M. Vandelli avec les dessins d'Ostéoglosses et d'Hypostomes, dont nous nous sommes déjà servis. Le professeur portugais avait reçu cet os par les soins de son disciple Fereira, qui avait trouvé ce poisson dans le Rio Negro du Para.

Tous ces os, grands ou petits, ont la même forme : ils me paraissent appartenir, sans aucun doute, à une espèce distincte; car la détermination que j'ai pu faire de l'os du

Vastres Agassizii, prouve que les caractères fournis par les pièces osseuses sont aussi certains dans ces circonstances que M. Cuvier l'a établi pour tous les animaux en général.

Nous avons aussi quatre autres os mêlés aux précédents, et provenant des anciennes collections du Cabinet du Roi. Ils diffèrent sensiblement des neufs que je viens de réunir : ceux-là sont beaucoup plus étroits, paraissent avoir les dents plus écartées et plus grenues, et la concavité antérieure est beaucoup moins sensible, mais la convexité postérieure est plus forte. Je les regarde donc comme d'une espèce distincte.

Comme j'ai l'espérance que les recherches ultérieures des voyageurs nous feront connaître ces poissons, je crois pouvoir proposer de nommer l'espèce à langue concave, *Vastres Jussiei,* et je dédierai la seconde espèce, à langue convexe, à la mémoire de La Condamine, en désignant le poisson que l'on découvrira par le nom de *Vastres Condaminei.*

CHAPITRE X.

Du genre HÉTÉROTIS (*Heterotis*, Ehr.)

Le poisson constituant la première espèce décrite dans
ce chapitre, a été découvert par M. Ehrenberg. Ce savant
naturaliste a signalé un appareil particulier attaché à la
troisième branchie, remontant derrière l'opercule jusque
sous le crâne, remarquable par la lame en spirale qui
le compose et par les nerfs qui l'animent. De nouvelles
recherches anatomiques sont nécessaires pour fixer les
idées sur ce singulier organe. M. Ehrenberg, le croyant
une annexe de l'oreille, imagina, pour appeler l'attention
des naturalistes sur cette disposition extraordinaire de
l'organe auditif, de désigner son poisson par la dénomination d'Hétérotis. Mais, quand bien même cet appareil
encore problématique ne serait pas une dépendance de
l'oreille de l'Hétérotis, celui-ci n'en serait pas moins un
des poissons les plus remarquables dont l'ichthyologiste
ait à s'occuper : il est dans le Nil un représentant de ces
formes extraordinaires que nourrissent les immenses lacs
ou fleuves d'eau douce des deux Amériques.

Il me paraît hors de doute que l'Hétérotis tient des
Amies et des Vastrès; mais il se distingue de l'un et de
l'autre par des caractères tellement nets et tranchés, que
je n'ose dire aujourd'hui si l'on doit le laisser dans la même
famille que les Vastrès, ou s'il rentre avec ces derniers
dans un groupe composé de ce genre et de celui des *Amia*.
Dans ce cas, les Hétérotis ne formeraient point une famille
particulière : une tête large et cuirassée de tous côtés,

couverte d'une peau épaisse et muqueuse; un corps protégé
par des écailles dures, presque osseuses, à petits compartiments en mosaïque; une dorsale et une anale courtes
reculées sur l'arrière et touchant presque à une petite
caudale arrondie, sont les caractères externes de notre
poisson. Ils le font beaucoup ressembler à nos Vastrès;
mais l'Hétérotis se distingue extérieurement de ceux-ci,
parce que les trois nageoires verticales ne sont pas recouvertes d'écailles. Les dents des deux mâchoires sont disposées sur un seul rang. Elles sont crochues; la pointe
est mousse et dirigée en dedans. Les palatins, le vomer
et le sphénoïde n'en ont aucunes. Les ptérygoïdiens,
dilatés en ailes assez grandes, portent vers leur extrémité
postérieure un petit groupe de dents coniques et droites.
Une plaque, correspondante à celles-ci, couvre la portion
dilatée et postérieure de l'os hyoïde. Celui-ci, petit et
arrondi près de la langue, a la portion charnue assez longue
et assez épaisse. Le canal digestif offre aussi un caractère
qui distingue l'Hétérotis des Amies, et peut-être aussi des
Vastrès; car le pylore est muni de deux longs et gros
cœcums. L'on verra dans la description de l'espèce comment j'arrive à établir que l'Hétérotis a très-probablement
une vessie aérienne celluleuse; car le canal osseux, formé
par les anneaux elliptiques des apophyses inférieures des
vertèbres caudales, contient un sac membraneux divisé
par des cloisons irrégulières en cellules plus ou moins
nombreuses, que je suppose être les restes de la vessie.
La nature reproduirait dans le squelette et l'organe aérien
qui y est logé, une forme que nous avons déjà vue dans
les Exocets.

Bien qu'il faille rapporter à M. Ehrenberg les premières

connaissances scientifiques sur le genre Hétérotis, il est juste cependant de dire qu'Adanson avait trouvé longtemps auparavant, et dans son voyage au Sénégal une espèce de ce genre; mais le seul exemplaire déposé dans le Cabinet du Roi ne pouvait pas fournir de renseignements suffisants aux zoologistes, à cause de sa préparation; car le célèbre voyageur français n'en avait conservé qu'une peau séchée et conservée en herbier, selon la coutume de ce temps.

M. Ruppell a observé presque en même temps que M. Ehrenberg l'Hétérotis du Nil : il s'est contenté d'en décrire les formes les plus apparentes sous le nom de *Sudis niloticus.*

Tout récemment, M. Müller a dit quelques mots sur les dents ptérygoïdiennes des Hétérotis; mais il a laissé encore beaucoup trop à faire pour qu'on puisse lui attribuer l'établissement des caractères positifs de ce genre.

J'ai déjà dit à l'article des Vastrès, comment M. Cuvier avait confondu l'Hétérotis du Nil et celui du Sénégal; mais mon illustre maître, ayant eu l'intention de dédier l'espèce de ce fleuve à Adanson, j'ai pensé que je devais suivre cette indication de nomenclature et donner le nom de mon savant et illustre confrère, M. Ehrenberg, à une espèce due à ses infatigables recherches, et répandue sur un assez grand espace de l'Afrique septentrionale, puisque les exemplaires que je vais décrire ont été rapportés du Nil blanc.

L'Hétérotis d'Ehrenberg.

(*Heterotis Ehrenbergii,* nob.)

L'Hétérotis du Nil est un poisson de forme allongée et comprimée, à dos un peu épais et arrondi, et qui peut, à cause de la grandeur de ses écailles, et surtout par la largeur et la convexité de sa tête, être comparé à nos Carpes. Mais cette comparaison en donnerait une idée générale sans servir à fixer les caractères essentiels de ce poisson, et encore moins ses affinités.

La hauteur du tronc est égale à celle de la tête, et est comprise quatre fois et deux tiers au moins dans la longueur totale. Le dessus du crâne est arrondi; l'intervalle entre les yeux est égal à deux fois et demie le diamètre de l'œil. La ligne du profil est droite et la distance de l'extrémité du museau au sommet du casque, portée sur la joue, ne va pas au delà du bord du préopercule. L'œil est de grandeur médiocre, son diamètre mesure à peu près le sixième de la longueur de la tête. Il est cerné par cinq sous-orbitaires osseux assez grands qui cuirassent la joue; le premier a son bord antérieur en arc assez régulier; il suit la courbure du maxillaire; il se porte en arrière jusqu'au delà de la narine pour s'articuler avec le frontal principal; le second sous-orbitaire forme une plaque irrégulièrement quadrilatère un peu plus petite que le troisième, et celui-ci n'est pas aussi grand que le quatrième, lequel couvre tout le haut de la joue et s'articule avec le mastoïdien et les plaques surtemporales; le cinquième est petit et remplit l'intervalle triangulaire que laissent entre eux les deux os précédemment nommés et le frontal. Ces différentes pièces ont de petites fosses muqueuses, qui s'aperçoivent sans doute mieux sur les exemplaires desséchés que sur le poisson frais. Les pièces de l'appareil operculaire complètent la couverture osseuse ou la cuirasse de la joue. On ne voit à l'extérieur que le préopercule et l'opercule, car les deux autres os sont très-difficiles à observer. Le premier ne montre qu'un grand limbe osseux dont l'angle est arrondi en arrière, et sur lequel existent deux ou trois fosses muqueuses oblongues et étroites. L'opercule est une très-grande plaque, à bord postérieur arrondi, à surface granuleuse, et qui remonte assez haut sur les côtés de la tête; son bord membraneux est large et épais. Il n'y a pas de fosse muqueuse. Le sous-opercule est représenté ici par une

toute petite pièce osseuse, mince comme une écaille et située dans
le petit espace angulaire que laissent entre eux l'opercule et le
préopercule. J'insiste sur la petitesse de cet os, parce qu'il est très-
facile de l'enlever et de le perdre dans l'épaisseur du bord membraneux de l'opercule en préparant le squelette du poisson, et
j'avertis qu'il faut l'avoir vu sur le squelette pour le retrouver sur
le poisson desséché. L'interopercule est caché sous le bord du
préopercule; c'est une espèce de lame mince et triangulaire, un
peu plus épaisse au bord supérieur que du côté inférieur, qui suit
le contour de l'os supérieur à lui. Cette plaque est tellement collée
le long de cet os qu'on ne peut s'assurer de son existence que par
la dissection. On n'en voit rien à l'extérieur.

Le large bord membraneux de l'opercule se continue avec la
membrane branchiostège, laquelle est soutenue par huit rayons,
dont les cinq premiers sont grêles et styloïdes, mais les trois suivants sont larges, aplatis; ils ont les bords tranchants. L'ouverture
de la bouche n'est pas très-grande; les intermaxillaires forment le
milieu de l'arc; derrière eux et sur les côtés sont articulés des
maxillaires dont la branche remonte assez haut jusque sous l'angle
antérieur de l'os nasal et par conséquent tout près de l'ethmoïde.
Ces deux os, ainsi que la mâchoire inférieure, sont armés de dents
égales crochues, serrées l'une contre l'autre sur un seul rang, et
dont la pointe est courbée en dedans. Le vomer est très-petit. Les
palatins sont renflés sur le bord en une sorte de bourrelet osseux
et saillant; ils n'ont aucunes dents. Les grandes ailes ptérygoïdiennes
ont l'extrémité antérieure pointue et la postérieure dilatée en une
petite aile concave, portant tout près de leur articulation avec le
sphénoïde un petit groupe de dents. Comme celles-ci sont tout à
fait au fond de la bouche, on ne peut bien les voir que sur le
squelette. La langue est libre et charnue; le corps de l'hyoïde est
reculé vers le fond de la bouche; il est rond et échancré antérieurement; en arrière il se dilate en une plaque demi-ovale,
hérissée de dents semblables aux ptérygoïdiennes. C'est ce que
M. Ruppell a déjà indiqué dès 1829 dans sa description du *Sudis
niloticus*, sans faire connaître les os sur lesquels les dents sont

placées. Je les avais d'ailleurs moi-même observées et décrites sur les poissons de Francfort ou de Berlin deux ou trois ans auparavant.

La dorsale et l'anale sont rejetées tout à fait sur l'arrière du corps : la première commence aux deux tiers du dos, et la seconde un peu plus avant, parce qu'elle est plus longue; si on porte la longueur de la dorsale sur l'anale, il reste derrière celle-ci dix ou onze rayons : elles sont toutes deux arrondies; elles laissent après elles un très-court tronçon de queue, qui ne comprend que quatre rangées de petites écailles. La caudale est petite et arrondie. La pectorale, de même forme, fait le huitième de la longueur totale; la ventrale n'a guère que la moitié de la longueur de la nageoire thoracique.

B. 8; D. 33; A. 36; C. 14; P. 16; V. 6.

Les écailles sont grandes, solides, presque osseuses; la surface libre est grenue; la portion radicale est beaucoup plus petite que la partie nue. Toute la face inférieure se trouve ciselée par des stries relevées en petites carènes, arquées, entre-croisées, rayonnant du centre vers la circonférence et dessinant un réseau losangique aussi remarquable qu'élégant; on l'aperçoit sur la face externe de l'écaille. Chacun de ces petits compartiments est d'ailleurs marqué de très-fines stries d'accroissement parallèles au bord de l'écaille. Examinées au microscope, on reconnaît que ces stries sont composées de petites granulations perlées et allongées des plus jolies. D'ailleurs la peau très-mince qui passe sur l'écaille, est recouverte d'un nombre considérable de points pigmentaires vert très-foncé. Nous comptons trente-trois à trente-quatre rangées d'écailles entre l'ouïe et la caudale; elles vont en diminuant graduellement depuis l'occiput jusqu'à l'extrémité de la queue au-dessus de l'opercule. Il n'y a de chaque côté de la tête qu'une seule grande écaille enchâssée dans une peau épaisse, et portant la première et grande fosse muqueuse dont la série trace la ligne latérale. Deux rangées d'écailles sont au-dessus du quatrième pore muqueux, et il y en a six à l'endroit correspondant à l'origine de la dorsale. D'autres écailles, près du dos, montrent aussi, mais d'une manière irrégulière, des ouvertures petites, rondes, au lieu d'être linéaires, et qui doivent être des pores muqueux.

La couleur est un verdâtre mêlé de roux, devenant olivâtre sur le dos et argenté sur le ventre.

Telle est la description des parties extérieures de ce curieux poisson.

J'ai pu faire, avec l'un des individus conservés dans le Cabinet du Roi, un squelette complet de la tête. J'ai observé que le casque du crâne est formé par d'assez larges frontaux au-devant desquels sont des os du nez beaucoup plus grands que dans les poissons voisins de celui-ci. Ils laissent paraître entre eux un petit tubercule osseux, portion supérieure de l'ethmoïde. En arrière des frontaux sont les deux pariétaux, plus larges que les nasaux. Je vois sur les côtés les mastoïdiens qui donnent en arrière une pointe creuse, mais qui ne me paraît pas communiquer dans l'intérieur du crâne. Ce mastoïdien est celluleux, et il a encore en arrière et au-dessous de son apophyse une surface spongieuse très-remarquable. L'inter-pariétal est petit, attaché tout à fait au-dessous de la crête postérieure du crâne et derrière les pariétaux; les deux occipitaux latéraux supérieurs sont petits, et ils portent chacun une crête courte, presque parallèle à la crête interpariétale. Les deux occipitaux latéraux se touchent au-dessus du basilaire; ils sont chacun percés en dessous d'un grand trou ovale communiquant directement avec l'intérieur du crâne : au-devant on aperçoit les pierres de l'oreille. Ce que je puis voir des débris des canaux semi-circulaires, me fait juger que l'oreille interne repose sur le mastoïdien et un peu sur la grande aile du sphénoïde : elle m'a paru semblable à celle des autres poissons. Les deux occipitaux sont tout autant caverneux que les mastoïdiens. Le basilaire, placé entre les occipitaux latéraux et le sphénoïde, ne contribue ici pour rien à former le plancher de la fosse du crâne. L'interpariétal et les occipitaux supérieurs et inférieurs laissent entre eux un grand trou, qui était fermé par une membrane très-mince.

Quoique je n'aie pas eu la colonne vertébrale entière, j'ai trouvé les quatre premières vertèbres, ce qui suffit pour s'assurer que ces poissons n'ont pas d'osselets de Webber. J'ai vu les vingt-quatre dernières : elles offrent cela de très-remarquable, que leurs apophyses épineuses sont réunies en arceaux, soudées à la partie inférieure en une pointe engagée entre les interépineux et l'anale. Une membrane fibreuse attachée à ces arceaux, continuée à l'intérieur en lames entre-croisées, formant des cellules plus ou moins serrées, me donne lieu de croire que nous avons sous les yeux la continuation d'un appareil dépendant d'une vessie aérienne celluleuse.

Je n'avais rien vu de ces membranes sur le squelette que j'ai étudié à Berlin, mais j'avais bien remarqué la forme singulière des apophyses épineuses inférieures des vertèbres caudales. J'ai compté vingt-cinq vertèbres abdominales et quarante-trois caudales sur le squelette de Berlin.

J'ai pu aussi, d'après M. Ehrenberg, connaître les viscères de la digestion de l'Hétérotis. Après un pharynx assez large, on voit un grand estomac, puis un intestin faisant deux longs replis avant de se rendre à l'anus. Au pylore il existe deux longs et gros cœcums; le foie et la rate sont assez volumineux.

Ce que je n'ai pas examiné moi-même, et que je ne connais que d'après le dessin qu'en a donné M. Ehrenberg, est l'appareil très-singulier découvert par ce savant zoologiste, et qui lui a fait imaginer le nom donné à ce genre de poisson : il a vu s'attacher à la troisième branchie une lame conique assez épaisse, creusée d'un canal roulé en spirale qui est traversé par une branche nerveuse de la huitième paire, laquelle se ramifie dans les circonvolutions du canal. M. Ehrenberg a cru que cet appareil était en rapport avec l'oreille. J'ai toujours supposé que ce devait être une sorte de branchie supplémentaire, sur laquelle je ne m'étendrai pas plus longtemps, parce que j'avoue que je ne me fais pas encore une idée assez nette de cet organe.

La description que j'ai donnée de l'Hétérotis est faite d'après des poissons longs de dix-sept pouces et demi, envoyés au Musée par M. Darnaud après son retour de l'expédition au Nil blanc. Ces exemplaires furent une précieuse acquisition pour nos collections ichthyologiques.

L'espèce réunit des individus beaucoup plus grands; celui qui a été rapporté par M. Ruppell et que j'ai vu au Musée de Francfort, a vingt-cinq pouces de longueur, et il paraît qu'il atteint à quatre pieds.

J'ai retrouvé aussi une figure, cependant peu correcte, d'un Hétérotis parmi les dessins rapportés par M. Riffault: le poisson y est nommé *Garafche*.

M. Ruppell[1], dont j'ai cité plus haut le Mémoire sur plusieurs espèces de poissons nouveaux découverts dans le Nil, a donné une figure et une description de ce poisson sous le nom de *Sudis niloticus*. Je n'y signale aucune différence spécifique, car je regarde comme une erreur de n'avoir compté que sept rayons à la membrane branchiostège. Il avait sans doute vu les dents ptérygoïdiennes et linguales, mais il en a indiqué la situation d'une manière vague et peu anatomique, en disant qu'elles sont au gosier sur deux petites plaques. Il a bien observé la présence des deux cœcums du pylore; mais il a nié l'existence de la vessie natatoire; il a donné quelques indications des parties du squelette. Ce zoologiste croit que ce poisson se nourrit de petits vermisseaux. Il a trouvé que sa chair a une odeur huileuse désagréable. Il a reçu ce poisson de la province de Dongola, où les pêcheurs l'appellent *Gischer*. Je vois dans une note de M. Ruppell que M. Cuvier aurait cru, d'après mes observations faites en Allemagne, à l'identité du poisson du Sénégal et de celui du Nil, et à une distinction

---

1. Ruppell, *Beschr. und Abbild. neuer Fische des Nils*, 1829, p. 10, pl. III, fig. 2.

entre le poisson de M. Ehrenberg et celui du Musée de Francfort. Je ne sais sur quoi le savant voyageur s'est appuyé pour rédiger cette assertion; car mes notes portent précisément le contraire.

L'Hétérotis d'Adanson.

(*Heterotis Adansoni*, nob.)

De même que nous voyons plusieurs Silures, des Mormyres et le Polyptère représentés dans le Sénégal par des espèces voisines de celles du Nil, nous trouvons dans l'examen des Hétérotis une nouvelle preuve d'affinité, mais non d'identité entre les poissons des deux fleuves.

Nous ne connaissons l'Hétérotis du Sénégal que par une peau conservée en herbier et rapportée par Adanson; mais, telle qu'elle est, nous pouvons apprécier sur cet exemplaire les caractères distinctifs de ces deux espèces voisines.

L'Hétérotis du Sénégal a les sous-orbitaires plus étroits, le bord montant du préopercule plus droit; l'opercule est beaucoup plus lisse, un peu plus large vers le bas : la dorsale est beaucoup plus longue, car sa longueur portée sur l'anale ne laisse que deux ou trois rayons après elle; la pectorale est plus courte; les écailles paraissent plus minces et plus finement ciselées. Le peu que l'on voit des sutures des os du crâne offre quelques différences. Je ne doute pas que quand on décrira comparativement les deux squelettes, ces différences spécifiques ne reposent sur un beaucoup plus grand nombre de caractères.

La peau conservée par Adanson est longue d'un pied. Elle porte cette note sous le n.º 2038 de ses Observations : *Vastrès des Oualof;* poisson d'un nouveau genre, appelé Vastrès par les Nègres du Niger (le Sénégal).

Nous ne savons rien d'autre sur ce poisson curieux.

CHAPITRE XI.

De la famille des Érythroïdes.

J'établis une famille, composée des Érythrins, des Macrodons, des Lébiasines et des Pyrrhulines pour réunir tous les genres qui ont des cœcums au pylore; une vessie natatoire double, quelquefois celluleuse; des dents aux mâchoires et au palais, et la joue couverte par un assez grand sousopercule; le ventre de ces poissons est toujours arrondi.

Cette famille a de nombreuses affinités avec celles dont nous avons déjà traité. M. Müller, qui s'est occupé de ces poissons, a cru pouvoir les rapprocher de plusieurs autres genres qu'il avait démembrés du groupe des Salmonoïdes. Sans nier les rapports qu'il a signalés, je pense qu'il sera obligé de convenir que les Ostéoglosses et les Vastrès appellent beaucoup à eux les Érythrins et les genres que je leur associe; on jugera d'ailleurs de leurs différentes affinités par les détails où nous allons entrer en traitant chacun d'eux.

Du Genre ÉRYTHRIN (*Erythrinus*, Gronov.)

Le genre *Erythrinus* a été établi par Gronovius pour un petit poisson abondant à Cayenne et à Surinam, et que l'on envoie fréquemment dans nos collections. Nous en possédons un assez grand nombre d'exemplaires, de sorte que nous avons pu le reconnaître assez facilement dans la figure du *Museum ichthyologicum*[1]; quoique le texte ne contienne qu'une description générique plutôt que spécifique. Cette même figure a été reproduite dans le *Zoophyla-*

---

1. Gronov., *Mus. ichth.*, pl. 7, fig. 6, t. II, p. 6, n.° 154.

cium, où l'auteur a eu le tort de confondre son poisson
avec celui que Linné[1] a donné dans le Musée du prince
Adolphe-Fréderic, pl. 3o. Cette figure, toute mauvaise
qu'elle est, appartient à une espèce d'un autre genre.

Cependant les Érythrins étaient connus bien avant les
travaux de Gronovius; car il est impossible de méconnaître
un *Erythrinus* dans le *Maturaque* de Marcgrave; ce qu'il
dit des dents me paraît suffisamment caractéristique. Mais
les auteurs postérieurs n'ont fait aucun usage de ces documents, de sorte que l'on arrive jusqu'à Bloch[2] pour trouver
quelques notions sur ces espèces. Encore cet auteur les
a-t-il mentionnées dans son genre *Synodus,* assemblage
informe d'espèces les plus disparates. Car il y place sous
Synodus synodus, l'espèce d'Esoce à laquelle Linné avait
donné cette épithète, et qui repose sur une mauvaise figure
de *Saurus.* Son *Synodus vulpes* est établi d'après la représentation défectueuse insérée dans l'ouvrage de Catesby;
elle reste encore indéterminée. Le *Synodus argenteus* est
un Lucioïde du genre Galaxie de M. Cuvier. Bloch ajoute
à ces espèces de véritables Érythrins, l'un, celui de Gronovius, et l'autre, le *Maturaque* de Marcgrave, sous le nom
de *Synodus palustris.* On est alors en droit de lui demander
pourquoi il n'a pas accepté le nom d'*Erythrinus,* lorsque
Gronovius lui fournissait les premiers éléments d'un genre
bien établi. C'est aussi d'après Bloch que M. de Lacépède
a accepté un genre *Synodus,* mais il l'a tout aussi mal
composé que l'auteur auquel il l'empruntait, et il a encore
ajouté aux confusions de Bloch, en y inscrivant les *Synodus*

---

1. Linné, *Mus. Ad. Frid.,* pl. 3o, n.º 77.
2. Bloch-Schn., p. 396.

sinensis et *Synodus macrocephalus*, deux espèces d'Ables
(*Leuciscus*), difficiles à déterminer et qu'il tirait de dessins
chinois.

M. Cuvier a rétabli le genre de Gronovius dans le Règne
animal; il l'a caractérisé tel que nous le conservons aujour-
d'hui par les deux plaques de dents en velours au palais;
mais il y a associé des espèces qui ont en même temps des
dents coniques, et qui dès lors gâtaient la caractéristique
de son genre.

M. Agassiz a suivi, comme on le sait, l'auteur du Règne
animal, dans sa description des poissons du Brésil, rapportés
par Spix et Martius. Aussi les cinq espèces qu'il a décrites
présentent - elles les mêmes différences de dentition que
celles de M. Cuvier.

J'avais depuis longtemps préparé, dans les classifications
de la collection du Muséum, les réformes à faire dans ce
genre, lorsque je viens d'être heureusement prévenu par
mon célèbre ami M. Müller, qui a réduit avec beaucoup
de raisons, dans ses *Horæ ichthyologicæ,* les caractères
du genre *Erythrinus* à ceux que je vais indiquer. Mais
comme les matériaux que je possède me paraissent beaucoup plus nombreux que les siens, j'ose dire que l'on
trouvera dans mon travail des détails qui ont échappé à
cet habile et savant naturaliste.

Les caractères des Érythrins consistent :

Dans un corps assez épais, à dos et à ventre arrondis.
Leur tête est grosse, à museau obtus; l'arc supérieur de la
bouche est formé par de petits intermaxillaires, à l'extrémité desquels sont articulés les maxillaires continuant le
cercle buccal. Tous ces os portent des petites dents coniques et serrées; une ou deux mitoyennes des intermaxil-

laires dépassent un peu les autres. Des dents en velours et égales entre elles couvrent les palatins et les ptérygoïdiens. Ces derniers os s'avancent le long du bord interne des premiers et constituent la plaque dentée et arquée du palais, séparée dans le milieu de celle du côté opposé, par un vomer lisse. Les dents pharyngiennes sont en velours.

Toute la joue est couverte par les plaques osseuses du sous-orbitaire, au nombre de six; la dernière est petite et suivie de deux plaques surtemporales. J'appelle l'attention des ichthyologistes sur ces deux os surtemporaux, car ils sont caractéristiques.

L'estomac, prolongé en cône, a un pylore charnu entouré de nombreux cœcums. Les sacs ovariens n'ont point de communication avec l'intérieur de la cavité abdominale, de sorte que ces organes ne sont pas faits comme ceux de beaucoup de genres de la famille des Saumons ou des Anguilles. Le péritoine qui entoure ces viscères s'épaissit en dessus pour former une bride sur laquelle repose la vessie aérienne; celle-ci est formée de deux parties réunies entre elles par un tube si court et si étroit, qu'il n'y a qu'un véritable étranglement.

La vessie antérieure est à peu près ronde et obtuse en avant; sa tunique, fibreuse, est épaisse et argentée; elle fournit une sorte d'attache ligamenteuse insérée sur les apophyses de la troisième et de la quatrième vertèbre; mais elle n'a pas plus que toutes les autres vessies aériennes, la moindre communication avec l'intérieur de l'oreille. La seconde tunique est mince, membraneuse, sans aucun corps rouge. La vessie postérieure est conique, pointue; sa tunique fibreuse est plus confondue avec la tunique interne, et on y remarque quatre brides longitudinales : une supérieure, une inférieure et deux latérales. Le tiers antérieur de cette seconde vessie offre des parois celluleuses; les cellules sont déterminées par des brides transversales nombreuses, serrées, parallèles entre elles, et perpendiculaires aux grandes brides tangentes à la surface du cône. Ces brides elles - mêmes sont réunies par d'autres plus petites, excessivement plus nombreuses et perpendiculaires aux transversales que nous venons d'indiquer. Entre ces mailles on aperçoit de nombreuses lamelles entrelacées, auxquelles est due la cellulosité des parois de la vessie. De la portion arrondie et inférieure du second lobe on voit naître un conduit aérien qui vient s'ouvrir dans le haut de l'œsophage. La vessie des Érythrins a donc, dans sa forme et dans son conduit, une ressemblance notable avec celle des Cyprins; mais elle en diffère par la cellulosité d'une partie de ses parois.

Ces poissons vivent dans les eaux douces de l'Amérique équinoxiale. Je n'en connais pas des régions froides de ce continent, et les collections n'ont reçu aucune espèce venant d'autres parties du monde. Ils se nourrissent d'insectes et d'autres animaux aquatiques.

Ces caractères conviennent parfaitement aux Érythrins tels que M. Müller vient de les donner; mais j'ai quelques observations à présenter sur la synonymie de sa première espèce : j'en retirerai la troisième, qui a été si parfaitement décrite par M. de Humboldt, qu'il est impossible de se tromper sur ses affinités et de ne pas reconnaître en elle une espèce du genre Macrodon.

Nous ne possédons dans nos collections que trois espèces de ce genre.

L'Érythrin a bandelette.

(*Erythrinus unitœniatus*, Agassiz.)

Bien que j'aie reconnu dans l'espèce qui nous est venue en abondance de Cayenne l'*Erythrinus* de Gronovius, je préfère parler d'abord de celle décrite et figurée par M. Agassiz, parce qu'elle est plus grande et plus facile à caractériser.

Cet Érythrin a le dos et le ventre arrondis; les flancs un peu comprimés, moins gros que la tête; l'épaisseur du tronc mesure, à très-peu de chose près, les deux tiers de la hauteur, qui est environ le cinquième de la longueur totale. La mâchoire inférieure a des branches fortes et arrondies, et elle dépasse un peu la supérieure; l'épaisseur de ces branches contribue à rendre la tête presque aussi ronde en dessous qu'en dessus; les côtés sont méplats; la longueur de la tête est le quart de la longueur totale, et la distance du bout du museau à l'occiput ne fait pas tout à fait les deux tiers de la tête. C'est le bord du préopercule, un peu plus reculé que la ligne où finit le crâne, qui est éloigné du bout du museau d'une distance égale aux deux tiers de la longueur de la tête. Le bord postérieur de l'orbite est à la fin du premier tiers. Cet œil est petit et n'entame pas la ligne du profil. Il y a plus de trois diamètres entre les deux yeux. Une peau très-mince, percée de plusieurs pores, recouvre les os du crâne, en laissant voir à travers leurs sutures; tout le côté de la joue est osseux, à cause du grand développement des derniers sous-orbitaires. Il y a six pièces osseuses: l'antérieure est un simple arc de cercle étroit; la seconde se dilate un peu au-dessous de l'œil; la troisième ne touche à l'œil que par une petite bandelette étroite, mais elle se dilate en arrière en une très-grande plaque, à bord inférieur arrondi et qui suit le contour du préopercule; la quatrième pièce est étroite, un peu plus large en arrière qu'en avant : elle a la forme d'un trapèze oblong; la cinquième, qui est au-dessus de celle-ci, a son bord postérieur plus haut; enfin, la sixième est petite, courte et régulière. Je ne compte pas au nombre des plaques sous-orbitaires, deux autres petites pièces osseuses placées entre le crâne et le bord de la cinquième pièce sous-orbitaire, et que je considère comme des surtemporaux. La largeur du front rend le museau gros et arrondi, son extrémité est formée par des intermaxillaires qui sont presque tous deux horizontaux : leur articulation avec le maxillaire se fait à la hauteur des narines. Cet os peut se cacher presqu'en entier sous le bord du sous-orbitaire; la cavité de la narine est tout à fait sur le côté au devant de l'œil; l'ouverture antérieure est tubuleuse; la postérieure, beaucoup plus large, est un trou oblique sans aucune papille. J'ai déjà indiqué la forme et la saillie de la mâchoire inférieure. Ses os entourent une gueule large et profondément fendue.

Les dents dont ils sont armés, sont coniques et sur un seul rang; les deux moyennes de la mâchoire supérieure sont les plus longues, puis il en vient une un peu plus courte, deux autres beaucoup plus petites, la cinquième est égale à la seconde, puis la sixième redevient un crochet conique au moins aussi gros que la mitoyenne. Cette dent est suivie de trois autres, qui complètent ainsi la dentition de l'intermaxillaire : elles sont petites. Toutes les dents des maxillaires vont en décroissant successivement, à partir de celles-ci. J'en compte vingt-quatre; à la mâchoire inférieure, c'est la troisième dent qui est la plus longue; quand la gueule est fermée elle correspond à la quatrième dent intermaxillaire : toutes les autres dents sont coniques, serrées également et vont en décroissant jusqu'aux dernières, qui sont de simples petits points aigus. Je compte vingt dents le long de ce bord. La voûte palatine est très-large; il n'y a aucune dent sur le vomer; mais on voit de chaque côté une longue plaque étroite de dents courtes en fines râpes sur le palatin et derrière une seconde plaque hérissée de dents semblables, mais beaucoup plus étroites formées par le ptérygoïdien. La langue est épaisse, charnue et sans aucune dent; j'en vois de petites sur les pharyngiens. L'appareil operculaire est composé comme à l'ordinaire de ses quatre pièces; on ne voit que très-peu du bord inférieur du préopercule, tout le reste de l'os étant caché par le sous-orbitaire; l'opercule couvre presque tout le reste de la joue, car le sous-opercule est étroit. Ces deux os sont ciselés presque à nu; c'est à peine s'il y a un bord membraneux à l'opercule, l'interopercule est un arc étroit; les ouïes sont largement fendues; la membrane branchiostège est soutenue par des rayons larges et plats et ressemble beaucoup à celle de l'*Amia;* la ceinture humérale est cachée par les opercules: on ne voit qu'une petite plaque, comme écailleuse, appartenant à l'huméral derrière le sous-opercule et tout à fait au bas du côté. On conçoit dès lors que la pectorale est insérée sur la ligne du profil. Cette nageoire est courte, arrondie, sans écailles remarquables près de son aisselle; la ventrale, insérée vers le milieu du corps, est assez semblable à la pectorale; la dorsale s'élève au-dessus de cette nageoire. Une peau assez épaisse embrasse l'anale, qui est arrondie : c'est aussi la circonscription de la caudale.

B. 5; D. 10; A. 11; C. 17; P. 13; V. 8.

Nous comptons trente-cinq rangées d'écailles entre l'ouïe et la caudale : ces écailles sont grandes, réticulées dans le centre, rayonnées tout au pourtour et couvertes d'un nombre infini de stries d'accroissement, comme concentriques. La ligne latérale est une suite de tubulures tracées en ligne droite à peu près par le milieu de la hauteur. La couleur du poisson est un orangé plus ou moins vif, à reflets bleus, avec une bandelette rembrunie et assez large le long de la ligne latérale. Je vois trois lignes obliques brunes sur la joue, une tache noire et large sur l'opercule et un trait de même couleur suit le bord du sous-opercule.

Les nageoires sont plus ou moins rembrunies, mais toujours à reflets bleus; des maculatures irrégulières sont très-sensibles sur la dorsale, deviennent moins visibles sur la caudale et enfin sont comme rugueuses et perdues sur les pectorales et les ventrales.

Le foie de cet Érythrin ne forme guère qu'une seule masse située dans le côté gauche; ce lobe est arqué, profondément échancré pour recevoir l'extrémité de la branche montante et une partie des cœcums; il s'avance cependant au-devant le long de la ligne médiane et son bord se prolonge même un peu vers la droite, de sorte que le lobe droit du foie est court et petit. La vésicule du fiel est assez grande et ronde ; le tube digestif se compose d'un large œsophage et d'un estomac arrondi recourbé, sans cul-de-sac ; la branche montante n'est pas très-longue : elle se rétrécit très-promptement, ce qui rend l'ouverture du pylore fort étroit. On compte une trentaine d'appendices cœcaux autour de la naissance de l'intestin, qui fait une simple ondulation plutôt qu'un véritable repli avant de se rendre à l'anus. Les parois intestinales sont minces et la veloutée fait au dedans de fines et nombreuses réticulations, dont les lames sont un peu élevées, mais sans former de véritables valvules : la vessie aérienne des Érythrins est extrêmement curieuse, on dirait que la nature a emprunté cet organe à un Cyprin, et qu'elle a commencé à lui donner l'organisation de celui des Amies.

Cette ressemblance avec les Cyprins se montre même dans les attaches des ligaments antérieurs de la vessie avec les apophyses des premières vertèbres : en effet, la vessie est double ; l'antérieure, courte et à peu près globuleuse, communique en arrière par un canal étroit avec la vessie postérieure ; celle-ci est longue et conique, pointue ; elle donne de sa partie antérieure et inférieure un canal de communication qui va s'ouvrir dans le haut de l'œsophage et dans une large papille ; les parois de ces vessies sont doubles : l'extérieure est fibreuse, argentée ; la seconde est mince et membraneuse, à l'intérieur elle est simple sans aucune cellule, sans aucun corps glanduleux ; la seconde a toute la moitié antérieure de sa paroi divisée en nombreuses petites cellules, qui se montrent à l'extérieur, comme autant de petits points demi-transparents. On aperçoit dans le milieu une sorte de bride longitudinale : en déplaçant un peu la vessie on retrouve l'impression de cette bride sur la face dorsale, et celle d'une autre bride semblable de chaque côté : en ouvrant la vessie on voit ces quatre brides saillantes dans l'intérieur appartenant au tissu fibreux et argenté de la vessie ; d'autres brides transversales, parallèles entre elles, moins grosses que les brides longitudinales, et dont je compte plus d'une tren-

taine, vont d'une arête à l'autre, et celles-ci sont toutes retenues
par d'autres petites lamelles longitudinales, qui font la première
trame entre laquelle on observe les très-petites et nombreuses
cellules de la vessie; toute la portion conique postérieure est lisse
et sans cellules : il faut remarquer que les deux grandes brides supérieure et antérieure se prolongent jusqu'au sommet du cône,
tandis que les deux latérales ne dépassent pas les cloisons transverses. Cette singulière organisation de la vessie avait échappé à M.
Cuvier, qui a cependant parlé de la splanchnologie de l'Érythrin
en examinant l'espèce que nous décrivons. Je suis entré dans ces
détails sur l'organisation de la vessie pour faire voir que la cellulosité de cet organe est indiquée d'une manière trop vague par
l'expression de *vesica aerea cellulosa*, qui pourrait faire croire qu'il
y a de la ressemblance entre la vessie des Érythrins et celle des
Amies. La différence est au contraire plus grande entre ces poissons
qu'entre la vessie de l'Amie et celle de quelques espèces d'Hémiramphes.

Nous venons de voir que la nature a fait dans les Érythrins une
espèce de vessie fort semblable à celle des Cyprins; on peut le dire
avec d'autant plus de raison que la vessie aérienne des espèces
dont M. Muller a formé le genre Macrodon est tout à fait celle
d'une Carpe. La nature a donné aux poissons dont nous traitons
ici une organisation semblable à celle des Saumons; en ce qui concerne les organes génitaux, nous les voyons en effet constitués
par deux rubans portant dans les femelles les œufs sur des replis
transverses; ces œufs tombent dans l'abdomen pour s'échapper
par deux trous percés de chaque côté de l'anus.

Le crâne des Érythrins mérite une attention particulière; la
voûte est formée par de très-grands frontaux principaux qui recouvrent en avant et en arrière les deux autres, les deux démem-
brements du frontal, c'est-à-dire, le frontal antérieur et le frontal
postérieur, en avant du frontal et entre lui et les intermaxillaires
sont les deux os du nez, assez grands dans ces poissons et concou-
rant à l'ossature de l'extrémité du museau. Entre eux et entre les
intermaxillaires et les deux frontaux on voit une petite plaque

irrégulièrement arrondie appartenant à l'ethmoïde. Celui-ci forme,
en dessous, une très-petite plaque, dont le bord postérieur, plié
en chevron, reçoit l'articulation du vomer; celui-ci, lisse et un
un peu creusé en gouttière, forme, comme à l'ordinaire, la partie
moyenne de la voûte du palais; il n'a aucune dent; les palatins
sont assez grands et couverts d'une grande plaque ovale de dents
en velours qui ne remonte pas jusqu'à l'extrémité antérieure et
arrondie de l'os, de sorte que toute la partie antérieure de l'arcade
palatine réunie par le vomer est assez large et sans dents; les ptérygoïdiens minces et allongés, ont une petite plaque de dents en
velours beaucoup plus fines que les palatines et séparées d'elles.

Le jugal forme en arrière un os percé d'un grand trou rond, et
cette grande voûte ptérygo-palatine est continuée comme à l'ordinaire sur le tympanal et le temporal; celui-ci me paraît assez petit.
Le sphénoïde continue en avant la voûte palatine de la bouche,
et il se porte en arrière sous le basilaire jusqu'entre ses deux
éminences arrondies; en arrière des frontaux sont deux pariétaux
étroits, et, sur les côtés, deux mastoïdiens encore plus petits;
l'interpariétal est aussi très-peu développé, sa crête est courte et
se continue sur les deux occipitaux supérieurs; les mastoïdiens
sont percés d'un très-grand trou, qui communique avec l'intérieur
de la boîte cérébrale; et au-dessus et sur les côtés de ce trou il en
existe un second, plus petit, auquel concourt, du côté externe,
le mastoïdien, et du côté interne et supérieur, le pariétal et l'interpariétal.

Le basilaire a une cavité articulaire profonde et étroite; à la
partie supérieure du cercle on voit un petit mamelon arrondi, le
trou occipital est assez petit; les côtés du basilaire se renflent en
un tubercule arrondi, qui est complété supérieurement par une
portion tuberculeuse de l'occipital latéral; au-devant et au-dessus
de ce tubercule on voit le trou par où sort le nerf de la huitième
paire, puis un autre trou plus grand, percé dans la grande aile
sphénoïdale, au-dessus duquel sont logés dans l'intérieur du crâne
les sacs nombreux du labyrinthal et les canaux semi-circulaires
de l'oreille. J'ai vu l'otolithe en avant du renflement arrondi et

latéral de l'occipital. Nous voyons ensuite commencer la colonne
vertébrale; ses premières vertèbres offrent cela de remarquable
qu'elles ont une tendance à ressembler sous plusieurs rapports à
celles des Cyprins. Ce sont les quatre premières qui sont ici em-
ployées à former, avec les osselets de Webber, un appareil un peu
plus compliqué que celui des Cyprinoïdes. La vertèbre articulée
avec l'occipital est réduite à un petit disque ou corps vertébral
concave des deux côtés et sans véritables apophyses; la seconde
vertèbre a son corps vertébral plus épais; il porte de chaque côté
une apophyse que l'on peut considérer comme une transverse, mais
qui se dirige en avant et va s'articuler sur les côtés du basilaire;
son apophyse épineuse est encore presque nulle; la troisième
vertèbre est aussi épaisse que les précédentes. Je ne lui vois point
d'apophyses transverses, mais elle porte deux rudiments d'apophyses
épineuses qui viennent s'articuler avec des lames semblables de la
vertèbre suivante et avec une pièce impaire large qui va se réunir à
la crête impaire de l'interpariétal, et qui est l'analogue de la grande
crête vertébrale des Cyprinoïdes: la quatrième vertébrale est semblable à la précédente: elle porte en dessous une facette articulaire
arrondie qui reçoit la plus grande pièce des osselets de Webber
attachés directement aux vertèbres. Celle-ci est évidemment l'analogue de la grande apophyse transverse descendante des Carpes; le
corps principal de cette pièce, après avoir fourni sa facette articulaire, se prolonge en dessous en une petite apophyse d'hyloïde,
qui vient rejoindre sa congénère et former sous la vertèbre un petit
anneau analogue à celui que l'on voit dans les Carpes. Ce corps
principal s'avance sous la troisième vertèbre, et vient même toucher par sa pointe à la seconde. Cette partie forme avec la portion
articulaire une assez large échancrure osseuse et avec sa congénère une petite gouttière sous-vertébrale; maintenant de chaque
côté de cet os l'on trouve une autre petite pièce osseuse mobile,
qui va de la facette articulaire de l'os précédent sous la quatrième
vertèbre à l'apophyse épineuse et la seconde vertèbre en s'arrêtant
derrière elle, de sorte que cet osselet ne touche en aucune façon
au crâne: ce sont là cependant les os que les anatomistes conti-
nuent à nommer *ossicula auditoria*.

La vessie aérienne s'arrête derrière tout cet appareil; sa membrane fibreuse externe prend derrière le cercle sous-vertébral des points d'attache; mais la membrane interne n'a aucune connexion avec ces os, et par conséquent la vessie aérienne dans les Érythrins n'a pas plus de rapports avec l'oreille interne que cet organe n'en prend dans les Cyprins, les Clupes ou tout autre poisson. Le reste de la colonne vertébrale se compose de trente et une vertèbres, dont douze caudales. Il y a vingt et une côtes.

Cette étude ostéologique de l'Érythrin est certainement une des plus intéressantes en ichthyologie, car nous voyons se reproduire ici dans la combinaison de ces différentes parties du squelette, un ensemble de caractères qui rappelle : 1.° les Salmonoïdes dans l'agencement des parties de la face; 2.° les Cyprins, dans la grandeur des trous des occipitaux, latéraux; 3.° les Clupées, dans les trous pariéto-occipitaux et dans la forme du basilaire, lequel n'a rien de celui des Cyprins, puisqu'il ne se prolonge pas comme chez eux dans cette grosse et singulière apophyse, élargie en une espèce de voûte pour donner attache à la plaque pharyngienne impaire. Nous retrouvons bien aussi des caractères de Cyprinoïdes dans la réunion des premières vertèbres et dans l'appareil curieux des osselets de Webber; osselets qui n'ont que de l'analogie avec ceux des Carpes, mais dont on ne peut dire sans une extension trop grande, ou qu'à la suite d'un examen trop rapide, que ces *ossicula auditoria* sont réunis avec le labyrinthe membraneux et semblables à ceux des Silures ou des Cyprins : c'est une organisation analogue, mais complétement différente, dans les trois familles que nous rappelons ici.

Nous avons fait cette description sur un individu long de neuf pouces et demi.

L'espèce ne paraît pas rare; car nous en avons plusieurs autres exemplaires de différentes tailles, qui viennent des eaux douces de la Mana, d'où ils ont été envoyés par MM. Leschenault et Doumerc. Un autre individu, également de Cayenne, est conservé depuis cinquante ans dans le Cabinet du Roi : il a été adressé de Cayenne par Leblond. Nous avons reçu des exemplaires de cette espèce provenant de Bahia. M. Agassiz l'a décrite et figurée dans son Histoire des poissons du Brésil [1], d'après un individu long de huit pouces et qui venait de Rio San Francisco.

M. Müller, dans le mémoire que j'ai cité, a donné, tab. III, fig. 1, une représentation exacte des dents de ce poisson. Je ne partage pas son opinion; quant à sa synonymie, il le regarde comme semblable au *Synodus erythrinus* de Bloch; espèce toute différente, caractérisée par les stries noires qui traversent la queue : je crois qu'elles n'existent que dans l'espèce décrite plus loin sous le nom d'*Erythrinus Gronovii*. La tache noire operculaire que Spix a presque oubliée dans sa figure, existe dans toutes les autres espèces, de sorte qu'elle ne peut être caractéristique.

L'Érythrin rayé.

(*Erythrinus vittatus*, nob.)

Nous avons reçu des mêmes lieux une seconde espèce d'Érythrin, qui a la plus grande affinité avec celle que nous venons de décrire, non-seulement par la ressemblance des formes, mais encore par la distribution des couleurs.

L'*Erythrinus vittatus* se distingue cependant de l'*Er. tœniatus*,

---

1. Agass., *Gen. et Sp. Pisc. Brasil.*, p. 42, pl. 19.

parce que les dents coniques des deux mâchoires sont plus petites.
Quant aux couleurs, la tache de l'opercule est toujours beaucoup
plus nette. Au-dessus de la bandelette latérale il y a trois ou
quatre rayures longitudinales. Le ventre est plus blanc. Les taches
de la dorsale ne sont plus que de petits points, disposés par lignes
transverses; c'est ce que l'on remarque aussi sur l'anale. Les nageoires paires sont pâles et très-faiblement tachetées. La caudale est
noirâtre et sans bandes.

D. 11; A. 11, etc.

Nous avons reçu ce poisson du Brésil par MM. Delalande, Quoy et Gaimard, lors de leur passage dans ce
port, sous les ordres de M. le capitaine Freycinet. M. Poiteau nous l'a envoyé de Cayenne. J'en ai moi-même
acheté un grand exemplaire, long d'un pied, chez un mar-
chand d'histoire naturelle d'Amsterdam, qui venait de le
recevoir de Surinam.

L'Érythrin coulan.

(*Erythrinus Gronovii*, nob.)

Nous avons encore de Cayenne plusieurs exemplaires
d'une espèce d'Érythrin, dont les formes ressemblent à
celles des précédents,

mais qui a les dents beaucoup plus petites. Elle se distingue aussi
des autres, parce que la langue et le palais sont hérissés de longues
papilles, que l'on prendrait aisément pour des dents, car elles
sont plus longues et plus fortes que les aspérités des plaques
palatines ou ptérygoïdiennes. Les nombres sont les mêmes.

D. 11; A. 11, etc.

La couleur est beaucoup plus rembrunie sur le dos et sur les
joues. A côté de la tache noire de l'opercule il y en a deux
autres jaunes; l'une au-dessus et l'autre au-dessous, qui forment

autour de la première une espèce d'ocelle auprès de l'oreille. Vers la queue il y a quatre ou cinq traits verticaux mal limités. Quelques individus portent une tache noire près de la caudale, qui est traversée par quatre ou cinq stries plus ou moins marquées et formées par la réunion des points qui couvrent cette nageoire. Les nageoires sont chargées de points noirs.

Nos individus ont de cinq à sept pouces de longueur.

Nous les avons reçus de Cayenne par MM. Leschenault et Doumerc. M. Frère en avait un dans sa collection sous le nom de *Coulan*.

Cette espèce me paraît facile à reconnaître à cause des longues papilles de sa langue et de la distribution de ses couleurs sur le tronçon de la queue et sur la nageoire caudale. Aussi est-il hors de doute que ce soit le poisson figuré par Gronovius dans son *Museum ichthyologicum*.[1] La description qui accompagne cette figure semble être détaillée, et ne porte cependant que sur des généralités du genre. Cet ichthyologiste l'a reproduite dans son *Zoophylacium*, où il a eu le tort de confondre cet Érythrin avec le poisson décrit et figuré par Linné dans le Musée du prince Adolphe-Fréderic[2], qui me paraît, à cause de la longueur de la tête, devoir être déterminé comme un de nos Macrodons.

Bloch, qui a vu à Paris le poisson rapporté de Surinam par Levaillant, a commis la même erreur relativement à cette synonymie, qu'il copiait dans Gronovius; mais il a, avec raison, considéré ce poisson à queue rayée comme synonyme de l'espèce décrite et figurée dans le *Museum ichthyologicum*. Cette synonymie, jointe à la diagnose

---

1. Gronov., *Mus. ichthyol.*, p. 6, n.° 154, pl. 7, fig. 6.
2. Linn., *Mus. Ad. Frid.*, pl. 30, fig. 77.

19.

assez bien faite de cet *Erythrinus,* sert à nous faire reconnaître le *Synodus erythrinus* de Bloch.

Le Maturaque de Marcgrave.

(*Erythrinus palustris,* nob.)

Je crois que le *Maturaque* de Marcgrave doit appartenir aux Érythrins; car il dit positivement :

> que les dents sont petites, *oris pars inferior paulo longior superiori, et in inferiori sex denticulos acutissimos habet; in superiori aliquot minimos.*

En comparant ces expressions à celles qu'il emploie dans la description de son *Tareira de Rio,* je suis porté à croire qu'il avait sous les yeux une espèce d'Érythrin. Je la crois différente de toutes celles que j'ai examinées, parce que les couleurs que l'on trouve sur le petit dessin original des peintures du prince Maurice de Nassau, conservées dans la bibliothèque royale de Berlin,

> sont un noir foncé sur le dos, sur toutes les nageoires, et qu'il n'offre aucunes traces de bandes ni de taches. Les côtés et le ventre sont gris, avec quelques reflets dorés. Ces couleurs se rapportent parfaitement à celles indiquées par Marcgrave.

Il assure que l'on ne le prend que dans les eaux stagnantes et non dans les fleuves. La chair est de bon goût: il en a souvent mangé. On porte sa grosseur à trois ou quatre pouces.

L'Érythrin sauvé.

(*Erythrinus salvus,* Agassiz.)

C'est une espèce de ce genre que M. Agassiz a retirée de l'estomac d'un Macrodon, qui avait avalé l'individu sujet de la description de cet habile zoologiste ; par suite de cette circonstance, il a donné à ce poisson l'épithète que nous lui avons conservée. La description détaillée de cet auteur porte, en général, sur des caractères qui appartiennent plus au genre qu'à l'espèce.

Il désigne la tête comme courte et très-obtuse ; il dit que la caudale, arrondie, était tachetée de noir.

M. Agassiz n'a d'ailleurs vu qu'un individu mal conservé, qui existe encore au Musée de Munich et qui vient du Rio San Francisco.

DES MACRODONS.

On doit l'établissement du genre Macrodon à M. J. Müller. Il a remarqué, avec raison, qu'un certain nombre d'espèces classées parmi les Erythrins ont des différences assez marquées dans la forme de leurs dents pour que l'on puisse faire de ces poissons un genre particulier ; mais l'on va voir que ce savant anatomiste s'est trompé sur plusieurs points essentiels dans la diagnose de son genre.

Les Macrodons ont, en effet, des dents coniques sur les intermaxillaires, les maxillaires et la mandibule. Elles sont disposées sur un seul rang et inégales entre elles ; ordinairement une, plus grande, a de chaque côté de sa base une ou deux dents coniques beaucoup plus courtes. Les fortes dents, ou les canines de la mâchoire inférieure, sont reçues dans des fossettes correspondantes, creusées sur les bords de la voûte palatine ; elles traversent même les os intermaxillaires. Les palatins ont une rangée externe de leurs dents coniques et serrées, plus grandes que les dents en velours adhérentes au reste de l'os; elles sont d'ailleurs placées d'une manière remarquable : ces dents palatines sont implantées sur un arc concentrique à celui des mâchoires, et sans interruption sur la ligne médiane, tant les deux côtés sont rapprochés; une petite plaque mobile, à cause de l'élasticité du pédoncule osseux qui la porte, semble détachée de la plus grande qui couvre le reste de l'os, de sorte qu'à un premier aperçu il est facile de regarder la première comme une plaque palatine, et la seconde comme appartenant à un autre os. M. Müller a parfaitement représenté cette disposition, tab. III, fig. 2, sur la planche où il a donné la figure des dents de notre première espèce; et je crois même qu'il a jugé, comme je l'ai supposé tout à l'heure, puisqu'il dit *dentes.... in osse palatino et pterygoideo plagam continuam arcuatam formantes;* diagnose opposée à celle qu'il indique pour les Érythrins : c'est en cela qu'il s'est mépris; car le fait est qu'il n'existe aucune dent sur le ptérygoïdien : toutes celles que l'on voit au palais appartiennent à l'os palatin. Je l'ai examiné avec le plus grand soin sur le squelette : j'y reviendrai en en donnant la description.

J'ajouterai encore aux caractères des Macrodons, de n'avoir qu'une seule plaque surtemporale; caractère très-facile à saisir à l'extérieur, et qui est en rapport avec la différence de *facies* des Macrodons.

Les organes digestifs et génitaux ressemblent à ceux des Érythrins. La vessie aérienne est de même divisée en deux lobes. Ses deux membranes sont aussi distinctes; le conduit aérien est aussi long et s'ouvre dans l'œsophage comme dans les Érythrins. La vessie antérieure s'appuie sur les apophyses particulières de la troisième et de la quatrième vertèbre. Ses formes extérieures la rendent donc semblable à celles du genre précédent; mais elle en diffère parce que les parois de la seconde vessie n'offrent aucune cellule. On observe encore deux brides longitudinales; l'une à la face supérieure; l'autre à la face inférieure du cône, mais il n'y en a point sur les faces latérales.

Les Macrodons, ainsi caractérisés, forment un groupe assez distinct des Érythrins. Ils vivent dans les mêmes eaux, confondus avec les précédents. Leurs habitudes carnassières sont aussi les mêmes.

Nous en avons réuni un grand nombre d'individus qui appartiennent à cinq espèces distinctes. Je fais aussi rentrer dans ce genre l'*Erythrinus Guavina,* que M. Müller n'a pas cru devoir y classer.

On ne trouve dans les auteurs que les seules figures de M. Agassiz, qui se rapportent avec celles du Guavina au genre dont nous traitons. Il est probable que Bloch a eu cependant sous les yeux un Macrodon, dont il a donné une courte description et une figure extrêmement incorrecte sous le nom d'*Esox malabaricus.* Il est certain que, ni les dents ni les diverses parties de la tête n'ont été étudiées ni par l'auteur ni par le peintre; que les couleurs données par celui-ci, soit au corps, soit aux nageoires, sont à peu près arbitraires. Bloch a fait dans son texte quelques confusions, dont il est difficile de trouver maintenant la clef; car il prétend qu'il a reçu ce poisson en cadeau du missionnaire John, et tout en disant que ce Macrodon se trouve dans les rivières du Tranquebar, il le compare, dans ses notes, au poisson figuré dans les peintures originales du prince Maurice de Nassau et à la description de Marcgrave, sans dire, cependant, de quelle espèce il entend parler. Cet *Esox malabaricus* est donc une dénomination spécifique que l'on doit rayer des catalogues ichthyologiques et même de la synonymie; on devra en faire autant de son dérivé, le *Synodus malabaricus* du Système posthume.

Il est une autre figure, publiée par Linné dans le Musée du prince Adolphe-Frédéric, pl. XXX, n.° 27, que Gronovius a associée à son *Erythrinus*, mais que je crois être un Macrodon, à cause de la longueur de la tête et des gros points noirs de la dorsale; cependant le dessin est si mauvais que je n'ose pas en dire davantage. J'en parle cependant parce que la figure ayant paru d'abord sous le nom de *Cyprinus cylindricus,* Linné, dans sa douzième édition, l'a employée comme synonyme de *Cypr. cephalus,* en y associant ensuite d'autres citations qui appartiennent à un véritable Able, de sorte que ce *Cypr. cephalus,* qui devait, dans la pensée de Linné, servir à dénommer très-probablement quelques-uns de nos Ables, soit le *Cypr. Jeses* (Alandt) ou le *Cypr. Dobula* (Döbel) devient une espèce imaginaire qu'on ne doit plus citer en ichthyologie.

Le Macrodon tareira.

(*Macrodon tareira,* nob.)

Le *Tareira* de Marcgrave est l'espèce qui paraît la plus abondante, à en juger par les nombreux individus réunis dans les différentes collections de l'Europe. On peut comparer sa forme générale à celle de nos Truites.

Son dos est épais et un peu arrondi; les flancs sont méplats; le ventre est rond; l'épaisseur est à peu près la moitié de la hauteur, et celle-ci le cinquième de la hauteur totale.

La tête, en n'y comprenant pas le bord membraneux de l'opercule, mesure le quart de cette même longueur totale. Le bord membraneux de l'opercule est lui-même assez large et un peu plus fort que la moitié du diamètre de l'œil, lequel mesure le septième de la distance prise entre le bout du museau et les stries du bord membraneux. L'orbite, placé sur le haut de la joue, entame un peu la ligne du profil. Celui-ci est large et soutenu entre les deux narines, un peu concave vers la nuque, et convexe jusqu'à la dorsale. Le dessus du crâne est large. La cavité de la narine est tout près de l'œil. L'ouverture antérieure est petite et entourée d'une papille visible, sans faire, cependant, un tentacule semblable à celui des Érythrins; l'ouverture postérieure est tout près du cercle de l'orbite; elle est large; oblongue, mais non papilleuse. Le museau est gros et arrondi. La mâchoire inférieure dépasse la supérieure. Les intermaxillaires sont courts; ils portent chacun deux grosses dents canines, pointues et comprimées en triangle isocèle, dont les bords tranchants font de ces organes une véritable lancette en avoine. Chacune de ces deux grosses dents, écartées l'une de l'autre, a à sa base deux ou trois petites dents courtes, aussi aiguës que les grandes. Les dents du maxillaire sont toutes serrées l'une contre l'autre, et vont en diminuant successivement depuis les deux premières, qui sont les plus grandes, jusqu'à la dernière. J'en compte environ quarante. À la mâchoire inférieure il y a d'abord trois petites dents; puis une quatrième, un peu plus longue, et une cinquième, grosse canine droite, qui est reçue dans une fossette creusée derrière l'intermaxillaire. Je vois suivre trois petites dents coniques; puis une petite fossette pour recevoir la dent canine supérieure; ensuite six ou huit petites dents; puis, à quelque distance et séparées l'une de l'autre, deux longues dents, ayant chacune de chaque côté de la base une ou deux petites dents pointues; puis, enfin, et comme sur un second plan et un peu reculé, une série décroissante de douze petites dents au moins. Il y a des dents sur les palatins, et elles présentent ce caractère fort remarquable, que les premières forment une petite plaque ovale et allongée, rapprochée de sa congénère le long de la ligne médiane,

et que l'on prendrait facilement pour le véritable palatin. On voit
à la suite de ce petit groupe de dents la plaque allongée adhérente
à l'os palatin. La rangée externe est composée de dents coniques
et plus longues que les petites dents en herse implantées sur le reste
de l'os. La langue est large, libre et charnue. L'os lingual est couvert d'âpretés, disposées sur deux plaques, qui semblent n'être que
la continuation des arceaux des branchies. Les pharyngiens supérieurs ont aussi de très-fines dents. Quand la bouche est fermée,
la plus grande portion du maxillaire se trouve cachée sous la
chaîne des osselets sous-orbitaires. On ne voit qu'une bandelette
étroite, charnue, semblable à une sorte de lèvre, séparée du reste
par un sillon peu profond. Quant au maxillaire lui-même, il n'est
formé que d'un seul os étroit sous l'œil, dilaté en arrière et vers
le bas en une très-large palette, recouverte en entier par le troisième sous-orbitaire. Le premier de ces osselets est étroit et un
peu court; il va de la narine jusqu'au-dessous du cercle de l'orbite.
Le second sous-orbitaire forme une plaque triangulaire, à côtés
arqués comme une sorte de triangle sphérique; le troisième sous-
orbitaire est situé au-dessous et en arrière de celui-ci, de manière
à ne pas atteindre le cercle de l'orbite; le quatrième est une espèce
de grand triangle irrégulier, touchant aussi à peine au cercle de
l'orbite, et dont la base monte le long du bord du préopercule ;
le cinquième sous-orbitaire est plus étroit, presque triangulaire;
il revient cerner le bord de l'orbite; enfin, la sixième pièce est
un os oblong, fort étroit, situé entre l'œil et la plaque mobile,
mastoïdienne. Tous ces os sont striés ou ciselés plus ou moins profondément. Il en est de même de l'opercule et du sous-opercule;
mais les deux autres os de l'appareil operculaire sont recouverts,
ainsi que la mâchoire inférieure, d'une peau épaisse et adipeuse,
de sorte que ces deux-là paraissent lisses. L'opercule est large; son
angle postérieur est arrondi; le sous-opercule, coupé en croissant,
complète le contour de cet os; ce que l'on voit du préopercule est
extrêmement étroit, la plus grande partie se trouvant cachée sous
la cuirasse osseuse que le sous-orbitaire fournit à la joue. Les ouïes
sont très-largement fendues. La membrane branchiostège se continue

en un large bord membraneux operculaire; elle est soutenue par
cinq larges rayons osseux. Malgré la largeur de la langue, l'isthme
de la gorge est étroit, à cause de la dilatation des branches de la
mâchoire inférieure. La ceinture humérale est osseuse et assez
visible à l'extérieur. Le scapulaire a le bord festonné; l'huméral est
presque coudé à angle droit, et c'est au-dessous de la portion
antérieure que l'on voit l'insertion de la pectorale. Cette nageoire
égale la ventrale, qui répond au troisième ou au quatrième rayon
de la dorsale; celle-ci est quadrilatère, presque aussi longue que
haute, et la distance de son premier rayon au bout du museau, re-
portée en arrière, égale, à très-peu de chose près, l'espace entre
le dernier rayon et l'extrémité de la queue. L'anale et la caudale
sont arrondies.

B. 5; D. 14; A. 11; P. 12; C. 17; V. 8.

Les écailles sont de moyenne grandeur, à peu près comme le seraient celles d'un Gardon (*Cyprinus rutilus*) ou d'un Meunier
(*Cyprinus dobula*) de même grandeur. J'en compte quarante entre
l'ouïe et la caudale. Une écaille a le bord radical assez nettement
strié; ces stries se poursuivent en cercle le long du bord libre;
le centre de l'écaille est réticulé. La ligne latérale, etroite, est tracée
par une suite de tubulures assez grosses.

La couleur est un verdâtre rembruni, mêlé de taches roussâtres ou jaune doré sur le dos. Les taches jaunes s'élargissent sur le
bas des flancs; mais ces couleurs s'éclaircissent un peu quelquefois
et souvent aussi le corps est rayé de traits longitudinaux noirâtres.

J'ai sous les yeux plusieurs exemplaires qui offrent des passages
insensibles entre les individus rayés et ceux à corps d'une teinte
uniforme. Le dessous du ventre devient tout à fait jaunâtre; le
dessus de la tête et les joues sont noirâtres; le dessous de la mâchoire inférieure et de la membrane branchiostège est gris, quelquefois d'une teinte uniforme; mais souvent aussi la peau est marbrée de taches noires, qui augmentent beaucoup l'intensité de la
coloration de la gorge. Nous avons une suite de variétés, depuis
la teinte grise uniforme jusqu'aux marbrures les plus serrées et les
plus foncées. Les nageoires paires sont presque noires, avec des

grosse, arrondie en avant; la postérieure beaucoup plus grande
est conique. Un canal de communication réunit ces deux lobes,
et de la partie antérieure et inférieure de la seconde vessie on
voit naître un conduit aérien, qui va s'ouvrir vers le haut de l'œsophage. La tunique fibreuse est blanche, nacrée et assez épaisse;
la membraneuse est mince : il n'y a aucunes divisions celluleuses
dans l'intérieur, de sorte que l'on a devant soi, et sous tous les
rapports, une vessie de Cyprins. Quant aux organes génitaux,
ils ont, comme nous l'avons déjà dit, la disposition de ceux des
Truites.

Le crâne du Macrodon Tareira a beaucoup d'affinité avec celui
des Érythrins. Il est formé de deux très-grands frontaux, au-devant
desquels on voit les deux os du nez, qui sont un peu plus oblongs
et un peu plus échancrés du côté de l'ouverture de la narine. L'ethmoïde est beaucoup plus étroit et forme une plaque beaucoup plus
longue, parce que la digitation moyenne de sa suture pénètre plus
avant entre la suture des deux frontaux. Le rétrécissement de la
partie antérieure de l'ethmoïde laisse sur le devant un espace un
peu plus large, rempli par la branche de l'os intermaxillaire; ceux-ci
sont percés d'un trou pour recevoir la longue dent canine de la
mâchoire inférieure.

Ce que l'étude du squelette nous offre de plus intéressant, c'est
de nous faire bien connaître la singulière disposition des dents
palatines. En effet, le palatin est long et étroit; il s'articule sur les
côtés et en dessous du frontal antérieur, et sur la partie antérieure
et interne du maxillaire, comme c'est d'ordinaire dans les autres
poissons. Son pédoncule d'articulation est rond, solide et assez épais;
il donne, en avant, une très-mince languette osseuse, qui se porte
jusque tout auprès de la ligne médiane du palais, de manière à
s'avancer jusque sur la face inférieure de l'ethmoïde. En arrière, le
corps de l'os se prolonge, comme à l'ordinaire, le long du bord
externe du ptérygoïdien, ou, si l'on veut, de l'apophyse ptérygoïde
interne. Cet os se porte en avant, aussi loin que le palatin, de
sorte que celui-ci repose entièrement sur le bord externe du second.
Les dents palatines, implantées sur la languette antérieure, forment

taches perdues dans le fond et à peine visibles. Les trois nageoires impaires ont la membrane jaunâtre, avec des taches irrégulières plus ou moins bleuâtres, confluentes, et dessinant quelquefois des traits plus ou moins ondulés. Cette disposition est surtout remarquable sur les derniers rayons de l'anale.

Je viens de faire cette description d'après un individu long de quatorze pouces et demi, qui vient de Bahia.

C'était une femelle; en la disséquant, j'ai trouvé, à l'ouverture du corps,

les deux sacs ovariques enveloppés dans leurs replis péritonéaux, et adhérant chacun à la paroi abdominale; entre eux on voyait l'intestin, l'estomac, la branche montante et ses nombreux cœcums, et de chaque côté les deux longues subdivisions du foie. Ce viscère, situé en travers sous l'œsophage, est très-mince; il se prolonge à droite et à gauche en deux lobes trièdres, qui dépassent tous deux l'extrémité du sac stomacal. Le lobe gauche est plus gros et plus épais que le droit. L'œsophage commence par se renfler; mais dès que ses parois sont épaisses, et méritent, par leur tunique musculaire, de prendre le nom d'estomac, le diamètre diminue un peu; il y a un cul-de-sac conique; un peu avant sa fin et au-dessous naît la branche montante, qui est courte, courbée sur elle-même; un rétrécissement très-sensible marque la place du pylore. Le duodénum remonte jusque dans la fourche des deux lobes du foie; dans ce trajet il est entouré de nombreux cœcums; il y en a plus de soixante, ils sont disposés sur deux rangs et de chaque côté de l'intestin. Cette portion du canal digestif, après sa courbure, descend le long du côté droit de l'œsophage; après l'avoir dépassé, elle remonte jusqu'aux cœcums, où elle se plie de nouveau, et alors l'intestin se rend droit jusqu'à l'anus. Les épiploons graisseux sont assez abondants. En enlevant le repli du péritoine, qui sépare la vessie aérienne des organes digestifs et génitaux, on met à nu ce viscère; le péritoine s'épaissit d'une manière sensible et prend un aspect fibreux et nacré sur le devant de la vessie. L'organe est divisé en deux poches : l'antérieure est

un petit groupe distinct, que l'on prendrait, à cause de la minceur et de l'élasticité de la branche palatine, pour un os particulier, surtout quand on n'a point dégagé les os de la muqueuse
épaisse de la bouche. Tout le reste de l'os est ensuite couvert de
dents, telles que nous les avons décrites. Les ptérygoïdiens sont
oblongs; leur bord libre ou interne est légèrement festonné, et les
os ne portent aucunes dents. Le vomer, le sphénoïde et le basilaire
diffèrent très-peu de ceux des Érythrins. A la région occipitale nous
voyons, comme dans les Érythrins, de très-petits pariétaux, un
interpariétal à peine plus développé, de grands trous mastoïdiens,
et entre ceux-là, les trous formés par ces derniers os, conjointe-
ment avec les pariétaux et l'interpariétal. Cette face de l'occipital
me paraît seulement un peu plus large et un peu plus oblique que
dans l'Érythrin. Je vois aussi la même structure aux quatre premières vertèbres : ainsi, la première a le corps très-étroit; la seconde
a son apophyse transverse dirigée en avant; la troisième et la quatrième supportent tout l'appareil des osselets accessoires de Webber. Ceux-ci consistent, comme dans les Érythrins, en deux petits
osselets articulés sous le corps de la vertèbre, et forment par leur
réunion un premier anneau, donnant ensuite une branche courte,
dirigée en avant. Dans l'individu que j'ai sous les yeux, les branches
antérieures sont plus courtes que dans l'Érythrin, et me paraissent
plus intimement soudées avec le corps de la vertèbre. Je trouve ensuite, sur les côtés, le même petit osselet en cuilleron, allant de
l'apophyse transverse de la seconde vertèbre à l'extrémité de la
branche de l'os en anneau : cet os, externe et aplati, donne de son
bord interne une petite apophyse, qui va s'articuler sur une des
facettes latérales de la troisième vertèbre, et de cette articulation je
vois aussi marcher le long de la vertèbre un stylet osseux, qui vient
rejoindre l'extrémité antérieure de ce petit os de Webber; comme
dans les Érythrins aucun de ces osselets ne vient s'articuler ou
toucher le moins du monde au crâne, et par conséquent, n'a
aucune connexion avec l'oreille interne. Les branches constituant
l'anneau sous-vertébral, sont creuses et fournissent des attaches au
ligament de la vessie natatoire. Je compte trente-deux vertèbres à la
suite des quatre premières, et vingt-quatre paires de côtes.

Outre l'exemplaire de Bahia que nous venons de disséquer, nous en avons reçu d'autres du Brésil par MM. Quoy et Gaimard, de Castelnau et Claussen. M. Auguste Saint-Hilaire en a rapporté plusieurs exemplaires du Rio-San-Francisco, et M. de Montravel l'a retrouvé dans l'Amazone. M. Leprieur, ainsi que MM. Leschenault et Doumerc, l'ont rapporté des eaux douces de Cayenne, et enfin, M. Plée a suivi l'espèce jusque dans la lagune de Maracaïbo.

Nous l'avons aussi de la côte ferme par M. Beauperthuis.

Ce Tareira a été parfaitement décrit par Marcgrave. Je l'ai trouvé, dans le recueil des peintures du prince Maurice de Nassau, sous le nom de *Tareira do Rio,* où il est dit qu'il ressemble à un brochet. Une peinture du livre de Mentzel nous montre aussi un Tareira, qui me paraît appartenir à la même espèce, quoique cette figure soit moins facile à caractériser. C'est en employant fort mal ces matériaux que Bloch a eu l'idée de faire son *Synodus tareira.* Mais il l'a rendu tout à fait indéchiffrable en renvoyant à cette figure de la grande Ichthyologie, que l'examen de l'original pourra seul expliquer. Si le trait en est exact, il est évident qu'elle représente une espèce toute particulière du genre Macrodon. Telle qu'elle est, surtout avec le vague où sont laissées les différentes parties caractéristiques de la tête, j'aurais pu aussi la classer parmi les figures de Bloch, impossibles à reconnaître.

Nous arrivons maintenant à parler, suivant l'ordre chronologique, des publications de M. Agassiz. Cet habile ichthyologiste ne me paraît avoir eu sous les yeux qu'un exemplaire de son *Erythrinus macrodon,* conservé dans l'esprit de vin, et qu'un exemplaire desséché de son *Erythr.*

brasiliensis; ce sont les originaux des figures laissées par
M. Spix, l'une, tab. 18, sous le nom d'*Er. trahira;* l'autre,
tab. 20, sous le nom conservé par M. Agassiz. Pour qui-
conque n'a à étudier que les deux exemplaires isolés que
mon célèbre ami avait à sa disposition, il est bien évident
que l'on inclinera facilement à faire une distinction spécifique; mais quand on a le bonheur de posséder, comme
moi, une série de douze ou quinze individus de toutes
tailles et de localités fort éloignées, on ne tarde pas à se
convaincre que ces deux espèces d'*Erythrinus* ne rentrent
réellement dans une seule. Je réduis donc au seul *Macrodon Tareira* les deux espèces citées dans la Monographie
de M. Müller, auteur de ce genre.

Le MACRODON A OREILLES NOIRES.

(*Macrodon auritus,* noh.)

M. d'Orbigny a rapporté de Montevidéo un Macrodon
voisin du précédent,

par l'ensemble général de ses formes, par la ressemblance de son
système dentaire, par les dépressions du front. Le museau me
paraît cependant un peu plus mince; les pièces de la joue et de
l'opercule sont aussi un peu plus profondément striées. Les nombres sont les mêmes.

D. 14; A. 10.

Les couleurs sont assez différentes des deux espèces précédentes.
Le dos est brun; le ventre jaune, parsemés l'un et l'autre de gros
points noirâtres. Le long des flancs on voit six ou sept taches verticales, étroites, noirâtres. La joue est traversée par trois traits bruns,
allant de l'œil au bord des sous-orbitaires. Une grosse tache noire
se montre sur le préopercule. La dorsale et la caudale sont jaunâtres, et les taches nombreuses qui les couvrent sont disposées par

lignes transversales. Les autres nageoires sont rosées. L'anale porte des points noirâtres.

La longueur de nos individus est de huit à neuf pouces; mais M. d'Orbigny en a vu qui avaient plus de dix-huit pouces.

Il observe que plus les individus sont vieux, plus le corps paraît raccourci et plus leurs couleurs sont foncées. Il a rencontré ce poisson depuis les provinces des missions jusqu'à Buenos-Ayres, c'est-à-dire, du 26.ᵉ au 34.ᵉ degré de latitude sud. Il est connu partout pour vivre en troupes, et être essentiellement carnassier, car les habitants prétendent qu'il mange même les reptiles. Il nage vite; il est peu craintif; on le pêche facilement à la ligne, à cause de sa voracité. Les Indiens guaraňi l'aiment beaucoup, et M. d'Orbigny a reconnu la bonté de sa chair.

Les Espagnols le nomment *Tararira* et les Guarani *Tarey*. On le voit au marché de Buenos-Ayres.

Le MACRODON ALLONGÉ.

(*Macrodon teres*, nob.)

Cette espèce, que nous devons aux recherches de M. Plée,

a les formes plus grêles que les précédentes. Sa hauteur fait le sixième de la longueur totale; la tête en est le quart. Le dessus du crâne est plat; il y a une forte dent mitoyenne à l'intermaxillaire; puis cinq autres qui vont en décroissant; la dernière est excessivement petite. A l'autre extrémité de cet os, trois grandes dents, dont celle du milieu est égale ou même un peu plus longue que la canine mitoyenne. Les dents du maxillaire sont plus petites. A la mâchoire inférieure je vois un grand crochet après les trois dents moyennes de la symphyse; puis des dents alternativement grandes et petites, serrées également et suivies d'une rangée de petites dents. Les dents de la mâchoire inférieure sont donc moins inégales que celles des autres Macrodons. Les dents palatines sont semblables à celles des autres espèces de ce genre. Il n'y a qu'une seule plaque surscapulaire; ce qui confirme encore la place que nous lui assignons. La dorsale paraît avoir deux rayons de moins que les espèces précédentes.

D. 12; A. 10, etc.

Les couleurs sont un peu plus foncées sur le dos que sur le ventre, et sur le fond jaunâtre on voit des taches nuageuses et serrées qui ont une tendance à se réunir en lignes longitudinales. Toutes les nageoires sont ponctuées.

Ce poisson, de la lagune de Maracaïbo, est long de cinq à six pouces.

Les Espagnols lui appliquent le nom de *Guavina*, sous lequel une des espèces suivantes a été donnée à M. de Humboldt.

Le MACRODON PATAGNAYE.

(*Macrodon patana*, nob.)

M. Frère a rapporté de Cayenne, et a donné au Cabinet du Roi deux fort belles espèces de ce genre : l'une d'elles a le crâne large, bombé et assez court. La surface est couverte de stries rayonnantes très-prononcées. L'œil, placé sur le haut de la joue, entame de beaucoup la ligne du profil. Les dents canines de l'intermaxillaire et de la mâchoire inférieure sont assez grosses; les autres dents sont petites. Les branches de la mâchoire inférieure sont larges et renflées. Toutes les plaques du sous-orbitaire, de l'opercule, du sous-opercule et même de l'interopercule, sont striées, de sorte que, dans cette espèce, le préopercule seul est lisse. La plaque surtemporale est ovale, plus large et plus courte que le sous-orbitaire supérieur. La dorsale est basse et un peu plus longue que dans les autres espèces.

D. 14 ; A. 10, etc.

Le dessus du dos est roussâtre ; le ventre est blanc ; il y a des
taches sur les trois nageoires impaires. L'anale est la plus foncée
des trois.

L'individu que je décris est long de quinze pouces et
demi. M. Frère en a donné un second, qui n'a guère que
dix pouces.

Le Macrodon aimara.

(*Macrodon aimara*, nob.)

La seconde espèce, dont le Muséum est aussi redevable à M. Frère, est représentée dans notre collection
par un magnifique exemplaire,

qui a le dessus du crâne court et bombé comme le précédent. Les
yeux placés à peu près de même ; ce sont plutôt des granulations
irrégulières que des stries sur le crâne. Le premier et le second sous-
orbitaire sont aussi granuleux ; celui-ci forme une assez grande
plaque carrée ; le troisième sous-orbitaire continue l'arc de la joue ;
le quatrième est étroit et rectangulaire : il ne touche pas au cercle
de l'orbite ; le cinquième redevient triangulaire et s'avance jusqu'auprès de l'œil ; le sixième devient une grande plaque oblongue,
quadrilatère, à bord postérieur échancré ; il reçoit dans cette entaille
le mastoïdien, qui est de forme oblongue et ovale, mais plus
étroit que le dernier sous-orbitaire. Ce caractère, facile à apprécier, distingue l'*Aimara* du Patagnaye.

Les écailles sont fortes et de grandeur médiocre. La ligne latérale est rameuse. La dorsale est basse, un peu plus longue que dans
les espèces précédentes. On lui compte un rayon de plus. L'anale
est haute ; elle touche presque la caudale quand on la replie sous
la queue. La ventrale égale en longueur la nageoire de l'anus ; elle
est un peu plus étroite que la pectorale, qui a la même longueur.

D. 15 ; A. 11 ; C. 19 ; P. 14 ; V. 9.

Il faut aussi signaler dans cette espèce la grandeur des dents et surtout celles de la mâchoire inférieure, qui présente aussi une disposition remarquable dans leur égalité. Dans l'individu que je décris, la dent canine moyenne de l'intermaxillaire a sept lignes de hauteur; les autres dents de l'intermaxillaire vont en décroissant. La première dent du maxillaire est un peu plus forte que les autres, qui toutes sont très-petites entre les deux grosses canines de la mâchoire inférieure. On compte huit autres petites dents; puis viennent huit grosses dents pointues, coniques et serrées l'une contre l'autre : leur longueur est les deux tiers des grandes canines. Les dents du palais sont petites, en carde plus égale que celles des autres Macrodons, et par conséquent plus rapprochées de celles des Érythrins; de sorte que l'on reconnaît ici la place générique de ce poisson beaucoup plus aisément par le surtemporal, qui est unique, que par le caractère du système dentaire. La couleur est un verdâtre plus ou moins uniforme, mêlé de grandes taches jaunâtres, étendues sur le grand bord des écailles; la caudale est plus foncée que les autres nageoires; elle a peu de taches; celles de la dorsale sont aussi presque effacées, tandis qu'on les voit encore bien sur l'anale.

Le bel exemplaire que nous devons à M. Frère est long de deux pieds dix pouces; sa tête en a huit. La longueur du bout du museau à l'occiput est de cinq pouces et un quart. La distance d'un opercule à l'autre, ainsi que l'épaisseur du corps, ont la même mesure. La hauteur du corps est de près de sept pouces.

Ce poisson des eaux douces de Cayenne, est connu dans la colonie sous le nom que nous lui avons conservé.

Je le trouve dans l'Histoire des poissons de la Guyane de M. Robert Schomburgk[1]; le nom est écrit un peu différemment et changé en *Haïmara* : il représente le dos

---

1. *Fish. of Guyan.*, vol. III, part. 1, p. 214; pl. 27.

plombé, le ventre roux rayé de gris, les opercules d'un roux plus foncé, les nageoires brunâtres, couvertes de points bleus.

L'éditeur des dessins de M. Schomburgk a considéré, mais à tort, cette espèce comme l'*Er. macrodon* d'Agassiz. Elle est certainement très-facile à distinguer par les dents et par la plaque surtemporale qui est unique. L'Aimara a la chair ferme et de bon goût, c'est un des plus délicieux poissons d'eau douce de la Guyane, et sa tête est plus particulièrement recommandée aux gourmands.

On le prend généralement dans le voisinage des rapides ou des chutes d'eau, et il atteint jusqu'à trois pieds et demi, et même quatre pieds de longueur.

A certaines saisons de l'année il est si nombreux, qu'il constitue la principale nourriture des Indiens. Il est très-vorace, et on le prend à l'hameçon, aussi bien que dans les pièges faits avec des branches du *cecropia peltata*.

La rivière de Berbis, au-dessous des cataractes d'Itabru, et le Cuyuwini, un des affluents de l'Essequibo supérieur, abondent tellement en aimaras que l'on peut en prendre cent livres pesant dans l'espace d'une heure ou deux. Il faut se méfier de ces poissons; car on prétend que leur morsure cause de cruels accidents et qu'ils peuvent couper la main d'un homme.

Je trouve à la suite de ces notes, que M. Schomburgk a encore observé d'autres espèces voisines, connues sous le nom d'*Arawaak*, de *Warau* et de *Tari-ira*. D'après le peu qu'on en dit, je crois que ce sont des Macrodons.

Tous ces poissons ont la chair bonne, mais inférieure aux aimaras, parce qu'ils ont trop d'arêtes. Les Indiens les poursuivent dans les criques ou dans les marais et en détruisent un grand nombre. Dans le Rio Negro on les sèche, et ils sont vendus jusqu'à deux ou trois dollars la mesure de trente-deux livres.

Le MACRODON GUAVINA.

(*Macrodon guavina*, nob.)

Le Guavina est un poisson que nous n'avons pas encore reçu en Europe. Il est connu par un dessin fort exact, dû au crayon de M. de Humboldt, accompagné d'une description linnéenne non moins remarquable, faite sur les lieux par cet illustre voyageur. Il dit que le Guavina

a le corps ovale et allongé; que la tête fait le quart de la longueur du corps; que le museau est tronqué; les opercules nus sont ciselés de stries rayonnantes. Les huit dents des mâchoires sont très-aiguës, inégales, disposées sur un seul rang, et chacune des grandes en a deux plus petites, rapprochées. Une membrane lâche, épaisse et comme charnue, descend et pend sous la gorge comme une sorte de fanon. Toutes les nageoires sont rondes, excepté la dorsale, qui est coupée carrément.

D. 12; A..... C. 17; P. 12 — 15.

Les écailles sont grandes, arrondies, jaunâtres, à reflets argentés; le centre et le bord sont olivâtres. Les nageoires, vertes, sont traversées par des bandes plus foncées.

Le Guavina vient du lac de Tacarigua, dont le fond est un terrain granitique. Il est situé à deux cent vingt toises de hauteur au-dessus de la mer, dans les fertiles vallées d'Aragua. La température de l'eau est de 23° 5′ centigrades.

Le poisson devient souvent la proie d'un grand saurien, que les indigènes appellent Bava. M. de Humboldt dit qu'il soupçonne que ce reptile est une dragonne.

On a reçu au Cabinet du Roi, sur mes demandes empressées faites à mon ami, don Manuel Tovar, de Caracas, un crocodile qu'il m'a envoyé comme étant la Bava de la lagune des vallées d'Aragua. Comme le reptile que M. de Humboldt a vu sous le nom de Bava est d'un genre différent des caïmans, cela me fait croire que le nom de Bava s'applique à divers animaux de l'ordre des sauriens.

Après l'extrait presque littéral que je viens de faire de la description du Guavina donnée par M. de Humboldt, on trouve, dans les notes que j'avais ajoutées à sa description, les raisons qui avaient fait rapprocher ce poisson du genre des Érythrins. Je terminais en disant que si le nombre des rayons branchiostèges du Guavina diffère de celui des *Erythrinus,* ce poisson deviendra le type d'un genre nouveau, que la disposition singulière des dents rendra facile à reconnaître. Aujourd'hui que les espèces de cette famille nous sont mieux connues et que la division établie par M. Müller vient à préciser les caractères de ces groupes, je n'ai plus aucun motif pour hésiter à rapprocher ce Guavina du genre Macrodon. Je m'étonne que M. Müller, créateur de ce genre, ne l'ait pas fait avant moi.

Outre le caractère de la dentition, dont ce savant anatomiste se serait servi, j'ai, pour me guider, la forme remarquable et parfaitement bien accusée du dernier sous-orbitaire et de la plaque temporale qui le suit, quoique les divisions entre ces deux os n'aient pas été indiquées dans la figure de M. de Humboldt. On ne peut cependant douter que le nombre et la forme de ces deux pièces ne soient semblables à celles des Macrodons et par conséquent différentes de celles des Érythrins.

On ne saurait trop admirer la précision avec laquelle M.

de Humboldt observait les plus petits détails de la nature, surtout quand on songe qu'il n'avait alors pour guide que le *Systema naturæ* de Gmelin et l'Ichthyologie de Gouan.

De toutes les espèces de cette famille, le poisson de M. de Humboldt est celui qui se rapproche le plus du *Synodus Tareira* de Bloch, parce que l'un et l'autre ont les nageoires traversées par des bandes brunes; mais les proportions de la planche de l'édition de Schneider sont si différentes de celles du Guavina de M. de Humboldt, qu'on ne peut oser en dire davantage.

C'est d'après les dessins de l'illustre auteur du Cosmos que les éditeurs de l'Histoire des poissons de la Guyane [1] ont parlé du *Guavina* et reproduit une copie de sa figure; mais la curieuse et remarquable disposition des dents, si bien saisie par le célèbre peintre des Llanos de Caracas, a été fort altérée dans cette reproduction.

Du Genre LÉBIASINE, et en particulier du *Lebiasina bimaculata*.

Voici encore une nouvelle combinaison dans la famille des Érythrins, et qui consiste à nous montrer un poisson dont la mâchoire est armée de dents comprimées et tricuspides, semblables à celles des Cyprinodons. Ces dents sont implantées sur les intermaxillaires seuls : les maxillaires en sont dépourvus. Ils se meuvent sur les côtés, comme dans les Érythrins. La mâchoire inférieure est garnie de dents à trois pointes semblables à celles d'en haut: le palais et la langue sont lisses.

---

1. *Fish. of Guyana*, vol. V, part. 2.

Sous ce rapport, et si l'on n'avait examiné que les dents de ce poisson, on en aurait fait certainement une espèce du genre Cyprinodon; mais nous retrouvons des sous-orbitaires osseux cuirassant toute la joue, un canal intestinal muni d'appendices cœcaux, une vessie aérienne double, dont la portion antérieure de la seconde est celluleuse, comme celles des Érythrins.

Le poisson que nous allons décrire est donc un curieux assemblage de formes et de caractères pris dans les Érythrins, combinés avec une dentition très-semblable à celle des espèces du genre Cyprinodon de la famille des Cyprins.

Ce poisson a la forme générale du corps semblable à celle des Érythrins. Le dos et le ventre sont ronds. La hauteur égale la longueur de la tête et mesure le cinquième de la longueur totale.

La bouche est petite, peu fendue. La mâchoire inférieure, un peu renflée, dépasse la supérieure. Quand ces deux mâchoires sont rapprochées, le museau est tout à fait rond. Chaque inter-maxillaire porte dix dents; elles sont toutes comprimées, et la couronne est tricuspide. Les dents de la mâchoire inférieure sont en plus grand nombre; elles sont de même comprimées et à trois pointes; mais elles sont plus étroites et un peu rétrécies à leur insertion sur la branche de la mâchoire; il n'y en a aucunes sur le palais ni sur la langue. La muqueuse de toutes ces parties est hérissée de longues papilles : il faut faire attention à cette disposition; on pourrait facilement croire que le palais est denté. L'œil est de grandeur moyenne. Un premier sous-orbitaire étroit est placé entre le maxillaire et l'orbite; une seconde pièce suit tout le bord inférieur de l'œil; elle porte au-dessous d'elle un troisième et un quatrième sous-orbitaire, formant deux grandes plaques triangulaires qui couvrent la joue, mais sans toucher au cercle de l'orbite; la cinquième, placée sur le haut de la joue, cerne l'œil. C'est un trapèze irrégulier, dont le bord supérieur remonte jusqu'au mastoïdien, de sorte que le sixième sous-orbitaire est une toute petite plaque triangulaire. Il n'y a plus, d'ailleurs, dans ce poisson de plaque surtemporale. Le préopercule et l'interopercule sont petits et presque entièrement cachés sous les os précédents. L'opercule est une grande pièce triangulaire, qui porte en dessous un sous-opercule étroit. Tous ces os sont lisses, argentés et couverts d'une peau fine, sablée de très-petits et très-nombreux points pigmentaires noirs. La dorsale répond à peu près au milieu du dos; elle est pe-tite; la caudale est tronquée; l'anale très-peu arrondie. Les nom-bres sont :

B. 4; D. 9; A. 11; C. 23; P. 13; V. 8.

Les écailles sont de moyenne grandeur. La ligne latérale est droite et peu marquée. La couleur paraît avoir été d'un bleu verdâtre sur le dos, avec une tache noire sur le commencement de la ligne latérale, et une seconde sur le milieu de l'insertion de la caudale. Les nageoires me semblent avoir été rousses.

L'anatomie de ce poisson m'a fait découvrir un œsophage assez grand, se dilatant en un estomac, terminé par un cul-de-sac arrondi. La branche montante est courte et épaisse; il y a cinq ou six longs cœcums auprès du pylore; puis l'intestin descend dans le côté gauche. Arrivé jusque vers l'extrémité de l'abdomen, il se replie pour re-monter jusque sous le diaphragme; il passe alors dans le côté droit, forme une anse courte qui embrasse le dessous de l'estomac; il se plie pour revenir au-dessus de ce viscère et se rendre de là droit à l'anus. Les deux ovaires étaient remplis d'œufs très-gros, tombant dans la cavité abdominale; c'est l'organisation des Salmones. Au-dessus d'eux et des viscères précédents l'on trouve une grande vessie aérienne, à peu près semblable à celle des Érythrins, c'est-à-dire, qu'elle est divisée en deux compartiments, séparés l'un de l'autre par un étranglement. La vessie antérieure, petite, arrondie en avant et en arrière, a des parois très-minces; la seconde est longue et presque cylindrique. Toute sa partie postérieure, un peu rétrécie, est trois fois plus longue que la première; son tiers anté-rieur est celluleux, et du dessous de son extrémité antérieure sort le conduit aérien qui va s'ouvrir dans l'œsophage.

Ce poisson semble se nourrir d'une espèce de vase terreuse homogène, de couleur rouge, qui remplissait l'estomac et toute la longueur des intestins grêles. Examinée au microscope, elle m'a montré les débris de nombreux bacillariés, constituant de petites aiguilles pointues aux deux extrémités, et remplies à l'intérieur de six à huit granules jaunes.

Ce curieux poisson, long de trois pouces et demi, a été rapporté des environs de Lima par M. Fontaine, qui l'a pêché dans la rivière le Remac, en 1834.

M. Fontaine, chirurgien de la marine royale, a fait, pendant cette expédition, des collections fort curieuses en tout genre : le poisson que nous faisons connaître ici n'est pas une acquisition des moins heureuses.

———

Du Genre PYRRHULINE, et en particulier du *Pyrrhulina filamentosa*, nob.

Voici encore une combinaison de caractères qui rappelle plusieurs de ceux que nous trouvons dans la famille des Érythrins, en même temps que par d'autres ce poisson semblerait se rapprocher des Cyprinoïdes. Il a d'assez nombreuses affinités avec le Lébiasine.

Ce petit poisson a le corps allongé; sa hauteur est six fois au moins dans la longueur totale.

La tête est plus longue que la hauteur du corps, car elle n'y est guère contenue que cinq fois. Le dessus du museau est déprimé; la mâchoire inférieure plus avancée que la supérieure. La bouche est assez grande, surtout quand on a abaissé cette mâchoire inférieure. L'arc de la supérieure est formé dans le milieu par de courts intermaxillaires qui portent des dents très-petites et serrées, et sur les côtés par des maxillaires sans dents, arrondis en petites palettes ovales, qui sont reçues dans une fossette correspondante de la branche de la mâchoire inférieure. Ces os ne rentrent pas sous les

19.   49

sous-orbitaires, mais ils viennent se placer au-devant d'eux. Tout le palais est lisse et sans dents; mais des papilles assez fortes s'élèvent sur la muqueuse de la bouche et de la langue, qui est libre, charnue et également sans dents. La mâchoire inférieure a des branches assez larges, articulées en dessous, de manière que la mâchoire s'abaisse comme celle des Muges et de plusieurs autres espèces de poissons; elle porte de petites dents coniques sur plusieurs rangs, et dont quelques-unes dépassent les autres. J'ai signalé tout à l'heure les deux fossettes oblongues et latérales qui reçoivent sur les côtés des branches les maxillaires. L'œil est assez grand. On compte quatre pièces sous-orbitaires dont la seconde et la troisième sont grandes, convexes et cuirassent toute la joue. Les pièces oper-culaires sont écailleuses; les ouïes sont largement fendues; la pectorale, étroite, a ses premiers rayons prolongés en filaments courts; les ventrales sont assez grandes; la dorsale, reculée sur l'arrière du dos, a ses rayons filamenteux. Cette disposition est encore bien plus sensible dans la caudale; l'anale est oblongue, mais n'a point de rayons prolongés en filets.

B. 5; D. 9; A. 10; C. 24; P. 11; V. 8.

Nous comptons une trentaine de rangées d'écailles entre l'ouïe et la caudale; elles paraissent, à la loupe, striées en rayons.

La couleur est uniformément rousse; il y a une tache noire sur la dorsale.

L'examen des viscères m'a fait voir un estomac assez gros, un peu allongé et presque arrondi; une petite branche montante, avec un pylore étroit; six appendices cœcaux, cinq du côté droit et un du côté gauche. L'intestin descend ensuite le long de l'estomac; après l'avoir dépassé il fait quelques petites sinuosités et se rend ensuite directement à l'anus. Le péritoine est blanc argenté.

Je trouve au-dessus de lui une grande vessie aérienne, séparée en deux parties, dont la postérieure est conique, et donne un conduit aérien qui va s'ouvrir vers le haut de l'œsophage. Les parois ne sont point celluleuses; c'est donc une vessie de Macrodon.

Ce petit poisson a deux pouces et demi de long.

Il vient de Surinam, d'où il a été rapporté par Levaillant.

CHAPITRE XII.

Du genre Ombre (*Umbra*).

L'Ombre de Kramer est un de ces poissons que les ichthyologistes ont passé longtemps sous silence, ou que d'autres ont placé plus ou moins arbitrairement, faute de l'avoir étudié suffisamment. Il montre une réunion de plusieurs caractères, qui le rendent, en effet, difficile à classer, quand on ne prend que l'un d'eux et qu'on néglige les autres.

La première description qui ait paru de ce poisson se trouve dans l'ouvrage de Marsigli[1]. Comme elle date de 1726, on peut excuser les petites négligences qui ont échappé à cet auteur. Il a soin de remarquer déjà que les riverains du Danube ont tort de le confondre avec le Goujon, avec lequel il n'aurait qu'une ressemblance grossière. Il en décrit assez bien les différentes parties extérieures; il a seulement oublié de parler des dents du palais. Il donne sur ses habitudes et sur ses mœurs des détails curieux et exacts. Il dit que ce petit poisson peut vivre dans les eaux fétides, et même dans les cavernes à la suite des inondations. A cause de cette habitude de vivre dans les grottes souterraines, on ne le voit que rarement. C'est principalement au printemps, au moment des ruptures des glaces, qu'il se trouve lui-même emporté avec les grands courants d'eau; les pêcheurs peuvent alors le prendre confondu avec d'autres poissons.

Sa chair est mauvaise, elle excite même des vomissements;

---

1. Marsigl., *Dan.*, t. IV, p. 43, pl. 13, fig. 2.

aussi ne paraît-il sur les tables que mêlé par inadvertance à d'autres espèces. Les habitants de la basse Autriche l'appellent *Hundsfisch,* et c'est pour cela que Marsigli l'a nommé *Gobius caninus.*

Après cet auteur, Kramer[1] a donné une courte description de ce *Hundsfisch,* elle est plus exacte que celle de son prédécesseur; car le naturaliste ne néglige point de signaler les dents palatines.

Après avoir comparé son poisson aux différents genres des Malacoptérygiens d'Artedi, il se décide à en faire, avec raison, un genre nouveau, qu'il appelle *Umbra,* parce que ce poisson habite de préférence les grottes souterraines où la lumière ne pénètre pas. Il est assez curieux qu'un poisson si bien décrit par ces deux naturalistes autrichiens, soit tout à fait tombé dans l'oubli jusqu'à ces derniers temps: ainsi Linné, M. de Lacépède, Bloch et même M. Cuvier, dans la première édition du Règne animal, n'en font aucune mention; cependant vers 1825 ou 1826, M. Temminck, directeur du cabinet de Leyde, contribua à répandre en Europe des exemplaires qu'il s'était procurés à la suite d'une course faite au lac Neusiedler.

M. Natterer, l'un des conservateurs du Musée impérial de Vienne, et dont le nom est connu par ses travaux ornithologiques, en envoya aussi des exemplaires, qui ont été étiquetés dans nos collections jusqu'à ce jour, sous le nom d'*Umbra Nattereri;* nom que je lui aurais sans aucun doute conservé, si M. Fintzinger, dans son Catalogue des vertébrés de la basse Autriche, publié il y a quelque temps, n'eût appelé ce poisson *Umb. Krameri.*

---

1. Kramer, *Elench., anim. Aust. inf.,* 1756.

C'est par suite d'un examen un peu trop rapide des échantillons de ces deux naturalistes distingués que M. Cuvier en a parlé, mais ce qu'il en dit dans la seconde édition du Règne animal est malheureusement fort incomplet; car il le place dans le genre Cyprinodon de Lacépède, qui n'est autre que celui des Lébias, ainsi que je l'ai démontré dans le volume précédent. Il a cru qu'il ressemblait au genre Fundule ou Molliénisie, lesquels n'ont point de dents au palais, puisqu'ils sont des Cyprins.

M. Müller, en admettant le genre *Umbra* de Kramer, a pensé qu'il fallait le placer dans la famille des Brochets; mais les formes des intermaxillaires, leurs rapports avec les autres os de l'arcade dentaire, montrent l'affinité de notre espèce d'Europe avec les *Amia*, et comme l'*Umbra* a aussi le canal intestinal sans cœcums, on le placerait beaucoup mieux dans cette famille des Amies, si l'absence de la cuirasse sous-orbitaire et de l'os sublingual n'établissait des différences assez fortes pour empêcher cette réunion.

La vessie aérienne, non celluleuse, mais formée d'une cavité simple et unique, est aussi une grande différence entre ces diverses espèces: je crois donc, d'après cela, suivre une classification naturelle, en formant de ce petit poisson le type d'une famille distincte, dont les caractères peuvent être exprimés de la manière suivante :

Les Ombres (*Umbra*) ont de petits intermaxillaires, à l'extrémité desquels s'articulent des maxillaires libres, dentés comme les premiers ou comme les branches de la mâchoire inférieure. Le vomer et les palatins sont hérissés de dents. La membrane branchiostège a cinq rayons; le tube digestif est simple et sans appendices cœcaux. On ne connaît qu'une seule espèce de ce genre, dont voici la description :

L'Ombre de Kramer.

(*Umbra Krameri*, nob.)

Le corps de ce poisson ressemble aussi assez bien à celui d'un Cyprin; il a peut-être la queue un peu plus large, mais la forme elliptique du corps est tout à fait celle des poissons de cette famille; la hauteur égale la longueur de la tête et est contenue quatre fois et deux tiers dans la longueur totale; la ligne du profil s'élève par une courbe insensible depuis le bout du museau jusqu'à la dorsale; le dessus de la tête est plat; la mâchoire inférieure dépasse un peu la supérieure; l'ouverture de la bouche est petite: elle est bordée en haut par des intermaxillaires et sur les côtés par des maxillaires articulés librement à l'extrémité de ceux-ci; les intermaxillaires en ont sur une bandelette étroite deux ou trois rangées; elles sont en carde fine : il en est de même des dents de la mâchoire inférieure, et du groupe qui est sur l'extrémité du chevron du vomer et de celui des palatins. Les autres parties de la bouche, ainsi que la langue, dont on voit l'os lingual nu, n'ont aucune dent.

En examinant cette structure de la bouche, il est facile de se convaincre de l'affinité de ce poisson avec les Érythrins; mais il se distingue de ceux-ci par les caractères que nous fourniront les parties dont la description va suivre.

L'œil est de grandeur médiocre, il est entouré de pores muqueux assez nombreux; au-devant de l'orbite on ne voit qu'un seul osselet sous-orbitaire, triangulaire, petit, et ne recouvrant pas le maxillaire; le préopercule a son bord arrondi, son limbe assez large; la joue est recouverte par trois ou quatre rangées d'écailles assez semblables à celles du corps. On les retrouve sur l'opercule et sur le sous-opercule; l'interopercule seul est recouvert d'une peau nue et sans écailles; les ouïes sont assez largement fendues; la membrane branchiostège porte cinq rayons du côté droit et quatre du côté gauche. La pectorale est petite et arrondie; la dorsale n'est pas très-haute, elle est reculée sur la seconde moitié du dos; la caudale est arrondie.

B. 4—5; D. 14; A. 7; P. 9; C. 11; V. 7.

Les écailles sont assez fortes, au nombre de trente-huit; la ligne latérale étroite et petite. La couleur est verdâtre, à reflets plus ou moins roussâtres; on voit des taches irrégulières noirâtres. Les nageoires rousses sont sans taches.

Le foie est un seul lobe assez gros, qui occupe plus de la longueur de la cavité abdominale et sur lequel on trouve l'estomac et le premier repli de l'intestin; l'œsophage est court et globuleux; l'estomac cylindrique, sans cul-de-sac, occupe plus de la moitié de la longueur de la cavité abdominale. Il n'y a point de cœcums au pylore; le duodénum remonte de l'extrémité de l'estomac jusque sous le diaphragme. A cet endroit il se recourbe pour redescendre droit jusqu'à l'anus, en diminuant sensiblement son diamètre; les organes génitaux sont de chaque côté de l'intestin et au-dessus d'eux est une vessie aérienne uniloculaire, arrondie en avant, pointue en arrière, et qui s'ouvre dans le haut du pharynx par une large communication. Le canal aérien est d'ailleurs très-court.

Ce petit poisson, originaire des lacs d'Autriche, est long de trois pouces. Nous en avons plusieurs individus qui ont été envoyés de Vienne au Cabinet du Roi par le directeur du Musée impérial de Vienne, M. le conseiller de Schreibers.

Il les avait reçus du lac Neusiedler. Moi-même j'en ai acheté à Amsterdam des individus qui venaient aussi de l'Autriche.

Enfin M. Temminck, directeur du cabinet de Leyde, a bien voulu en donner un exemplaire qu'il avait pris dans le même endroit.

Nous n'avons rien à ajouter à ce que Marsigli ou Kramer nous apprennent sur les mœurs de ce poisson.

FIN DU TOME DIX-NEUVIÈME.

EXPLICATIONS DES PLANCHES.

Planche 53₁.

Le Chirocentre Dorab (*Clupea Dorab*, Forsk.), ouvert pour montrer ses viscères en situation.

a. L'œsophage.

b. L'estomac ouvert pour montrer les rides longitudinales.

c. L'intestin, ouvert le long du duodénum et le long du rectum, pour montrer les plis *d* de la valvule en spirale qui règne dans toute la longueur du canal.

e. Le foie.

f. Les laitances un peu rejetées.

g. La vessie aérienne ouverte pour montrer les demi-cloisons entre lesquelles on en aperçoit de plus petites. Sur la portion postérieure, qui n'a pas été fendue, on voit l'insertion des cloisons à travers la transparence des parois de la vessie.

Planche 536.

Écailles de Mormyres grossies pour montrer le réseau de la surface.

1. *Mormyrus Caschive.*

2. *Mormyrus oxyrhynchus.*

3. *Mormyrus Rume.* 3ᵃ. Une portion de cette écaille grossie 150 fois, pour montrer le canal de réticulations et les stries d'accroissement.

4. *Mormyrus Haselquistii.*

5. *Mormyrus anguilloides.*

6. *Mormyrus cyprinoides.*

7. *Mormyrus dorsalis.*

8. *Mormyrus Bane.*

Planche 539.

Écaille de Butirin macrocéphale (*Albula macrocephala*).

Fig. 1. Écaille grossie, montrant les rayons de l'éventail A et les stries d'accroissement B.

Fig. 2. Portion radicale A, grossie pour montrer les séries d'utricules dont l'écaille est formée.

Fig. 3. Même portion radicale A grossie 150 fois, portion des stries d'accroissement B au même grossissement.

Planche 544.

Viscères abdominaux de l'*Amia marmorata*.

Fig. 1. Les principaux viscères réunis, après avoir enlevé les épiploons graisseux et rejeté les ovaires.

   a. Le foie. — *b.* La vésicule biliaire. — *c.* L'estomac. — *d.* La branche montante. — *e.* L'intestin. — *f.* La rate. — *g.* La vessie aérienne celluleuse.

Fig. 2. La vessie détachée pour montrer la portion celluleuse *a*, les cornes *b*, la grande cavité sans cellules *c*, et la communication par une sorte de glotte *d* dans l'œsophage *e*.

Planche 550.

Écailles d'Hétérotis.

Fig. 1. Écailles de l'*Heterotis Ehrenbergii*.

   1. *a.* Portion de cette écaille grossie à 60 diamètres, pour montrer les canaux de réticulations et les tubercules relevés sur la surface externe de l'écaille.

   1. *b.* Les mêmes tubercules grossis à 250 diamètres.

Fig. 2. Portion d'écaille de l'*Heterotis Adansonii*, grossie à 60 diamètres, pour montrer la disposition des canaux de réticulations, et celle des tubercules relevés sur la surface externe de l'écaille par séries transversales et parallèles.

Planche 554.

Vessies aériennes d'Érythroïdes.

Fig. 1. Vessie aérienne de l'*Erythrinus vittatus*.

   a. Sa vessie antérieure. *b.* La postérieure montrant les brides longitudinales *c*, et sa portion celluleuse *d*.

   e. Le conduit pneumatique.

   1. *a.* La vessie postérieure du même, ouverte pour montrer les cellules.

   1. *b.* Portion de cellules très-grossies.

Fig. 2. Vessie aérienne du *Macrodon Tareira*.

AVIS AU RELIEUR

POUR PLACER LES PLANCHES.